食醋生产
一本通

徐清萍　王光路　编著

化学工业出版社
·北京·

图书在版编目(CIP)数据

食醋生产一本通/徐清萍，王光路编著.—北京：
化学工业出版社，2017.10（2024.5重印）
ISBN 978-7-122-30555-8

Ⅰ.①食… Ⅱ.①徐…②王… Ⅲ.①食用醋-生
产工艺 Ⅳ.①TS264.2

中国版本图书馆 CIP 数据核字（2017）第 218601 号

责任编辑：彭爱铭
责任校对：王　静　　　　　　　　装帧设计：王晓宇

出版发行：化学工业出版社
　　　　　（北京市东城区青年湖南街 13 号　邮政编码 100011）
印　　装：北京虎彩文化传播有限公司
850mm×1168mm　1/32　印张 9　字数 238 千字
2024 年 5 月北京第 1 版第 7 次印刷

购书咨询：010-64518888　　　　　　售后服务：010-64518899
网　　址：http://www.cip.com.cn
凡购买本书，如有缺损质量问题，本社销售中心负责调换。

定　　价：39.90 元　　　　　　　　版权所有　违者必究

　　食醋是我国传统调味品，市场需求量相对稳定，目前年产量约400万吨。从食醋生产的现状看，生产品牌众多，地方名醋分布全国，集中度偏低，竞争激烈；从产品形式来看，除传统工艺酿造粮食醋外，醋类品种不断丰富，应用方面从调味逐渐延伸至饮料、保健等领域；从食醋的生产技术与工艺改进方面看，机械化、自动化逐渐普及于食醋行业。

　　为了系统地总结食醋生产技术，对生产中存在的问题提供可能的解决方法，以促进食醋工业的发展，为从事食醋生产的技术人员提供参考，笔者编著了本书。本书着重从有关食醋生产的原辅料、菌种、制曲、生产过程原理、生产设备、质量控制、各类工艺等方面对食醋生产进行系统总结、阐述。本书可作为食醋行业科研、教学、工程技术人员的实用参考书。

　　本书由郑州轻工业学院徐清萍教授、王光路博士编著。

　　本书在编著过程中查阅了大量相关文献，由于篇幅有限，参考文献未能一一列出，在此，谨向文献的作者表示衷心感谢！

　　由于笔者水平有限，不当之处在所难免，敬请读者批评指正。

编著者

2017.05

第一章 食醋生产原辅料 1

第五章　食醋生产质量控制　131

第一章

食醋生产原辅料

食醋是我国传统的调味品，含有丰富的营养成分，具有独特的药理作用。近代对食醋功能的研究表明食醋中的成分具有抗菌、杀菌、缓解疲劳、调节血糖、抗氧化、促进食欲等多种作用，这也促进了食醋行业的蓬勃发展。

食醋的种类很多，由于酿醋原料和生产工艺的不同，使酿制出的食醋风味各异。

按照食醋颜色分为浓色醋、淡色醋、白醋。浓色醋颜色较深，其色素来源主要有两类，一是在食醋酿造、陈放过程中美拉德反应产物形成的结果，二是在产品中添加了色素如炒米色、焦糖色。食醋没有添加焦糖色或不经过熏醋处理，颜色为浅棕黄色，称淡色醋。白醋则是呈无色透明状态的醋。

按产品形态分为液态醋、粉末醋、半固态醋。现在市售食醋多数为液态醋。粉末醋主要起源于日本市场，半固态醋则是在固态发酵时拌入麸皮，醋酸发酵结束后，没有经过淋醋工艺，而是直接将醋醅粉碎磨浆而得的一种浓稠产品。

按食醋用途分为烹调型、佐餐型、保健型和饮料型醋等系列。烹调型醋，酸含量（以醋酸计）为 50g/L 左右，味浓醇香，具有解腥、去膻、助鲜的作用，适于烹调鱼、肉类及海味等。佐餐型醋，一般是以粮食、糖或者酒为原料，经过微生物发酵而酿成，醋酸含量在 40g/L 左右，味较甜，适合拌凉菜、蘸吃（在宴席餐桌上用来调味和解腻），如用在凉拌菜肴中，具有较强的助鲜作用。保健型醋，主要是在制醋过程中加了名贵的中药材、滋补品，经科学配方精制而成，其酸度较低，一般含醋酸为 30g/L 左右，口感较好，具有一定的保健作用，可起到防治疾病的作用。饮料型醋，酸度一般很低，酸含量（以醋酸计）约 10g/L，具有清凉祛暑、生津止渴、增进食欲和消除疲劳的作用，这类醋中有山楂醋、苹果醋、蜜梨醋等。

食醋也可以按其原料分为谷物醋、果醋、蔬菜醋、酒醋、糖醋等。

在食醋的相关国标中则是按生产方式，将其分为酿造食醋和配制食醋。

酿造食醋是以各种含有淀粉、糖类、酒精的原料单独或混合使用，经过微生物酿造而成的一种酸性调味品，按照其所采用的发酵工艺又可分为固态发酵食醋和液态发酵食醋。以粮食及其副产品为原料，采用固态醋醅发酵酿制的食醋称为固态发酵食醋；以粮食、糖类、果类或酒精为原料，采用液态醋醪发酵酿制而成的食醋称为液态发酵食醋。

配制食醋则是以酿造食醋为主体，与冰醋酸、食品添加剂等混合配制而成的调味食醋，配制食醋中酿造食醋的比例（以乙酸计）不得小于 50%。

按照食醋行业标准（SB/T 10174—1993），酿造醋又可分为六类。

（1）粮谷醋　以各种谷类或薯类为主要原料制成的酿造醋。

陈醋：以高粱为主要原料，大曲为发酵剂，采用固态醋酸发酵，经陈酿而成的粮谷醋。

香醋：以糯米为主要原料，小曲为发酵剂，采用固态分层醋酸发酵，经陈酿而成的粮谷醋。

麸醋：以麸皮为主要原料，采用固态发酵工艺酿制而成的粮谷醋。

米醋：以大米（糯米、粳米、籼米，下同）为主要原料，采用固态或液态发酵工艺酿制而成的粮谷醋。

熏醋：将固态发酵成熟的全部或部分醋醅，经间接加热熏烤成为熏醅，再经浸淋而成的粮谷醋。

谷薯醋：以谷类（大米除外）或薯类为原料，采用固态或液态发酵工艺酿制而成的粮谷醋。

（2）酒精醋　以酒精为主要原料制成的酿造醋。

（3）糖醋　以各种糖类原料制成酿造醋。

（4）酒醋　以各种酒类原料制成的酿造醋。

（5）果醋　以各种水果为主要原料制成的酿造醋。

（6）再制醋　在冰醋酸或醋酸的稀释液里添加糖类、酸味剂、调味剂、食盐、香辛料、食用色素、酿造醋等制成的食醋。

我国传统食醋如镇江香醋、山西陈醋、四川麸醋、浙江红醋等都是以固态发酵方式酿造而成的。在其生产过程中除主料外，还会用到各种辅料、填充料等。

酿造食醋颜色为棕红色或无色透明，有光泽，有熏香或酯香或醇香；酸味柔和、稍带甜味、不涩、回味绵长；浓度适当，无沉淀物。品种虽因选料和制法不同，性质和特点略有差异，但总的来说，以酸味纯正、香味浓郁、色泽鲜明者为佳。

第一节　食醋生产主料

主料是指能在微生物酶的作用下转化为食醋主要成分的一类物质。食醋的成分以碳水化合物及其代谢产物为主，组分中总酸含量较高，而氨基酸类等含氮化合物较少；总酸中以醋酸为主，醋酸由酒精氧化而来，酒精则由糖经过酵母发酵而得，糖则是淀粉的水解产物。因此，淀粉量的多少最终影响醋酸的出品率，食醋生产宜选用淀粉含量高的原料为主料。

现在酿醋原料的范围显著扩大，采用的原料有高产粮食（如玉米、甘薯、马铃薯）、粮食加工下脚料〔如碎米、麸皮、细谷糠（统糠）、脱脂米糠、高粱糠〕、其他下脚料（如糖糟、干淀粉渣、废糖蜜）、含有淀粉的野生植物（如橡子、菊芋）、果蔬类（如梨、柿、红枣、黑枣、番茄等）。利用食用酒或白酒也可生产出与我国传统食醋风味不同的食醋，因此这些含酒精的原料也应包括在主料之内。

总之，食醋主料包括粮食、含糖物质及含酒精物质三类，如谷物、薯类、果蔬、糖蜜、酒类及野生植物等。凡含有淀粉、糖和酒精等成分，最终能被醋酸菌利用的物质原则上都可用作酿醋原料。为适应工业生产，选择酿醋原料时主要考虑以下几点要求：淀粉（或糖、酒精）含量高；资源丰富，产地离工厂近；容易储藏；无霉烂变质，符合卫生要求。

一、粮食

长江以南习惯采用大米和糯米为酿醋原料，长江以北多以高粱、玉米、小米作为酿醋原料，而制曲原料常用小麦、大麦、豌豆等。

（一）大米

学名稻米，是由稻谷脱壳去糠后制得的米粒，是籼米、粳米、糯米的统称。大米除供主食外，也是食品工业的主要原料。镇江香醋、江浙玫瑰醋、福建红曲老醋等就是以大米为原料酿造而成的。大米分为粳米和糯米，糯米几乎全部是支链淀粉。为了降低成本，也可采用加工后的碎米。

1. 糯米

别名江米，又叫黏大米，是用糯性稻谷制成的米。按稻谷种类分为两种：一是籼糯米，用籼型糯性稻谷制成的米，米粒呈长椭圆型或细长形，乳白色，不透明，也有的呈半透明状，黏性大；二是粳糯米，用粳型糯性稻谷制成的米，米粒呈椭圆形，乳白色，不透明或半透明，黏性大。糯米中含有很多可溶性淀粉，即糊精多，煮熟后黏性很强，是制作镇江香醋、黄酒的优质原料。

2. 粳米

用粳型非糯性稻谷制成的米，米粒呈椭圆型，黏性较籼米强，胀性小，也是酿酒的优质原料。

3. 籼米

用籼型非糯性稻谷制成的大米，米粒呈细长型，黏性弱，胀性大，是一种普通食醋原料。

大米淀粉分子组织疏松，容易蒸煮、糊化和糖化，特别适合生产食醋。我国南方产米各省生产的米醋，其风味不同于高粱醋。也有采用糙米为原料酿制食醋的，其风味不同于用精白大米生产的食醋。

（二）高粱

高粱产地主要分布在东北、山东、河北、河南、山西等地。高粱的果实和稻谷一样，也叫颖果。籽粒经加工后制成高粱米，副产品有高粱壳、高粱糠。

高粱具有多种用途，除作主粮食用外，也是食品工业优质原料，用作酿酒、酿醋，生产淀粉糖浆等。我国北方名特食醋都是以高粱为主要原料酿制的。高粱品种有以直链淀粉为主的粳高粱和几乎全部是支链淀粉的糯高粱（黏高粱）。前者主产于北方，是酿酒、制醋的主要原料；后者多产于南方，淀粉的吸水性强，极易糊化。高粱含有单宁，其中白高粱单宁含量最少，紫红高粱单宁含量最多。高粱不适合制曲和生产酒母，否则曲的糖化力较低，酵母细胞瘦小，发酵能力低。

（三）谷子

谷子主要产于北方，如山东、山西、河南、河北、陕西、辽宁、吉林、黑龙江等地，是北方主要粮食作物之一。谷子有黏谷子及普通谷子之分；种皮有黄色及白色之别。谷子与稻米一样，其种皮易于脱除，精白后的籽实呈黄色小颗粒，称小米。小米营养丰富，是食品工业中良好的淀粉质原料，用于酿酒、酿醋、酿造酱油等，制米后副产品谷壳、谷糠也是固态发酵醋的优质填充料。

（四）玉米

玉米主要产于华北、东北、河南、山东、陕西、四川、云南。

玉米脂肪多存在于胚芽中，含油率可达 15％～40％。因此，用玉米制醋时，应分离出胚芽，以免在酿造过程中产生邪杂味。玉米碳水化合物中，除含淀粉外，尚含有少量葡萄糖及戊糖等，戊糖约占无氮抽出物的 7％（质量分数）。由于戊糖不能被酒精酵母所利用，所以淀粉含量虽不低于高粱，但出酒率并不高。另外，玉米淀粉的结构紧密，难于糊化，糖化时支链淀粉不能被完全水解，出酒率低，如用玉米酿醋时，要注意原料的蒸煮及糖化工艺。

（五）麦芽

麦芽是作为糖化剂来使用的。在德国及美国生产的麦芽醋就是以麦芽为糖化剂，糖化谷物的淀粉，经过酒精发酵、醋酸发酵制成的，日本也有少量生产。我国只有个别地方是利用麦芽制成饴糖后进行酒精发酵制醋的。

（六）薯类

薯类作物产量高，块根或块茎中含有丰富的淀粉，并且原料淀粉颗粒大，蒸煮易糊化，是经济易得的酿醋原料。用薯类原料酿醋可以大大节约粮食。常用的薯类原料有甘薯、马铃薯、木薯等。

1. 甘薯

又称红薯、地瓜、红苕、白薯等。主要产于四川、河南、山东、江苏、浙江、安徽等地。甘薯为我国产量较多、分布最广的薯类。其块根含大量淀粉且纯度较高，易于蒸煮糊化；含脂肪及蛋白质较少，发酵过程中升温幅度小。甘薯含还原糖也多，发酵时可被酵母迅速利用，所以一般出酒率高。但甘薯中含有果胶，薯干中约含 3.6％（质量分数）的果胶质，是造成酒中甲醇高的原因。另外，其成品酒液中常带有薯干味，但经过醋酸发酵后，就完全显不出来了。甘薯粉可用作酿酒、酿醋的原料，在山东地区被广泛应用于食醋酿造。

2. 马铃薯

又名土豆、山药蛋、洋山芋，我国东北、西北、内蒙古等地盛产。它是富含淀粉的酿酒原料，鲜薯含粗淀粉25%～28%（质量分数），干薯片含粗淀粉70%（质量分数）。马铃薯淀粉颗粒大，分子结构疏松，易于糊化、糖化，出酒率达75%～80%。鲜薯含水量大，酿酒固态糖化时要配以较大量的填充料。产品没有薯干味，可用于生产食醋。

二、 农产品加工副产物

一些农产品加工后的副产物，含有较为丰富的淀粉、糖或酒精，可以作为酿醋的代用原料。利用农产品加工的副产物酿醋，不仅可以节约粮食，还是综合利用、变废为宝的有效措施。常用于酿醋的农产品加工副产物有麸皮、米糠、高粱糠、淘米水、干淀粉渣、甘薯把子、甜菜头尾、糖糟、废糖蜜、酒糟、黄水等。

（一） 麸皮

又称麦麸，是小麦制粉的副产品。麸皮在食醋酿造中用量较大，镇江香醋及一般固态发酵醋配料中使用麸皮量达150%～200%（以大米等主原料为基准），四川麸醋配料中比例更大。

（二） 糖糟

含水分58%～62%、碳水化合物18%～22%。

（三） 干淀粉渣

含水分12%～16%、碳水化合物60%～70%。

三、 果蔬类原料

水果和有的蔬菜中含有较多的糖和淀粉，在果蔬资源丰富地区，可以采用果蔬类原料酿醋。常用于酿醋的水果有梨、柿、苹果、菠萝、荔枝等的残果、次果、落果或果品加工副产物如皮、屑、仁等。能用于酿醋的蔬菜有番茄、菊芋、山药、瓜类等。

（一）含糖果实

以水果为原料经科学发酵方法酿造的果醋，不仅可以达到食用醋的酸度，还具有果香气。果醋的主要原料包括各类水果或果品加工下脚料。它是利用现代生物技术酿制而成的一种营养丰富、风味优良的酸性调味品，兼有水果和食醋的营养保健功能。果醋生产可以充分利用丰富的水果资源，这样不仅能解决果农增产不增收的问题，也可以使多种果醋产品形成一股合力，占领市场。

根据果品资源的特点，可选择合适的工艺和方法，进行果醋系列产品的研究与开发。

目前以苹果醋和葡萄醋较为常见，也有柿醋等品种。未成熟的果实中果胶多，不利于发酵液的澄清。应避免使用腐败或外伤严重的果实。

1. 苹果

以含糖分较高的品种为好，红玉的糖分和含酸量均适中，国光的糖分多，含酸量较低，它们都是很好的酿醋原料。

苹果果醋在美国、英国和加拿大等西方国家食用较多。在北美，醋这个称呼，常指苹果醋。苹果是酿制苹果醋的主要原料，原材料利用率可达95％。渣皮还可开发膳食纤维保健食品等，从而提高原料利用率。

2. 葡萄

葡萄品种繁多，在我国各地均有分布，如闻名中外的新疆无核葡萄、河北白牛奶葡萄、山东的龙眼和玫瑰香、四川的绿葡萄等。葡萄主要用于酿酒，也可作为酿醋的原料，如欧洲以葡萄酒生产食醋，尤其在酿造大国，如意大利、法国、西班牙和希腊等更是如此。

3. 山楂

山楂味酸甜，微温，消食健胃，行气活血，消积化瘀，止痢降压，具有极高的营养和保健价值。用山楂酿造的果醋澄清，褐色，

酸味柔和、绵长，具有山楂特有的果香气。

4. 桃

桃果肉细腻多汁，味美浓香，营养丰富。由桃制成的果醋呈琥珀色，光泽度好，具有浓郁的醋香和桃特有的芳香味，其酸味柔和、口感好，澄清透明。

5. 沙棘

胡颓子科沙棘属植物，含有丰富的类黄酮、超氧化物歧化酶（SOD）、维生素 C 等物质。沙棘果醋的营养价值极高，具有预防高血脂、降低胆固醇等作用。

6. 猕猴桃

素有"维生素 C 之王"的美称，原产于我国，分布广泛，营养丰富，由它制成的果醋富含多种氨基酸及维生素，酸味柔和，具有猕猴桃特有的香味。

（二）果汁

果汁的制取方法多用压榨法或破碎压榨法，有时购入果汁反而较为适合。如果使用购入的果汁为原料，要测定其糖分和酸度，使用酸败葡萄或葡萄酒时要注意其 SO_2 的含量，SO_2 含量过高会抑制酵母及酒精发酵。

1. 苹果汁

尽量选用成熟和糖分较高的果实为原料，先进行筛选，充分洗涤，用锤磨或其他适当的破碎机将其击碎，然后榨汁。在国外有直接用破碎的果实进行酒精发酵的做法，每吨破碎后的苹果加入旺盛发酵期的苹果酒 40~80L，发酵 2~3 天即成。在这期间如果发酵停止，酒精生成量将很低，即成质量很次的产品。

2. 葡萄汁

葡萄酒有红、白之分，制醋用的原料果汁同样有红、白之分。使用果胶酶可以提高出汁率，如为红葡萄汁，为了使红色色素溶出，榨汁前，于 60~70℃加热 5min，破碎后混合果肉及果皮进行酒精发酵，充分溶出色素，再进行醋酸发酵。果汁的浓缩可使用真空低温浓缩或冷冻浓缩法。如要保存 24h 以上，可以杀菌或冷冻储存。

（三）蔬菜类

南瓜具有独特的食疗作用，可预防动脉硬化、糖尿病、胃肠溃疡，还具有排除体内重金属的作用。由南瓜制成的果醋色泽为金黄色，风味酸中微甘，外观澄清，口味柔和，有南瓜余香。

此外，黄瓜、番茄等也可用于制作蔬菜醋。

四、 含酒精原料

（一）酒精

除谷物、薯类及含糖物质外，含酒精物质也可用于酿造醋，其中以酒精为主，俗称酒精醋。最初是由德国工业化生产的，现在欧美应用仍很广泛，产量相当大；日本也有相当数量的食醋是以酒精为原料生产的，但不允许使用以乙烯为原料合成的乙醇制醋。目前，国内也有企业生产酒精醋。用甘薯、马铃薯、其他淀粉原料和糖蜜等为原料，经过发酵、蒸煮和精馏制成纯度（体积分数）95％的食用酒精，均可作为制醋原料。当然，在谷物醋和果醋中也允许使用部分酒精。

酒精经过适当稀释即可使用。但对于醋酸菌的增殖，因其营养不足，必须添加营养物质。作为氮源，常添加蛋白胨、多肽和氨基酸等；同时还要添加钾、镁和钙等无机盐。为了提高成品醋的质量，还常添加葡萄糖和麦芽糖等糖类、曲的浸出物、酒糟、饴糖、糖蜜以及麦芽汁等，其中一部分作为醋酸菌的营养物质，其余部分成为食醋的风味物质。

（二）酒糟

具有芳香气味、酒精含量高的黄酒酒糟也可用来酿醋。但是，新糟中含有大量未分解的淀粉和蛋白质等，一般要密封储藏一段时期，在此期间，由于酒糟和菌体中酶的作用，糖分、有机酸和可溶性氮都会增加。酒糟应储藏在阴凉处，大量储存可用水泥池，其内侧涂以耐酸涂料；木桶储存最好装入塑料袋，而后压紧密封，否则易发霉。储存新糟时，应撒入5%（质量分数）左右的水，然后密封，不使透气，这样可以促进发酵，增加酒精含量。新糟最初为白色，长期储存后变成饴糖的浅黄色。

第二节　食醋生产辅料

酿造食醋除需用主料外，还需辅料。辅料直接或间接地影响着产品色、香、味的形成，为微生物活动提供营养物质，丰富了食醋成分的种类与含量，具有提升食醋质量的作用。同时，某些辅料还可改善发酵过程的物理结构状态，使发酵醅疏松，通气良好，并可调节发酵过程中的糖分或酒精浓度以及含水量。一般使用较多的辅料有谷糠、米糠、麦麸或豆粕等，这些辅料中的某些化学组分，在酿造过程中和主料一样参与水解、合成等生化反应或理化反应。

食醋生产中用作固态发酵或速酿过程的疏松剂（载体性质）辅料，称为填充料，其本身的化学成分以纤维素为主，可供一般微生物利用的成分很少。固态发酵制醋中，填充料是微生物生长的载体，可促进微生物的增殖及代谢，具有疏松醋醅和流通空气的作用。如醋醅中加入稻壳、高粱壳、小米壳能起疏松作用，以利于醋酸菌好氧发酵。在速酿法中，玉米芯、高粱秸、榉木刨花、浮石、葡萄梗、多孔玻璃纤维等，能使醋酸菌在其表面生长繁殖，起载体作用，使酒液流经表面经醋酸菌的氧化作用生成醋酸。

填充辅料要求接触面积大，并且其中的纤维质要具有适当的硬度及惰性。

一、谷糠

谷糠又名谷壳，常用作填充料，并可赋予食醋以谷香和香糟香。

二、砻糠（稻壳）

砻糠又称稻皮，疏松度较好，但吸水性差，不如谷糠容易淋浆。砻糠质地坚硬，含大量硅酸盐，吸水性差，适于用水调整发酵醋醅的酒精浓度、水分、空隙度。如果大量使用砻糠，所得醋糟饲料的质量不好。

三、高粱壳

高粱壳的疏松性及吸水性都很好，用作辅料，优于稻皮，但不如谷糠。用新鲜的高粱壳作辅料，成本低，效果也好，著名的山西老陈醋就是以高粱壳为辅料。

四、玉米芯

玉米芯在液态回流发酵制醋工艺中，是作为醋酸菌载体使用的，由于其疏松度和吸水性较好，因此使用效果较好。但玉米芯含有大量多聚戊糖，在酒精发酵中产生较多的糠醛，会给酒液带来一定的焦苦味，所以不宜多用。

第三节　食醋生产常用添加剂

食醋生产中的添加剂一般是指加入少量后，能增进食醋的色、香、味，赋予食醋以特殊风味或增加食醋固形物，改善食醋体态的物质。

一、食盐

食盐除起到调味作用外，还可抑制醋酸菌的活动。当固态醋酸发酵成熟后，需加入一定量食盐，防止醋酸菌进一步将醋酸分解，以利醋醅的储存陈酿，并具有调和食醋风味的作用。

二、 甜味剂

常用的有蔗糖、麦芽糖和饴糖等，其中以饴糖较好。主要起增加甜味、调和风味的作用。

三、 增色剂

常用的有炒米色、酱色（焦糖色）。炒米色主要用于镇江香醋，起增加色泽和风味作用。酱色用于多数食醋，起增色和改善体态作用。

四、 调味料

常用味精、呈味核苷酸，可增加食醋鲜味，调和风味。香辛料如花椒、八角、生姜、蒜、小茴香、芝麻等则可增加食醋的特殊风味。

五、 防腐剂

常用苯甲酸钠、山梨酸钾，起防止食醋霉变的作用。酸度在 60g/L（以醋酸计）以上的食醋中可不加防腐剂。

第四节　食醋生产原料的处理

制醋所用原料，多为植物原料，在收割、采集和储运过程中，往往会混有泥沙、金属之类杂物。如不去除干净，将会损坏机械设备，堵塞管道、阀门和泵，造成生产上的损失。对那些霉变的原料，应加以剔除，以免严重降低食醋产量和质量。对带皮壳的原料，由于皮壳在发酵中会降低设备利用率，堵塞管线，妨碍酒精、醋酸发酵，而皮壳本身不能被一般微生物所利用，故常在粉碎之前，先将皮壳去净。

一、 筛选、 清洗

建立原料检验制度，对进仓的原料做认真细致的检查，剔除霉烂变质的原料，这是必不可少的首道工序。

谷物原料多采用分选机处理。利用分选机将原料中的尘土与轻的夹杂物吹出，并经过几层筛子把谷粒筛选出来，即可将谷物基本处理干净。

鲜薯类的处理一般是采取洗涤的方法，以除去附着于薯类表皮上的泥土。在洗涤薯类时，多采用搅拌棒式洗涤机。薯类在机内充满水的情况下，被转动着的搅拌棒缓慢地推向洗涤机的另一端，由于薯类相互摩擦的结果，使薯类皮层上的泥土被洗净。

二、 粉碎和水磨

制醋所用的粮食原料，通常呈粒状，外有皮层包裹，不能被微生物充分利用。为了扩大原料同微生物或酶的接触面积，充分利用有效成分，在大多数情况下，粮食原料应先进行粉碎，然后再进行蒸煮糖化。酶法液化工艺中采用水磨法破碎原料，目的和粉碎一样，也是为了扩大原料的表面积，使之糖化完全。

常用的原料粉碎设备有刀片轧碎机、锤击式粉碎机和钢磨。一般锤击式粉碎机使用较多，粉碎粗细度以细为好。根据处理量来选择原料水磨所采用的钢磨，磨浆应先浸泡碎米，磨时控制好米和水比例。如加水过多，则会造成磨浆粒不匀，出浆过快，粒度偏粗现象，会给造成下一步糖化困难。

三、 原料蒸煮

酿醋所用的淀粉质原料，吸水后在高温条件下进行蒸煮，使原料组织和细胞彻底破裂。原料所含的淀粉质吸水膨胀，由颗粒状态转变为溶胶状态。经过蒸煮，原料易为淀粉酶所糖化，原料中的某些有害物质会在高温下遭到破坏。对原料进行杀菌，减少了酿醋过程中的杂菌污染。

目前酿醋按糖化法可分为四类：煮料法、蒸料法、生料法、酶法液化法。除了生料发酵法不蒸煮原料外，其余各法均须经过原料蒸煮阶段。

原料的蒸煮，不单是物理变化，同时也存在着化学变化。在蒸煮过程中，由于加水和温度的上升，促使淀粉和纤维素吸水膨胀，细胞间的物质和细胞内的物质开始溶解，同时也使植物组织细胞壁遭到破坏。随着温度的上升，淀粉粒的体积可以增大到 50～100 倍，此时黏度大大增加，呈溶胶状态，这便是糊化。由于各种原料淀粉结构存在差异，糊化的温度也不同。

生产上常用的原料蒸煮温度在 100℃ 或 100℃ 以上。在蒸煮中，由于植物细胞壁的破碎，细胞内含的还原糖会游离出来。另外，由于植物组织中淀粉酶在 50～60℃ 间的强烈作用，使得原料的糖分上升。所以蒸煮过程不仅是淀粉糊化的过程，还有糖化作用，使淀粉受到某种程度的分解，在高温下糖分会不断地分解。如已糖脱水变成羟甲基糠醛，羟甲基糠醛不稳定，会继续分解成甲酸和果糖酸。羟甲基糠醛很容易和新生成的氨基酸分子起作用生成黑色素。黑色素积累的速度与还原糖、氨基酸的浓度成正比。为了抑制黑色素的形成，在原料蒸煮时，可以采用较多的水分。

糖分在接近熔点的温度下加热，可形成褐红色的脱水产物，统称为焦糖，同时还有糖苷及其聚合物产生。焦糖与氨基酸反应，容易生成氨基葡萄糖。焦糖是不能被发酵的，它会阻碍糖化酶对淀粉的糖化作用并对发酵有不良影响。糖类中果糖最容易焦化生成焦糖。高浓度糖分又比低浓度糖分容易焦化。在蒸煮过程中，如有局部过热现象，极易生成焦糖。蒸煮时间越长，糖分损失也越多，对甘薯等含果胶较多的原料，蒸煮温度、压力越高，生成的甲醇量也越多。为了避免糖分的损失和甲醇的生成，生产上一般不用很高的温度和压力蒸煮，如蒸料发酵法制醋，使用高粱粗粉为主料，蒸料时蒸汽压力 0.05MPa，蒸料时间仅 40min，或常压蒸料 1h，焖 1h。至于煮料法和酶法液化法，原料也是在常压下进行的。

四、 液化、 糖化

按糖化方式不同，原料分别采用煮料、蒸料、生料、酶法等方式进行处理。生料法中，原料不加蒸煮，经粉碎配料加水后进行糖化和发酵，工艺简单，但由于缺乏淀粉酶，生料糖化有一定困难，在发酵时需使用大量麸曲，其数量占主料的 50%～60%。酶法发酵，不用麸曲而应用液化酶，目前多数工艺采用 85～90℃ 液化、60～62℃ 糖化后，接种酵母发酵，由于初始糖浓度高，会影响酵母菌活力，降低发酵效率，在食醋生产中需要调节淀粉乳浓度。

根据笔者对原料热处理、液化方式对发酵的影响研究表明，原料液化方式对小米醋酒精发酵阶段有明显影响作用，与采用曲法发酵方式相比，采用酶法液化、糖化能有效提高酒精发酵率，降低生产成本。与对原料的蒸煮方式相比，采用对原料浸泡、打浆的方式可提高酶解效率，采用打浆后原料进行生料发酵，酒精发酵率较高。对原料短时热处理有利于提高酒精发酵率。将原料打浆后，通过加入淀粉酶预液化一定时间后，加入糖化酶、酵母进行常温同步发酵，能取得较好的发酵效果，兼有生料法及酶法发酵的优点。

第二章
食醋生产菌种、酶及制曲

第一节　食醋生产菌种

一、食醋生产菌种的来源

（一）自然接种

传统食醋酿造在一个漫长历史时期里，是利用自然界野生的有益微生物发酵，由于靠天吃饭，技术上难以把握，因而产品质量高低不一，质量无法保证稳定。以醋酸菌为例，传统制醋工艺（固态发酵法）的醋酸发酵，完全是依靠空气中、填充料、曲及生产工具等上面自然附着的醋酸菌的作用，其生产性能不稳定，出醋率较低。目前，仍有相当一部分食醋企业采用的是自然接种的方法。

（二）菌种选育

制醋工业乃至整个酿造工业的核心是利用微生物的各种代谢作用生产人们所需要的产品。微生物及其酶的作用对发酵制品风味物质的形成有着重要的影响。在食醋酿造过程中，如能选用某些特殊性能的微生物来加速食醋中风味物质或其前体物质的形成，可大大缩短陈酿时间，提高食醋的产量和质量。高产菌株的选育及其优良特性的充分发挥，对酿醋工业尤为关键，是提高食醋产率和品质的一个重要因素。

随着酿造工业的不断发展，人们越来越认识到在酿造产品生产中，微生物菌种占有相当重要的地位。一株优良菌种能使产量提高、质量稳定、原料节约。有关科研单位和酿造企业的科技工作者开展了微生物菌种选育研究，并取得了显著成果。

20世纪60年代中期，当时国内仅有一株AS1.41醋酸菌，性能一般，不适于液体深层发酵醋的要求，要从国外引进则需花大量外汇。上海市酿造实验工厂与上海醋厂协作从丹东速酿塔中分离得到一株醋酸菌，定名为沪酿1.01。该菌株用于液体深层发酵，20t醋罐氧化酒精18.4L/(d·m³)，折合生产质量浓度为50g/L的食醋369.4L/(d·m³)，平均酒精转酸率为93.84%。1984年又从老法发酵醋醅中分离和筛选得到一株产酸高、酒精转化率高及风味良好的醋酸菌株，定名为沪酿1.079。该菌株用于液体深层发酵醋生产中效果良好，平均生酸速度0.0914g/(100mL·h)，酒精转酸率96.97%、产50g/L食醋428L/(d·m³)。与沪酿1.01醋酸菌相比，生酸速度、酒精转化率、每1m³容积产醋量等方面均有明显提高，仅次于日本工业醋酸菌。

醋酸菌是醋酸发酵的主要工业用菌，目前国内应用纯培养醋酸菌的食醋酿造厂家多采用AS1.41、沪酿1.01醋酸菌进行醋酸发酵，在稳产高产方面取得了较好效果。AS1.41菌株产酸量最适温度在28~33℃，耐酒精体积分数8%；沪酿1.01菌株最适生长温度30℃，耐酒精体积分数12%。当在发酵温度高于37℃，酒精体积分数大于8%条件下，这两株菌株生长均会受到抑制，发酵能力也大大下降。为解决目前国内食醋生产产酸浓度偏低和夏季高温时节出现的减产停产问题，邵建宁等从采集的食醋厂"火醅"中，分离筛选出经长期自然驯化、较耐高温耐高酒精浓度的两株产醋酸菌株N9、F17；并以N9、F17菌株为出发菌，经紫外线、硫酸二乙酯诱变，在培养温度37℃、培养基酒精体积分数8%条件下，选育出两株编号为HN15、HF6的耐高温耐高酒度醋酸菌。HN15为醋杆菌属醋化醋杆菌亚种，HF6为醋杆菌属巴氏杆菌罗旺亚种，在培养温度40℃、培养基酒精体积分数12%条件下，HN15菌株酒精转化率75%，HF6菌株酒精转化率70%。

1995年以来，活性醋酸菌、活性酵母、活性黑曲孢子、前发酵剂四个品种的酿醋发酵剂大量应用于各地酿造生产，解决了国内酿醋企业一直依靠天然空气中的微生物酿醋的难题，对稳定质量、提高出醋率起了一定作用。

通过对霉菌、酵母菌、乳酸菌及其他酿醋功能菌的筛选和育种，得到了一批生产性状优良的菌株。山东大学微生物系选育出糖化菌"乾氏曲霉78B2"，可使食醋产量提高6%。20世纪90年代，河北调味食品研究所以泡盛曲霉为出发菌株，通过复合诱变处理，获得突变株泡盛曲霉ULE，其分解生淀粉的能力有显著提高，可用于生料制醋。山东酒精总厂采用物理化学复合诱变处理的方法得到了黑曲霉UV11-UJ5突变株，使糖化酶活力最高达到21000 U/g曲。湛江海洋大学用亚硝基胍处理黑曲霉，使其纤维素酶活力达到6600 U/g以上。上海酿造科学研究所筛选到乳酸菌沪酿1.04，在液体深层发酵醋生产中与酵母共酵，提高了不挥发酸含量，改善了液体醋风味。在我国酿醋微生物的育种中多采用诱变育种方法，常用亚硝基胍、亚硝酸等化学诱变剂和紫外线、γ射线等物理诱变剂，近年来逐步开展了激光、等离子束诱变育种研究。其他的育种手段在我国酿醋微生物的育种中并不多见。而国外已应用原生质体融合和基因工程技术培育出适应高温发酵、高酸度发酵以及快速发酵的新菌株，通过选育耐高温的醋酸菌可以减少因发酵中发热所需的冷却水量。例如，日本食醋专家通过细胞融合培育出了可酿造200g/L以上高酸度醋的优质菌种。

现代制醋工业广泛采用纯培养技术，大大提高了发酵速率。而使用纯种培养的醋酸菌，其繁殖速度快，产酸能力强，可将酒精迅速氧化为醋酸，并且分解醋酸和其他有机酸的能力较弱，在培养和发酵过程中耐酸能力强，可在较高温度下生长、发酵，使酒精充分转化为醋酸。但利用纯培养微生物生产的食醋品质与传统工艺相比，仍有一定的差距，因此，分别筛选性能优良的多种微生物，进行人工纯培养后，应用共固定多菌种发酵技术，是提高食醋产量和品质的一个重要措施。

微生物育种工作，特别是大曲微生物群落结构的优化，需要投入较大资金、花大力气、做大量艰苦细致的研究工作。

二、 食醋工业常用酵母菌

（一） 食醋工业常用酵母菌种类

目前我国食醋工业常用的酵母菌基本上与酒精、白酒、黄酒生产所用酵母菌相同，从分类系统来讲，淀粉质原料酒精发酵常用的菌种为酵母属中的啤酒酵母及其变种，如拉斯 2 号酵母（Rasse Ⅱ）、拉斯 12 号酵母（Rasse Ⅻ）、K 氏酵母以及从我国酒精生产中筛选的南阳五号酵母（1300）、南阳混合酵母（1380）、产酯酵母、从黄酒生产中筛选出的工农 501 等酵母菌株。

1. 拉斯 2 号（Rasse Ⅱ） 酵母

又名德国二号酵母（柏林酿造研究所菌株），是 1889 年林特奈（Lindner）从发酵醪中分离出来的一株酵母菌。细胞呈长卵形，麦汁培养，大小为 $5.6\mu m \times （5.6\sim7）\mu m$，很少的为 $5.6\mu m \times 8\mu m$，子囊孢子 $2.9\mu m$，但较难形成。能发酵葡萄糖、蔗糖、麦芽糖，不发酵乳糖。该菌在玉米醪中发酵特别旺盛，适用于淀粉质原料发酵生产酒醋类，但在发酵中易产生泡沫。

2. 拉斯 12 号（Rasse Ⅻ） 酵母

又名德国 12 号酵母，1902 年马旦上（Macthes）从德国压榨酵母中分离出来的。细胞呈圆形、近卵圆形，大小普通为 $7\mu m \times 6.8\mu m$。形成子囊孢子时，每个子囊内有 $1\sim4$ 个子囊孢子，且较拉斯 2 号酵母易于形成。于麦芽汁明胶上培养时，菌落呈灰白色，中心部凹，边缘呈锯齿状。液体培养时，皮膜形成较快，28℃培养 6 天，生成有光泽的白色湿润皮膜，发酵液易变混浊。能发酵葡萄糖、果糖、蔗糖、麦芽糖、半乳糖和 1/3 棉子糖，不发酵乳糖，常用于酒精、白酒、食醋生产。

3. K 氏酵母

从日本引进的菌种，细胞卵圆形，较小，生长迅速，适用于高

粱、大米、薯干生产酒精、食醋。

4. 南阳五号酵母（1300）

固体培养时，菌落白色，表面光滑，质地湿润，边缘整齐；培养 7 天，色稍暗，细胞形态呈椭圆形，少数腊肠形，大小 $5.94\mu m \times 7.26\mu m$。能发酵麦芽糖、蔗糖、1/3 棉子糖，不发酵乳糖、菊糖、蜜二糖，耐酒精 13% 以下。

5. 南阳混合酵母（1308）

固体培养时，菌落白色，表面光滑，质地湿润，边缘整齐；培养 7 天后，色稍暗，细胞呈圆形（$6.6\mu m \times 6.6\mu m$），少数卵圆形。25～27℃，液体培养 3 天，稍混，有白色沉淀，细胞多数呈圆形，少数卵圆形，大小 $6.6\mu m \times (7.59～4.29)\mu m$。能发酵葡萄糖、蔗糖、麦芽糖、1/3 棉子糖，不发酵乳糖、菊糖、蜜二糖。

6. 产酯酵母

又称生香酵母，能增加酒醋的香味成分。中科 2300 在麦芽汁琼脂平板上生长，菌落干燥，有皱纹、灰白色，边缘不整齐，子囊孢子礼帽形，每囊 1～4 个孢子，多数为 2 个。在麦芽汁液体培养基里，25℃培养 3 天，菌体呈圆形、椭圆形、腊肠形。芽孢（3.5～6.5）$\mu m \times$（6～30）μm。在液体表面形成厚膜，中间形成岛状，产生似浓香蕉味，稍带淘米水的气味。

（二）酒精酵母具有的特性

在利用淀粉质原料生产酒精时，所使用的酵母具有如下特性。

1. 生殖与繁殖

酵母在正常营养状态下，主要以出芽法生殖；但在缺乏必要的养料时，或生活条件艰难时，即形成孢子，靠孢子来完成生殖作用。酵母细胞不能忍受 65℃ 的温度，但其孢子在潮润环境中能耐受 80℃，在干燥环境中能耐受 110℃，孢子被冷却至 -200℃ 尚不失去其生殖能力。酵母在环境条件良好时则出芽，迅速繁殖，在短时间内可以成倍数增加。

母细胞产生的子细胞经过发育生长，达到自己取得生殖能力的过程称为一个世代。一个世代所需要的时间叫世代时间。

当细胞数目达到某一最高限额，它就不再繁殖，已生成的细胞数量几乎停留在一个常数上。限额数值通常依下列因素的变化而变化：酵母种类、所用培养液的 pH 值、培养液中所添加的营养成分的性质及其数量、温度。

2. 醪液浓度

一般酒精酵母在含 5% 的酒精发酵醪中，其发酵能力就减弱，当醪液中酒精体积分数达到 12% 时，则停止发酵。所以生产中常将酒醪浓度控制在 15～18°Bé 之间，发酵或熟醪的酒精体积分数为 8%～9%。有的酵母菌可在 20°Bé 糖化醪中旺盛发酵，其酒精含量可达 11% 左右，具有较强的耐酒精能力。

3. 培养温度

拉斯 12 号酵母繁殖适宜温度 30～33℃，最低为 5℃，最高为 38℃。温度适宜，酵母繁殖速度加快。温度过高或过低都会影响酵母细胞的繁殖，甚至引起酵母的衰老或死亡。生产实践中，为了保证酵母菌顺利繁殖而不被细菌污染，酒母培养温度多控制在 28～30℃，发酵温度则控制在 30～33℃，但由于我国南方气候较炎热，尤其是在夏季，发酵醪温度很难控制，往往可以达到 38℃ 以上。通过选育合适的耐高温酵母菌种，采用高温发酵可大大降低酒精生产的冷却成本。

4. pH 值

酒精酵母在 pH4.0～6.0 环境中都能繁殖，如果醪液的 pH 值低于 3，则酵母的活力大减。正常的酒母糖化醪 pH 值为 5.0～5.5，适宜于酵母菌的繁殖和发酵。但为了保证酵母菌繁殖，并能抑制杂菌生长，生产中常将酒母糖化的 pH 值控制在 4.0～4.5。

5. 不同酵母菌对糖类发酵的性能差异

不同酵母菌对糖的发酵或同化性能的比较如表 2-1 所示。

表 2-1　不同酵母菌对糖的发酵或同化性能的比较

种名	发酵						同化					
	葡萄糖	半乳糖	蔗糖	麦芽糖	乳糖	棉子糖	葡萄糖	半乳糖	蔗糖	麦芽糖	乳糖	棉子糖
卡斯特酒香酵母	+	V	+	+	−	−	+	+	+	+	−	D
白色布勒掷孢酵母	−	−	−	−	−	−	+	V	+	+	+	+
卡斯特假丝酵母	+	−	−	−	−	−	+	−	−	−	−	−
白假丝酵母	+	V	V	+	−	−	+	+	V	+	−	−
醭膜假丝酵母	V	V	V	V	−	V	+	V	+	+	−	−
清酒假丝酵母	+	V	V	V	−	−	+	V	+	+	−	−
热带假丝酵母	+	V	+	V	−	−	+	+	+	+	−	+
异常汉逊酵母	+	V	+	V	−	V	+	V	+	−	−	V
亚膜汉逊酵母	+	−	+	D	−	V	+	+	V	−	−	+
发酵毕赤酵母	+	−	−	−	−	−	+	−	−	−	−	−
膜醭毕赤酵母	V	−	−	−	−	−	+	−	−	−	−	−
酿酒酵母	+	V	V	+	−	V	+	V	V	V	−	V
栗酒裂殖酵母	+	−	+	+	−	−	+	−	+	+	−	+
戴尔有孢圆酵母	+	−	−	−	−	−	+	V	V	−	−	V
拜耳接合酵母	+	−	−	−	−	−	+	V	V	−	−	V
鲁氏接合酵母	+	−	V	V	−	−	+	V	V	V	−	−
布鲁塞尔德克酵母	V	−	+	V	−	−	+	−	+	+	−	−

注：＋，阳性，表示良好发酵或同化；－，阴性，表示不发酵或不同化；D，延期大于 7 天的阳性反应；V，可变反应。

（三）酵母菌的培养

酵母菌在生长繁殖过程中，需要吸收碳源、氮源、无机盐、维生素等营养，经一系列的生物化学变化，合成菌体细胞。

1. 碳源

碳源是构成酵母菌菌体材料和供其生命活动的能量和营养素，酵母菌能利用的碳源主要为糖类。酵母菌在繁殖过程中吸收的糖分，一部分用于合成菌体蛋白碳架，一部分转变为酵母菌的储藏物质，还有一部分为其繁殖和生命活动提供所需要的能量。

2. 氮源

氮源是酵母菌繁殖过程中合成菌体原生质和酶的营养素。酵母菌所需的氮源主要来自原料中的含氮物质，往往是大分子的蛋白质，必须经过蒸煮和曲霉菌中蛋白酶的水解，生成小分子的蛋白胨或氨基酸后才能被酵母所利用，氨基酸被用来合成菌体细胞中的蛋白质、酶等组成成分。如果原料中含氮物质少，也可以添加无机氮，生产上常采用 $(NH_4)_2SO_4$ 为补充氮源。硝酸盐不易被酵母菌所利用，所以一般不采用。一般来讲，酵母利用无机铵盐的能力大于有机氮。

3. 无机盐

磷是构成菌体中核酸的重要成分，也是辅酶的组成成分，在能量转变中起着重要作用，对酵母的代谢活动十分重要。镁离子可以刺激酵母活力提高，钾离子可以促进酵母细胞增大，促进发酵。培养基中低浓度的无机盐可以促进酵母的生长，浓度高了反而会阻碍酵母生长，酵母繁殖过程中需要的无机盐可以从原料中获得，一般不需要另加。

4. 维生素

酵母菌不能将初级化合物合成维生素，在生长繁殖过程中所需维生素主要从糖化醪中获得。培养基中必须有丙氨酸存在，在酵母的作用下才能合成泛酸。缺乏泛酸或丙氨酸时，酵母不能繁殖。维生素易被高温所破坏，因此，在制备酒母糖化醪时，不宜采用高温长时间的杀菌，以减少维生素的损失。

5. 制备酒母流程

使糖液或糖化醪进行一系列酒精发酵的原动力是酵母，原意为"发酵之母"。有大量酵母菌的培养液就是发酵剂，这种发酵剂在制酒制醋中都称为酵母或酒母。

在传统老法制醋的酒精发酵中，是依靠各种曲子及从空气中落入的酵母菌而繁殖的，或将上一批优良的"酵子"留一部分作"引

子"，进行酒精发酵。由于依靠自然菌种，批次之间质量不太稳定。采用人工培育的酵母，出酒出醋率高且稳定，但食醋风味不如老法。

酵母菌生长的适宜温度在 28～33℃ 之间，35℃ 以上则活力减退。酵母菌是兼性好氧菌，在不通气条件下，细胞增殖较慢，培养3h，酵母数只增加 30% 左右，而在通气条件下，培养 3h，酵母细胞数可增殖近 1 倍。从产酒精数量来看，在不通气的条件下，酵母菌的酒精发酵力比较强，在酒精发酵的生产过程中，发酵初期应适当通气，使酵母菌细胞大量繁殖，积累大量活跃细胞，然后再停止通气，使大量活跃细胞进行旺盛的发酵作用。

酒母（酵母）扩大培养工艺流程如图 2-1 所示。

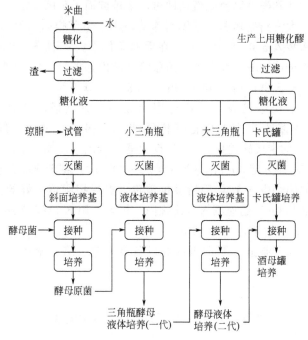

图 2-1　酒母（酵母）扩大培养工艺流程

（1）酵母原菌试管培养及保藏　以麦芽汁或米曲汁制成试管斜

面培养基。米曲汁（或麦芽汁）7°Bé，调节 pH4.5～5.5，琼脂 2%，0.1MPa 灭菌 30min，培养温度 26～28℃，3 天，4℃左右保藏，3 个月接种移植 1 次。

（2）小三角瓶扩大培养　液体培养基用 7°Bé 麦芽汁或 7°Bé 米曲汁，或将大生产糖化醪过滤后糖液稀释至 7°Bé，调节 pH4.1～4.4。分装于容量为 250mL 小三角瓶内，每瓶装入 150mL 液体培养基，灭菌要求与斜面培养基相同。在无菌条件下，从试管原菌上挑取 1～2 接种环入小三角瓶培养液内，摇匀，培养温度一般为 26～28℃，但要根据具体应用的菌种而异，如上海醋厂 K 氏酵母采用 26～28℃，北方所用 1308 号酵母，其培养温度为 30～32℃。培养时间一般为 24h。待瓶内有二氧化碳气泡产生，瓶底有白色酵母沉淀，达到酵母繁殖旺盛期即可，要求纯而无杂菌。

（3）大三角瓶培养　液体培养基与小三角瓶相同。用 1000mL 大三角瓶装入 500mL 培养基。在无菌条件下，将刚培养 24h 的小三角瓶酵母液 25mL 移入大三角瓶培养液内，摇匀。培养温度同小三角瓶。K 氏酵母培养 18～20h，1308 号酵母培养 10～12h。

（4）卡氏罐培养　卡氏罐用锡或不锈钢制成，容量一般为 15L，培养基为生产上糖化醪稀释液，8～9°Bé，调节 pH4.1～4.4，15L 的卡氏罐内装入 7.5L 糖化醪。卡氏罐口加棉塞，扎好油纸，0.1MPa 灭菌 30min，冷却至 25～30℃时，将卡氏罐口及大三角瓶口先用 70%～75%酒精擦拭消毒，然后把刚培养好的大三角瓶酵母液 500mL 迅速倒入卡氏罐内，摇匀。用 K 氏酵母 26～28℃培养 18h，有的酵母为 8～10h。

（5）酒母制造　制造酒母的设备有大罐、培养罐和自吸式发酵罐。

酒母制作流程：

卡氏罐→小酒母罐→大酒母罐→成熟酒母

酒母培养方法可分为间歇培养和半连续培养法两种，半连续培养法主要在大的酒精厂使用，我国醋厂多数应用间歇培养。

间歇培养法是先将酒母罐洗刷干净，并对罐体、管道进行灭菌。将糖化醪打入小酒母罐中，并接入已培养成熟的卡氏罐酒母。通无菌空气，机械搅拌或用自吸式培养罐，使酒母与醪液混合均匀，并能溶解部分氧气，供酵母繁殖的需要。控制醪温 $26 \sim 28 \text{℃}$（视不同酵母菌而定），待醪液糖分降低，液面有大量二氧化碳气泡冒出时，即为培养成熟。

酒母质量优劣直接影响到酒精发酵效果。只有培养出优良健壮的酒母，才有可能提高酒精发酵率。在实际生产中，好的酒母要求酵母细胞形态整齐、健壮、细胞多、杂菌少、降糖快。酒母的各项指标如下。

① 酵母细胞数　酵母细胞数是观察酵母繁殖能力的一项指标，也是反映酵母培养成熟的指标。成熟的酒母醪，其酵母细胞数一般为 10^8 个/mL 左右。

② 出芽率　酵母出芽率是衡量繁殖旺盛与否的一项指标。出芽率高，说明酵母处于旺盛的生长期。成熟酒母出芽率要求在 $15\% \sim 30\%$。出芽率低，说明培养过程存在问题，应根据具体情况及时采取措施解决。

③ 酵母死亡率　用美蓝对酵母细胞进行染色。如果酵母细胞被染成蓝色，则说明此细胞已死亡，正常培养的酒母不应有死亡现象，如果死亡率在 1% 以上，应及时查找原因，采取措施解决。

④ 酸度　测定酒母醪中的酸度是观察酒母是否被细菌污染的一项指标，如果成熟酒母醪中酸度明显增高，说明酒母被产酸细菌所污染，酸度增高太多。镜检时又发现有很多杆状细菌，则不宜作种子用。

（四）影响酒母质量的主要因素

酒精发酵是食醋生产中的重要环节，其作用是把曲霉分解产生的葡萄糖发酵生成酒精、CO_2 及其他副产物，为醋酸发酵打好基础，对连续生产有重要作用。酒母是酒精发酵的动力，酒母的质量直接影响到酒精发酵的效果，最终影响到原料利用率及食醋出品率。好的酒母细胞形态整齐、健壮、无杂菌、无芽孢、降糖快。衡量指标有细胞数、酵母出芽率、死亡率、耗糖率、酒精度及酸度等。影响酒母质量的因素有很多，可分为内因和外因。内因是酵母菌本身生理特性的影响，外因是外界环境因素对酵母生殖的影响。

1. 内因

食醋生产中要求酵母菌有较强的酒化酶，繁殖速度快，耐酒、耐酸性强，耐热性好，抗杂菌能力强，性能稳定且能产生一定香气。

（1）酵母菌本身生理性能　目前食醋生产中常用的酵母菌是真酵母属中的啤酒酵母及其变种，各酵母的性能有差别。如拉斯2号适合淀粉原料生产酒精，但发酵中易起泡沫；拉斯12号产生的泡沫较少，耐酒精能力强，可达13％（体积分数）；南阳5号和南阳混合酵母适合浓醪发酵，且有较强的耐酒力，其中南阳混合酵母比K氏酵母生长更迅速。

（2）接种时间　从酵母菌繁殖规律曲线知道，酵母菌的增殖过程可分为适应期、旺盛期、静止期和衰亡期四个阶段。接种时应掌握在旺盛期的末期为好，这时酵母活力最高，细胞多而健壮，容易造成繁殖优势。

（3）接种量的确定　由于培养基成分一致，营养有限，酵母菌增殖到一定数量无法再生殖，因此接种量与成熟酒母细胞数的关系不大。接种量大，酒母成熟速度快，缩短培养时间，成熟醪中老细胞多，不利于酒精旺盛发酵，而且扩大培养次数，增加设备投资。接种量小，酵母繁殖慢，不利设备周转，而且易染杂菌。在酒母培养中，接种量一般控制在1∶5～1∶10。

2. 外因

酵母在繁殖时，周围的环境和代谢物的多少对酵母的繁殖速度有一定的影响。外界的影响因素可以分为物理因素和化学因素。

（1）物理因素

① 温度　温度对酵母菌生长繁殖影响很大。温度低于10℃时，

酵母一般不发芽或发芽很缓慢；在 20～22℃ 时，发芽速度很快；达到 30℃ 时，酵母菌的生长繁殖速度达到最大值；高于 35℃，其繁殖速度迅速下降，而且酵母容易衰老，出现疲劳状态。酒母制备中，酵母原菌→固体斜面→液体试管→液体三角瓶→卡氏罐→酒母罐，培养温度都采用 28～30℃。

② 培养时间和接种量　接种量大，则培养时间缩短；反之则培养时间较长。接种后的醪液，酵母细胞数一般在 $(0.1～0.2)×10^8/mL$，经过 10～12h 培养，酵母细胞数能够达到 $(0.8～1.2)×10^8/mL$。

(2) 化学因素

① 营养成分　酵母菌进行增殖，必须有充分的碳源、氮源、无机盐及维生素等营养物质，而且必须是能够被酵母同化的物质。酵母是通过细胞膜来吸收营养物质的，有些大分子物质不能被酵母同化吸收。生产中，试验室阶段一般采用米曲汁或麦芽汁作培养基，酒母糖化醪则采用淀粉原料作培养基，一是节约成本，二是驯化菌种。玉米中含有大量淀粉、丰富的蛋白质、适量的无机盐及维生素等物质，适于作为酒母糖化醪的原料。甘薯原料有时也用作酒母糖化醪，但其氮源不足，需添加硫酸铵。

在生产中，要注意高浓度的糖分对酵母菌有阻碍作用。据报道，4.8% 的糖相当于 1% 的乙醇对酒精发酵的抑制作用。酒母培养汁、米曲汁或麦芽汁的浓度调整为 7°Bé，糖化醪的浓度则控制在 8～9°Bé。

② 氧气　酵母菌属兼性厌氧微生物，在有氧和无氧条件下均能生长。在有氧的情况下将糖氧化成 CO_2 和水，以获取大量能量用于发芽繁殖，而只生成少量乙醇。酒母培养的目的是获得大量酵母细胞，因此酒母生产中要通入适当无菌空气。实践证明，$1m^3$ 酒母醪，每小时通入 $2m^3$ 无菌空气即可满足酵母繁殖的要求。而且通入无菌空气，对减少耗糖有利，每生成 1g 干酵母，有氧时需消耗 0.35～0.43g 糖，而无氧时则消耗 1.14g。

③ pH 值　酵母在 pH2～7 的范围内都可以生长，但最适生长

pH 值为 4～4.5。一般培养基的 pH 值控制在 4.1～4.4，就足可抑制杂菌生长。调 pH 值时可用硫酸或磷酸，但不能用盐酸或硝酸。酒母罐培养时，由于已经造成酵母菌繁殖优势，一般不再调 pH 值。

④ 酒精 一般生物的代谢产物都对其本身产生毒害作用。成熟酒母醪的酒精含量在 3%～4%，对酒母质量不会造成多大影响；超过 5%以上时，其生长才受到影响。

酒母培养中要加强生产过程中的卫生，对工具和设备进行灭菌，防止杂菌感染。若发现酒母醪杂菌多，可以加硫酸调至 pH2.7～3，维持 3～4h，使杂菌死亡，然后继续进行培养。

酒母的质量是制好食醋的关键，在实际生产中应选用优良的纯种酵母，创造适合酵母菌生长的外界条件，使酵母菌处于生长优势中，确保酵母菌的纯种培养。

（五） 检测酒母质量的方法

酿醋先酿酒，有酒才有醋。制酒离不开酵母菌。生产中所用的酵母菌株不同，对发酵醪中糖分等物质的利用率也各异，这主要决定于酵母的发酵能力，为了保证生产上能用到发酵力强的酵母菌种，可在生产前进行一些小型实验，检测酵母的发酵能力和发酵时间，其测定方法如下。

准确量取大生产中发酵用糖化醪 500mL，正确地分析化验出醪中的糖分含量（包括总糖、还原糖），并调整其浓度为 1kg 粮产 5kg 酒醪，pH 值调至 4～5 之间，装入 1000mL 大三角瓶中，加多层纱布把瓶口扎牢。经过灭菌 15min，冷却至 28～30℃，接入酵母菌种（接种量 10%），摇匀，扎牢，放入恒温箱内保持 28～33℃发酵。在发酵过程中，每天摇瓶 1 次，使二氧化碳气体尽量排出瓶外，发酵 3～4 天后，取出测定其发酵力。

$$真正发酵力 = \frac{发酵前醪中分析总糖 - 发酵后醪中残余总糖}{发酵前醪中分析总糖} \times 100\%$$

同时还应取样分析酒精含量，计算出发酵效率。

$$发酵效率（\%）=\frac{实际酒精分数}{醪中含糖分\times每份糖理论酒精产量}\times100\%$$

另外，还可利用称重法，测得瓶中二氧化碳排出量，粗略确定发酵结束后醪中酒精含量。相对而言，酵母菌在进行无氧呼吸时，二氧化碳排出量越多，则产酒精也就越多。

以上检测方法，适宜于大生产。

（六） 酒母培养出现不正常情况的处理办法

酒母培养过程中出现的不正常情况一般有酵母细胞繁殖太慢和杂菌污染。

1. 影响酵母细胞繁殖速度的因素及其处理办法

（1）影响因素 一般培养一级酒母 18～24h 就可成熟，酵母细胞数可达到工艺指标规定的范围，达不到表明细胞的生长受到了抑制。根据经验，引起酵母细胞繁殖过慢的主要因素有培养温度过低、酒母醪中营养物质太少或糖度太高、醪中 pH 值太低、接种量太小、接种时间不当，或酒母质量低下等。当采用通风培养酒母时，还可能由于风量太小所致。

（2）处理方法 查酒母醪中的准确温度后，进行调整，把温度控制在 28～30℃或偏高 1～2℃。当确认是由于醪中缺少营养物质时，可适当补加新鲜的、具有丰富营养的糖化醪，再加适量的硫酸铵或尿素，以补足其中的碳源、氮源、生长素等营养物。当查明由于酒母醪中糖度太高引起时，应调节其糖度，把酒母醪中的糖度控制在 10～14°Bx 之间。如糖度过高，不但不能被酵母菌很好利用，而且糖还会对其产生抑制，增加对酵母细胞的渗透压，从而影响酵母细胞的繁殖速度。

当查明酒母醪中的 pH 值低于 3 时，应用氨水来调节 pH 值，使 pH 值保持在 3.8～4.5 之间，pH 值过低抑制酵母细胞的繁殖，pH 值过高易引起细菌侵入。当采用通风培养酒母时，要保证每小

时每 $1m^3$ 的酒母醪有 $12\sim30m^3$ 的无菌空气供给，否则会影响酒母的成熟时间。

2. 杂菌污染的因素及其处理办法

（1）污染因素　包括原菌种不纯；培养酒母的设备、管道及原料灭菌不彻底；违章操作；酒母培养时温度过高；pH 值不当；培养时间过长等。当采用通风培养酒母时，还可能由于空气净化系统失去作用，带入杂菌而污染。

（2）处理办法　应加强工艺管理，避免杂菌污染，严格按照工艺要求，加强对设备、管道、酒母培养的配料、空气净化系统的灭菌消毒工作，使培养酒母的环境基本上处于无菌状态，控制好适宜的温度、pH 值，保持正常的培养时间。

对于已经污染，但不太严重的酒醪，可加入一定量的醋酸，采用以酸治酸（即降低酒母培养液中的 pH 值以达到不抑制菌种的生长，而又能抑制杂菌生长的酸化环境）的方法。可通过取样做小型实验的方法确定醋酸的添加量，控制 pH 值在 $3.8\sim4.5$。

加入醋酸，保持作用 $2\sim4h$，然后再将生长旺盛的酵母菌和新鲜无菌的培养液加入到酒母培养罐中，进行偏酸性、偏低温培养。一般将 pH 值控制在 $3.8\sim4.5$ 之间，温度在 $25\sim28℃$，待酒母检查变正常后，即可进行常规培养。

对于污染严重的酒母醪，加温灭菌后，必须重新制备新酒母。可将污染的酒母醪加温灭菌后，混入大生产发酵罐，作为发酵醪使用。

三、 食醋工业常用的醋酸菌

（一） 醋酸菌分类

醋酸菌是一大群革兰染色阴性、绝对好氧的细菌的总称，进行严格的有氧代谢呼吸。在有氧条件下，能将乙醇或糖类不完全氧化为有机酸。大部分醋酸菌将乙醇氧化为乙酸后，还可进一步将乙酸或乙酸盐氧化为 CO_2 和 H_2O。细胞从椭圆到杆状，单生、成对或成链。在老培养物中易呈多种畸形,如球形、丝状、棒状、弯曲等。

早期的醋酸菌分类系统主要以表型和生理生化特征为依据,主要形成两种不同的分类系统。一种是1935年Asai提出的,根据氧化葡萄糖生成葡萄糖酸的能力强弱,分为葡糖杆菌属和醋杆菌属;另一种是1954年Leifson提出的,根据能否氧化乙酸盐和醋酸菌鞭毛类型,分为能氧化乙酸盐、周生鞭毛的醋杆菌属和不能氧化乙酸盐、极生鞭毛的醋单胞菌属菌。1974年,《伯杰细菌鉴定手册》第八版,综合两种意见,根据能否将乙酸盐和乳酸盐氧化为CO_2和H_2O的能力及鞭毛类型,将醋酸菌分为醋杆菌属和葡糖醋杆菌属。

随着化学分类、基因分析等各类方法在醋酸菌分类中的逐步发展与完善,醋酸菌的一些新属、种、组合被陆续发现。目前醋酸菌科被归入变形菌门、α-变形菌纲、红螺菌目中。对醋酸菌科包括的属有两种不同观点,一种认为醋酸菌科包括嗜酸细菌和醋酸细菌共27个属;另一种是kersters.K等于2006年编著的《The Prokaryotes》中认为醋酸菌包括10个属,共54个种。更多的醋酸菌分类学家趋向于采用后一种分类系统。至2014年初,已报道的醋酸菌包括16个属,共84个种。

培养醋酸菌时,需要用含糖或酵母膏(维生素B)的培养基,在肉汤蛋白胨培养基上生长不良。大多数菌株可用六碳糖和甘油作为碳源,对甘露醇和葡萄糖酸盐很少能利用或不能利用,不分解乳糖、糊精和淀粉。醋杆菌属在比较高的温度下(39~40℃)可以发育,增殖的适温为30℃以上,主要作用是氧化酒精为醋酸,也能氧化葡萄糖生成少量的葡萄糖酸,并可继续氧化醋酸为二氧化碳和水。葡糖杆菌属能在比较低的温度下(7~9℃)发育,增殖的适温在30℃以下,主要作用是氧化葡萄糖为葡萄糖酸,也能氧化酒精生成少量醋酸,但不能氧化醋酸为二氧化碳和水。

(二) 食醋工业常见醋酸菌种类

在工厂,为了提高产量和质量,避免杂菌污染,采用人工纯接种的方式进行发酵。由于醋酸菌种类不同,其对酒精的氧化能力也有差异。在实际生产中,选择菌种是很重要的工作,最好选用氧化酒精速度快、不分解醋酸、耐酸性强、产品风味好的菌种。用于食醋生产的细菌有纹膜醋酸菌(*A. aceti*)、许氏醋酸杆菌(*A. schutzenbachii*)、奥尔兰醋酸杆菌(*A. orleanense*)、恶臭醋杆菌(*A. rancens*)、巴氏醋酸杆菌(*A. pasteurianus*)等。采用纯醋酸菌种发酵中,目前使用最多的醋酸菌是巴氏醋酸杆菌的巴氏亚种(沪酿 1.01 号),其次为恶臭醋杆菌混浊变种(AS1.41)。

1. 奥尔兰醋酸杆菌

法国奥尔兰地区用葡萄酒生产醋的主要菌株是奥尔兰醋酸杆菌。它能产生少量的酯,产醋酸的能力弱,但耐酸性较强,能由葡萄糖产 5.26% 葡萄醋。

2. 许氏醋酸杆菌

许氏醋酸杆菌是国外有名的速酿醋菌种,也是目前制醋工业较重要的菌种之一,产酸可高达 115g/L(以醋酸计)。最适生长温度 $25 \sim 27.5℃$,在 37℃ 即不再产醋酸,对醋酸没有进一步的氧化作用。

3. 恶臭醋酸杆菌

我国食醋生产使用菌种之一。它在液面形成皱褶的皮膜,菌膜沿容器壁上升,液不混浊。一般能产酸 $60 \sim 80g/L$,有的菌株能产 20g/L 葡萄糖酸。能把醋酸进一步氧化为二氧化碳和水。

4. 中科 AS1.41 醋酸菌

细胞杆形,常呈链锁状,无运动性,不产生芽孢,在长期培养、高温培养、含食盐过多或营养不足等条件下,细胞有时出现畸形,呈伸长形、线形或棒形,有的甚至管状膨大。生理特性是好气,最适培养温度为 $28 \sim 30℃$,最适生酸温度为 $28 \sim 33℃$,最适 pH $3.5 \sim 6.0$,发酵酒醪能耐酒精度 8% 以下。最高产酸量达 7% ~ 9%(以醋酸计),转化蔗糖力很弱。产葡萄糖酸能力也很弱,能氧化醋酸为二氧化碳和水，能同化铵盐。AS1.41醋酸菌是目前我国食醋生产常用菌之一。

对培养基要求粗放，在米曲汁培养基等培养基中生长良好，专性好氧，能氧化酒精为醋酸，于空气中能使酒精变混浊，表面有薄膜，有醋酸味，也能氧化醋酸为二氧化碳及水，繁殖的适宜温度31℃，发酵温度一般控制在36～37℃。

5. 沪酿1.01醋酸菌

沪酿1.01醋酸菌属于巴氏醋酸杆菌的巴氏亚种。1972年从丹东速酿醋中分离而得，在上海酿造科学研究所实验工厂及上海醋厂投产使用，现已被全国许多醋厂用于液体醋生产。它是目前我国食醋生产重要工业用菌之一。其酒精产醋酸的转化率平均达93～95%。

细胞杆状，其细胞0.3～0.55μm，常呈链锁状，无运动性，不生芽孢，专性好氧菌，在酵母膏葡萄糖淡酒琼脂培养基上的菌落为乳白色；酒精静置培养表面形成不透明的薄膜。培养于含酒精的培养液中，常在表面生长，形成淡青灰色薄膜，能利用酒精氧化为醋酸时所释放的能量而生活，也能利用各种醇类及二糖类的氧化能而生活。在环境不良条件下，营养不足或长久培养时，细胞有的呈伸长形、线状或棒状，有的呈膨大状，呈分支状。主要作用是氧化酒精为醋酸，可氧化葡萄糖形成少量葡萄糖酸，并氧化醋酸为二氧化碳及水，繁殖适温为30℃，发酵适温32～35℃。

6. LB2001醋酸菌

LB2001是2000年从山西老陈醋成熟醋醅中分离所得。该菌细胞形态为杆状，单个或呈链状，好氧性细菌，在通气条件下生长良好。在液体培养基或浅层盘式培养时，表面形成灰白色菌膜，有皱褶，易碎，菌膜沿容器壁上升，发酵液不混浊。繁殖适温为28～31℃，发酵适温为28～33℃，能耐38～40℃高温，最适pH 3.5～6。

醋厂选用的醋酸菌，最好应是氧化酒精速度快，不再分解醋酸，耐酸性强，制品风味好的菌。目前国外有些工厂用混合醋酸菌生产食醋,除能快速完成醋酸发酵外,尚能形成其他有机酸等组分,能增加成品香气和固形物成分。总之,选用优良的醋酸菌是酿醋过程取得好效果主要措施。

(三) 醋母的制备方法

醋酸发酵主要是由醋酸菌引起的,它能氧化酒精为醋酸,把葡萄糖氧化为葡萄糖酸,是醋酸发酵中最重要的菌。老法制醋的醋酸菌,完全是依靠空气中、填充料及麸曲自然附着的醋酸菌,因此发展缓慢,生产周期较长,一般出醋率较低,产品质量不够稳定。目前,我国还有相当一部分制醋工厂酿醋时不加纯培养的醋酸菌。上海首先推广使用人工培养的优良醋酸菌,并控制其发育与发酵条件,使食醋生产达到优质高产。

醋酸种子培养可分为固态法和液态法两种。

1. 醋酸菌固态培养

固态培养的醋酸菌是先经三角瓶纯种扩大培养,再在醋醅上进行固态培养,利用自然通风回流法促使其大量繁殖。固态培养的醋酸菌纯度虽然不高,但已达到(除液体深层发酵制醋以外)各种食醋酿造的要求。

(1) 纯种三角瓶扩大培养

① 培养基制备 酵母膏 1%(质量分数),葡萄糖 0.3%(质量分数),加水溶解,分装于 1L 三角瓶中。每瓶装入 100mL,加上棉塞,于 0.1MPa 蒸汽中灭菌 30min,取出冷却,在无菌室内加酒精(体积分数 95%)4%。

② 接种量 接入新培养 48h 的醋酸原菌,每支试管原菌接 2~3 瓶,摇匀。

③ 培养 静置培养,30℃,5~7 天,表面上有薄膜,有醋酸的清香气味,即表示醋酸菌生长成熟。如果利用摇床振荡培养,三角瓶装入量可增至 120~150mL,30℃培养 24h,镜检菌体生长正常无杂菌,酸度 15~20g/L(醋酸计)即可使用。

(2) 醋酸菌大缸固态育种

 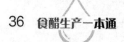

生产上的新鲜酒醅，置于有假底下面开洞加塞的大缸中，再将培养成熟的三角瓶醋酸菌种拌入酒醅面上，拌匀。接种量为原料的2％～3％（质量分数），加缸盖使醋酸菌生长繁殖。待1～2天后品温升高，采用流法降温，即将缸下塞子拔出，放出醋汁流在醋面上，控制品温在38℃以下，培养至醋汁酸度达40g/L以上，则说明醋酸菌已大量繁殖，镜检无杂菌，无其他异味，即可将种醋接种于大生产的酒醅中。

2. 液态醋酸菌种子罐培养

（1）一级种子（三角瓶振荡培养）

① 采用中科 AS 1.41 醋酸菌。米曲汁 6°Bé，酒精（体积分数95％）3％～3.5％，500mL 瓶中装入 100mL，4 层纱布扎口，用0.1MPa 蒸汽灭菌 30min，冷却，无菌操作加入酒精。接种后，三角瓶培养温度 31℃，培养时间 22～24h，振荡培养，摇床采用旋转式（230r/min），偏心距为 2.4cm。

② 采用沪酿 1.01 醋酸菌。葡萄糖 10g，酵母膏 10g，水100mL，0.1MPa，30min 灭菌，每瓶（100mL）加入 3mL 酒精（体积分数 95％）振荡培养。培养温度 30℃，培养时间 24h。

（2）二级种子（种子罐通气培养）　取酒精体积分数 4％～5％的酒精醪，抽到种子罐内，定容至 70％～75％。夹层蒸汽加热至 80℃，再用直接蒸汽加热灭菌，0.1MPa，30min，冷却降温至32℃。按接种量 10％接入醋酸菌种，30℃通气培养，培养温度31℃，培养时间 22～24h，风量 0.1m³/（m³·min）。

质量指标：总酸（以醋酸计）15～18g/L，革兰染色阴性，无杂菌，形态正常。

3. 醋酸菌种的培养及保藏

试管培养基的两种配方，可任选一种应用。

① 酒液（酒精体积分数 6％）100mL、葡萄糖 0.3g、酵母膏1g、琼脂 2.5g、碳酸钙 1g。

② 酒精（试剂纯）2mL、葡萄糖 0.3g、酵母膏 1g、琼脂2.5g、碳酸钙 1.5g、水 100mL。配制时各组分先加热溶解，最后

加入酒精。

培养：接种后置于 30～32℃ 保温箱内培养 48h。

保藏：醋酸菌因为没有孢子，所以容易被自己所产生的酸杀灭。醋酸菌中能产生酯香的菌株，每过十几天即自行死亡。因此应保持在 0～4℃ 冰箱内，使其处于休眠状态。由于培养基中加入碳酸钙，可以中和所产生的酸，故保藏时间可长些。

（四）传统酿造食醋优势醋酸菌

不同产地有着不同品牌的酿造食醋，近年来，为了传统酿造食醋行业的更好发展，食醋行业陆续开展了关于醋醅中的菌落形态、优势醋酸菌的研究。有人对翟集米醋中的醋酸菌进行研究，从中分离到优势醋酸菌，经鉴定为巴氏醋酸杆菌，命名为巴氏醋酸杆菌Ap2012，并对其生长特性及耐受性进行了研究。醋酸菌的生长特性、耐受性等直接影响着发酵工艺参数的控制和菌种的应用。目前为止，根据对镇江香醋、四川麸醋、山西陈醋等工业醋醅中分离出的优势醋酸菌鉴定结果均表明，巴氏醋酸杆菌为我国传统发酵食醋的主要优势菌株之一。

巴氏醋酸杆菌 Ap2012 在酵母膏平板上，能利用葡萄糖、乙醇作为碳源生长并产酸，能较好地利用甘油、果糖、蔗糖、山梨糖，但不产酸，在甘露醇平板上生长较差。对巴氏醋酸杆菌 Ap2012 的耐受性进行了研究，结果如下。

1. 巴氏醋酸杆菌对乙醇的耐受性

随着乙醇体积分数（7%～22%）的增加，乙醇对巴氏醋酸杆菌 Ap2012 的生长影响更加明显。在乙醇体积分数 <8.6% 时，酒精体积分数增加，菌株的生长变缓慢；而在酒精体积分数高于12.4% 时，巴氏醋酸杆菌 Ap2012 的生长就受到严重的抑制，菌体基本不再生长了。随着乙醇体积分数的增加，同时会影响到巴氏醋酸杆菌 Ap2012 的转酸能力。在乙醇体积分数超过 15.8% 时，乙醇基本完全抑制巴氏醋酸杆菌 Ap2012 转酸。

2. 巴氏醋酸杆菌对糖度的耐受性

虽然葡萄糖是醋酸菌生长的良好碳源，但是糖的浓度过高会对醋酸菌有抑制作用；而且培养液中糖含量过高，使其黏度增加，不利于二氧化碳的释放，会导致培养液里的溶氧降低。在葡萄糖浓度100～300g/L之间，随着葡萄糖浓度的增加，葡萄糖对巴氏醋酸杆菌Ap2012的生长抑制作用增强，巴氏醋酸杆菌Ap2012生长缓慢，延滞期、对数增长期逐渐延长。巴氏醋酸杆菌AP2012菌株对高糖度的耐受性很高，在葡萄糖浓度250g/L时仍能缓慢生长；但当葡萄糖浓度达到300g/L时，将完全抑制巴氏醋酸杆菌Ap2012的生长，并抑制巴氏醋酸杆菌Ap2012的转酸能力。

3. 巴氏醋酸杆菌对NaCl浓度的耐受性

在食醋发酵结束后，通常会添加NaCl用来抑制醋酸菌的生长。在NaCl浓度低于10g/L时，巴氏醋酸杆菌Ap2012仍能生长；而在NaCl浓度达到15g/L时，巴氏醋酸杆菌Ap2012的生长就受到严重的抑制，菌体生长缓慢。巴氏醋酸杆菌Ap2012对盐的耐受性较差，NaCl浓度达到20g/L时完全抑制巴氏醋酸杆菌Ap2012的生长。在盐浓度达到15g/L时，基本完全抑制巴氏醋酸杆菌Ap2012转酸。

4. 巴氏醋酸杆菌对乙酸的耐受性

醋酸发酵是由醋酸菌将酵母发酵过程中产生的乙醇化成醋酸的过程，初始培养基中含有过多的乙酸会抑制醋酸菌的生长。巴氏醋酸杆菌Ap2012对乙酸耐受性较差，在乙酸浓度为21.0g/L时，可明显影响到其生长，使停滞期延长，乙酸浓度达到42.0g/L以上时，即可完全抑制巴氏醋酸杆菌Ap2012的生长。

第二节　食醋生产用糖化菌及各类曲

一、酿醋工业常用的糖化菌及其生理特性

酿醋工业目前最常用的糖化菌是曲霉菌。而我国传统的大曲和小曲中，除曲霉以外，根霉、红曲霉、毛霉、拟内孢霉也广泛存在，这些霉菌常常是比较优良的糖化菌。大多数食醋生产中对菌种

的要求是糖化力高，适应性强、繁殖速度快这两个基本特点。除此以外，还要求菌种的糖化酶具有良好的热稳定性、耐酸性、耐酒精等特点。

（一）米曲霉（Asp. oryzae）

常用的菌株为沪酿 3.042、3.040、AS 3.683。米曲霉多呈黄绿色，但培养在酸度较大或碳源丰富的培养基上呈绿色，培养在酸度小或氮源丰富的培养基上呈黄色。老化后逐渐为褐色，发育最适温度 37℃，pH5.5～6.0。它的液化力与蛋白质分解力较强。到目前已发现该菌有 50 余种酶。

经过多年培养和生产选种，利用各种物理化学方法人工诱变，获得其很多变种。该菌细胞为多核，容易菌丝吻合而发生变异。除作糖化剂外，米曲霉广泛应用于酱、醋、酒及酱油，并能生成曲酸、柠檬酸、延胡索酸。

（二）黄曲霉（Asp. flavus）

外观形态与米曲霉相似，常用的菌株有 AS 3.800。黄曲霉是应用最广泛的一种糖化曲，分生孢子梗粗糙，能生成曲酸。曲酸在水溶液中，能使氯化铁产生极强烈的特有红色，黄曲霉发育适温 35～37℃，pH4.0～5.5。黄曲霉菌不一定呈黄色，还经常是绿色的。菌落迅速蔓延，最初带黄色，然后为黄绿色，最后变成褐色。黄曲霉易产生毒素，已不使用。

（三）甘薯曲霉（Asp. batatae）

因适用于甘薯原料而得名，常用的菌株 AS 3.324，对提高酒及醋的淀粉利用率有明显的效果。菌丝暗黑色，孢子呈球形，老熟后有细刺，菌丝膨大部分类似孢子状态，发育温度 37℃。也能生成有机酸，并含有强活力的单宁酶，适合于甘薯及野生植物酿醋。其糖化最适 pH4～4.6，最适温度 60～65℃。

（四）宇佐美曲霉（Asp. usamii）

又称乌沙米曲霉，常用菌株为 As 3.758，是日本在数千种黑

 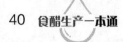

曲中选育出来的糖化力极强的菌种。菌丝黑色至黑褐色，小梗 2 层，分生孢子平滑或粗面。孢子头老熟呈黑褐色，能同化硝酸盐，有很强的生酸能力。富含糖化型淀粉酶，糖化力较强，耐酸性很高。它还含有强活力的单宁酶，对制曲原料适应性较强。宇佐美曲霉发育适温 33～35℃，pH3.5～4.5。

（五） 河内曲霉（Asp. kawachii）

又称白曲霉，实际上是乌沙米曲霉的变种。本菌是酸性黑曲霉培养在面包上，放在氯化钙玻璃干燥器内，变异而成为肉桂色的。它的性能和乌沙米曲霉大体相似，唯生长条件较粗放，酶系也可能较乌沙米曲霉纯，用于酿醋，风味较好，但用于白酒生产会使甲醇含量偏高。

培养在麦芽汁琼脂培养基上，菌丛为肉桂色，菌丝无色，有的细胞壁很厚，小梗不分支。孢子呈球形，成熟时成刺面，颜色亦深，发育适温 32～35℃，曲种容易结孢子，是甘薯酿酒、酿醋的糖化菌种。该菌有生酸能力和液化力，在东北地区应用广泛。

（六） 黑曲霉（Asp. niger）

常用菌株 AS 3.4309。黑曲霉呈黑褐色，顶囊呈大球形。小梗分支，孢子球形，有的菌种为滑面。多数是表面有刺。发育适温 37～38℃，最适 pH4.5～5.0。该菌糖化酶活力较强，培养最适温度 32℃。该菌生长缓慢，菌丝纤细，分生孢子柄短，在制曲时，前期菌丝生长缓慢，结块疏松，当出现分生孢子时迅速蔓延。

（七） 泡盛曲霉（Asp. awamori）

菌丝呈白色，孢子生成时由污灰褐色到巧克力的颜色，孢子柄直立、无色、无隔膜，培养时间长时，孢子柄下部有褐色，顶囊为球形、平滑、小梗分支，能生成曲酸及柠檬酸。糖化、液化能力强，是酿酒、醋的好糖化菌株。泡盛曲霉发育适温 33～35℃。

（八） 东酒一号（Asp. usamii 的诱变菌）

菌丛疏松，颜色淡褐。菌丝短密，顶囊较大。在 6～8°Bé 的米曲汁琼脂培养基上培养3天，颜色呈淡黄，并有皱褶。若孢子颜色变深或变黑，即表示曲种退化，东酒一号培养生长时要求较高的湿度、较低的温度。制曲时前期生长缓慢，升温慢，但中后期则较好，曲结块较疏松，糖化力、液化力都比较强，被用于上海地区制酒醋。东酒一号对野生植物原料的适应性强，但是制曲时抗杂菌能力低，容易感染青霉、根霉等杂菌。东酒一号发育适温28~32℃，pH4~6。

（九）红曲霉（Monascus）

常用菌株 AS 3.978。红曲霉菌菌落初期白色，老熟后变为淡粉色、紫红色或灰黑色等，通常都能形成红色色素。菌丝具有横隔，多核，分支甚多，分生孢子着生在菌丝及其分支的顶端、单生或成链，闭囊壳球形，有柄，子囊球形，含8个子囊孢子，熟后子囊壁解体，孢子留在薄壳的闭囊壳内。生长温度26~42℃，最适温度32~35℃，最适 pH 值为 3.5~5.0，能耐 pH2.5 的酸性环境，耐10%乙醇。红曲霉能利用多种糖类和酸类为碳源，能同化无机氮，能产生淀粉酶、麦芽糖酶、蛋白酶、柠檬酸、琥珀酸、乙醇等。红曲霉不产生转移葡萄糖苷酶，糖化液中不生成寡糖，我国浙江、福建一些地区均用红曲酿醋，糖化最适 pH4.5~5。

二、 曲霉菌培养条件及其影响酶形成的主要因素

酿醋工业目前最常用的糖化菌是曲霉菌。大多数食醋生产除了要求菌种适应性强、繁殖速度快外，还特别要求菌种糖化酶的糖化力要高。曲的糖化力受多种因素综合影响，除曲霉菌的性质及培养基的组成外，同时也与 pH 值、温度、水分、通风、培养时间以及曲的用途等有密切关系。

（一）制曲配料对酶活力的影响

制曲配料对曲霉生长和产酶的影响是很复杂的，配料不同，菌体生长的形态、色泽、酶系的组成、产生的物质也不同。同一株黑曲霉由于培养条件不同，可以制成糖化剂，也可以生产柠檬酸。米

曲霉由于培养原料不同，可以做酱油曲，也可以做糖化剂酿酒和醋。

1. 碳源

菌类需要消耗有机养料，同时也要消耗少量无机养料。在有机养料中，碳源是曲霉生长的能量来源，又是组成细胞结构和储藏物质的原材料。如果配料中碳源不足，就不能产生足够的热量，新陈代谢不能正常进行，这就会影响菌体的生长和新细胞的生成。同时碳源也是蛋白质的骨架，碳源不足显著降低对氮源的利用。一般糖类（葡萄糖、果糖、麦芽糖、蔗糖、糊精和淀粉）都可作为霉菌的碳源，这些碳源培育曲霉生成淀粉酶的活力顺序是淀粉＞糊精＞麦芽糖＞葡萄糖。以淀粉为最佳，而用葡萄糖几乎不产生淀粉酶。

在可溶性淀粉中菌丝长得好，但淀粉酶量只有用大米淀粉培养的 1/4，这充分说明菌体量与糖化力并不是平行的，也就是说外观好看的曲不一定糖化力高。这是因为淀粉酶是诱导酶，只有在底物存在时才能产生，若无底物，便会影响酶的生成，但固体制曲时并不需要很多的淀粉。若淀粉量过多，则会导致曲霉产酸，制曲时温度也不好控制。实践证明，麸皮是一种良好的制曲原料，约含有20％的淀粉，质地疏松。表面积大，既有利于通风，又能使菌丝充分生长，为大部分酿酒、酿醋工厂所采用。碳源通过菌的呼吸作用氧化分解，最终产物为二氧化碳和水，从中获得热量，1mol 葡萄糖分子获得 2870kJ 的热量。这个过程保证了新陈代谢的进行和有机体的生命，但是热的形成和数量要受到浓度、含氮量、温度、水分等许多因素的影响。

在液体曲培养中，过去一直认为淀粉含量不能过高，淀粉 2％左右为宜，主要是防止液体黏度大影响菌丝和酶的生长，近年来已转向采用高浓度淀粉培养基（含淀粉 6％～8％），产酶效果良好。

2. 氮源

氮源是构成菌体和酶的主要成分，以菌体干重计，30％～40％是蛋白质成分。在一定范围内，培养基中氮的含量高，菌丝生长茂盛，酶活力也高。但是，以生产淀粉酶为主的配料中氮源含量也不能过高，过高反而会降低淀粉酶的含量。氮源供给贫乏会使菌丝发育不良，酶活力降低。

氮源分有机氮和无机氮两种，无机氮中以硝酸钠最好，硫酸铵次之。但硝酸钠不能被某些曲霉利用，硝酸钠与硫酸铵限量为1mg/100mL，而蛋白胨则为60mg/100g。有人试验将这三种氮源混合培养，发现曲霉先消化蛋白胨，再消化硫酸铵，达到限度时，根本不消化硝酸钠。麸皮、米糠、豆饼为常用有机氮原料。蛋白质的水解产物能明显提高淀粉酶的活力，如添加提取谷氨酸后的废液、浓缩的酒糟水都能提高淀粉酶活力。

固体曲所用麸皮一般含蛋白质13%左右，已足够曲霉生长和产酶之用，不必再补充其他氮源。制备液体曲除有机氮源外，还需要加些无机氮。一般认为液体曲中使用硝酸钠时，菌丝长得粗壮，培养时间短，糖化力也高。至于碳与氮的比值，有些资料报道C/N的比值在10∶1左右。实际上C/N的效果是随碳水化合物及氮源的种类以及通风、搅拌等条件不同而异，很难确定一个比值，其现实意义也不大。但应当看到，由于培养基碳和氮的比例不同，培养过程中pH值会发生变动。若碳源多，pH值降低，对淀粉酶生成有影响，而糖化酶的生成增加；若增加氮源，则pH值上升，淀粉酶的生成增加，糖化酶的生成降低。

3. 无机盐

菌体的构成必须有矿物质，而矿物质中磷含量最高，在多数微生物中磷含量可达全部灰分的50%左右。其次是钾、镁、硫、钠等。磷、镁及钾是曲霉生长和产酶的必需元素。磷是构成菌体原生质的成分，磷酸酯及维生素都是菌体生活中所不可缺少的成分。淀粉酶的生成，必须由磷酸起代谢作用，淀粉酶对基质作用时，也需有磷酸酯的参与，所以没有磷的存在，就失去细胞分裂、孢子形成、生成淀粉酶及其作用的活力。制曲原料中有着丰富的磷，如米糠含磷4.2%，麸皮含1.7%，玉米含0.7%，薯干含0.2%～0.3%。

4. 水分与湿度

曲霉菌喜欢生长在潮湿的环境，所以设计曲房时要求保持95％的相对湿度，曲料要有足够的水分，以供曲霉菌孢子的萌发、生长、繁殖的需要。

水分对制曲有以下几大作用。

① 溶解养分。曲霉菌要吸收培养基的养分，不溶解的就不能吸收，更不能代谢。

② 膨胀。曲霉菌和植物一样是由细胞组成的，细胞膜与细胞质的联系是靠渗透作用来完成的。水分少时，细胞失去了应有的膨胀，不能起到渗透和吸收或排泄作用。所以原料吸水、体积膨胀对曲霉生长有一定帮助。

③ 蒸发。在制曲时，水分蒸发是关键。在制曲后期如果水分不蒸发，分生孢子柄就不能生长，更不能生成顶囊孢子。当曲料中水分不足，曲室湿度小时，细胞内水分透过细胞膜散发在空气中，使细胞收缩，生长就受影响。所以在前期要有足够的水分并保持95％左右的相对湿度，以减少曲料中水分的蒸发，而后期着生孢子柄时，则尽量使水分蒸发（放潮），这样能提高成曲淀粉酶活力。

制曲过程中补充水分能促使淀粉酶活力成倍提高。但曲料水分不宜过大，一般保持在熟料水分46％～50％（黑曲）就可以了，水分过大，制曲管理较难，并且易感染杂菌；水分过少时，影响曲霉的生长，而在曲的表面形成干皮，淀粉酶活力就会降低。

（二）培养条件对酶活力的影响

要制成好曲，培养基是基础，培养条件是关键。

1. 通风供氧

曲霉生长时，需要足够的氧气以助其呼吸而生成热量。由于呼吸作用必然会产生大量的二氧化碳，但也有微量的二氧化碳有促进曲霉生长及酶量增加的说法。固体曲比液体曲在这个问题上尤其明显。一般在曲料内有2％～5％的二氧化碳最为适宜，如果积累太多（10％以上）则对淀粉酶的生成有影响，所以通风制曲的曲质量比曲盘制成的曲好。根据有些工厂实践表明，在通气不良的情况下，会严重影响淀粉酶的生长。

2. 酸含量（以醋酸计）

制曲配料及培养过程中酸含量（以醋酸计）是否调节适当，对酶生成有密切关系。如曲料酸含量（以醋酸计）大，蒸煮糊化效果好，而且可以减少杂菌污染的机会。但曲霉菌生长受到抑制，繁殖速度就比较缓慢。

pH 值对液体曲制造影响较大，由于 pH 值可改变原生质膜和营养物质的渗透性，因而也影响淀粉酶的产生。一般蒸煮灭菌后的培养基 pH 值控制在 5.4 为宜。

3. 制曲温度与制曲时间

麸曲的制曲温度与时间的确定，关系到不同菌株、原料配比、接种量、曲料水分、酸度等。一般来讲，制曲品温控制在 30～34℃之间，但要通过对糖化力的测定及生产时实际使用效果来确定。固体曲一般接种后 4～6h 孢子开始萌发，再过 12h 后菌丝大量生成并产生酶，此时曲霉呼吸强大，要进行通风降温，培养到 24～28h，酶的活力就达到高峰，如再继续培养就会着生大量孢子，此时便可出曲。

三、 大曲的生产

（一） 大曲的特点

大曲是酿制大曲酒、陈醋、香醋的糖化发酵剂，利用自然界带入的各种野生菌在淀粉质原料中富集，扩大培养，再经风干、储藏，即为成品大曲。

大曲菌类复杂，常有数十种菌栖息在一起。其中有的是有益的，有的是有害的。由于菌类多，分泌许多复杂的体外酶，这些酶在酿酒酿醋时，生成大量不同种类的酯，构成独特的风味。大曲主要是酶的作用，与成曲之后霉菌的死活没有多大关系，但也保留少量活的菌。生产大曲容易积压资金，加上制曲耗粮多，现在除名特醋使用外，已多为麸曲所代替。

大曲采用生料制曲,有利于保存原料中所含有的丰富的水解酶类。各地制曲方法不很一致,各有其特点。大曲原料以大麦、小麦为主,有的加豌豆、蚕豆或黄豆粉,亦有的不加豆类。

大曲的踩曲季节,一般以春末夏初到中秋节前后最为合适。在不同季节里,自然界中微生物群的分布状况有差异,一般春、秋季酵母比例大,夏季霉菌多,冬季细菌多,在春末夏初之季,气温及湿度都比较高,有利于控制曲室的培养条件,被认为是最好的踩曲季节。大曲的糖化力、发酵力相应均比纯种培养的麸曲、酒曲为低,生产方法还依赖于实践经验,劳动生产率低,质量不够稳定。

(二) 大曲的生产工艺流程(以山西老陈醋为例)

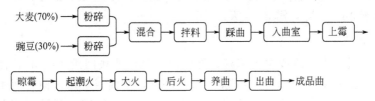

(三) 操作要点

1. 原料粉碎

将大麦70%、豌豆30%分别粉碎后混合,冬季粗料占40%,细料占60%;夏季粗料占45%,细料占55%。

2. 拌料、踩曲

拌料要均匀掌握好水分,每100kg混合料加温水50kg。将曲面装入曲模,踩曲用人工依次踩实。踩好的曲块叫"曲坯",应厚薄均匀,外形平整,四角饱满无缺,结实坚固,每块曲3.5kg以上,体积为28cm×18cm×5.5cm。

3. 入曲室

入曲室后将曲摆成两层,地上铺谷糠,层间用苇秆间隔洒谷糠。曲间距离15mm,四周围席蒙盖,冬季用席两层,夏季一层,蒙盖时用水把席喷湿。曲室温度冬季为 14～15℃，夏季室温 25～26℃。

4. 上霉

上霉期要保持室温暖和，待品温升至 40～41℃ 时上霉良好，揭去席片。冬季需 4～5 天，夏季 2 天。

5. 晾霉

晾霉 1h，夏季晾到 32～33℃，冬季晾到 23～25℃。然后翻曲成 3 层，曲间距离 40mm，使品温上升到 36～37℃，不得低于34～35℃，晾霉期为 2 天。

6. 起潮火

晾霉后品温回升到 36～37℃。将曲块由 3 层翻成 4 层，曲间距离 50mm，品温上升到 43～44℃，曲块 4 层翻 5 层，品温持续上升至 46～47℃，需 3～4 天。

7. 大火

进入大火阶段拉去苇秆，翻曲成 6 层，曲块间距 105mm，使品温上升至 47～48℃，再晾至 37～38℃，翻曲成 7 层。曲块间距 130mm，曲块上下内外相调整，品温再回升至 47～48℃，晾至 38℃ 左右，此后每隔 2 天翻 1 次，总共翻曲 3～4 次，大火时间7～8 天，曲的水分要基本排除干净。

8. 后火

曲在后火有余水，品温高达 42～43℃，晾至 36～37℃。翻曲 7 层，上层间距 50mm，曲块上下内外相调整，因曲心较厚，当有一点生面，宜用温火烘之，需 2～3 天时间。

9. 养曲

待曲块全部成熟进入养曲期，翻曲 7 层，间距 35mm，品温保持在 34～35℃，曲以微火温之，养曲时间 2～3 天，全部制曲周期为 21 天。

10. 出曲

成曲出曲前，冷却数日，使水蒸气散尽利于存放。成曲出曲室

后，储于阴凉透风处。垛曲时保留空隙，以防返火。如专制红心曲时，则应在曲将成之日，保温坐火，使曲皮两边湿皮向中心夹击，两边温度相碰接火，则红心自成。

（四） 曲的病害处理

1. 不生霉

如曲坯入室 2～3 天后表面仍不生菌苔，是温度过低或曲表面水分蒸发太大。应关好门窗保持室温，并在曲上盖席子及麻袋，用喷雾器洒 40℃温水以补救之。

2. 受火

温度超过 45℃以上，把曲烧黑或黑心。应拉宽曲间距，逐步降低品温，切勿大开门窗使品温急剧下降。

3. 受风

曲坯表面干燥不长菌，内生红心。这是对着门窗受风所致，应防止直接受风吹。

4. 生心

曲料过细过粗，或因前期温度过高致使水分蒸发而干涸，都会使菌未长满而停止繁殖。如发现早，将曲块放到上层，周围盖麻袋来补救；过晚则已来不及，切忌再喷水。

5. 厚皮

晾霉时温度骤降，表皮收缩。曲内温度、水分放不出，使内部呈暗灰色，长黄黑圈等，小圈无大妨碍，过大时说明曲质量低。

如无上述毛病，且曲表面光硬，皮薄，内外茬口一致，气味清香，入口苦涩，呈青白色青花茬即为好曲。

由于大曲本身是一种选择性的培养基，对原料要求较高。曲原料要有丰富的碳水化合物、蛋白质以及适量的无机盐等，能提供酿酒、酿醋有益微生物所需的营养成分。完全用小麦做的大曲黏着力强，营养丰富，适于霉菌生长。如用大麦做的大曲，黏着力弱，制曲中水分易蒸发，热量不易保持，不适于微生物生长，所以有的大曲中要适当添加 20%～40%的豆类，以增加黏着力和营养。一般认为豆类比例不能太多，否则容易引起高温细菌的繁殖，从而导致制曲失败。

（五）大曲中的主要微生物群

方心芳先生曾对东北 81 种大曲中的微生物进行分离培养，发现霉菌占绝大多数，酵母和细菌比较少。霉菌中以毛霉、根霉、念珠霉为主，曲霉比较少，差不多所有的大曲都含犁头霉，其次是念珠霉，而酵母占末位，并认为自然发酵的大曲中，有用的根霉、毛霉、曲霉占绝对优势。

大曲中微生物的数量、组成同酿造的关系非常密切。对酒厂大曲进行培菌阶段微生物数量变化的研究，得知在整个过程中微生物数量在低温期出现高峰，到高温期显著降低，出房期曲皮部分略有低落，而曲心部分略有升高。此外，不论在哪一种培养基上，曲皮部分的菌数都明显高于曲心部分，这与大曲的水分、温度、通气等条件有关。在低温时大曲水分充足适宜，养分及氧气甚为丰富，而且此时温度、通气等条件配合得亦好，为微生物繁殖提供了充分的条件，从而导致菌数的显著上升，并形成高峰。随着水分的逐渐蒸发，到出房期曲皮部分水分已下降到 14%以下，故菌数呈缓慢低落的趋势，而曲心部分水分尚有 16.5%左右，少数耐干燥菌类尚能发育，故菌数略有升高，在高温期水分的影响不明显。

从大曲品温变化情况来看，低温期适宜各类中温微生物生长，当进入高温期，品温达 55～60℃，大部分菌类为高温所淘汰，即高温是造成菌数大幅度降低的主要原因。此外，大曲微生物数量变化与通气状况表现出一定的相关性，而通气状况受大曲孔隙情况与水分的影响。原料粉碎粗，通气性好。过细则易导致厌氧环境，故在新踩的同一块大曲中，各种菌类生长不一致。

从大曲微生物优势类群变化情况来看，低温期细菌占绝对优势，其次为酵母菌，再次为霉菌。高温期菌数急剧下降，主要是由于细菌和酵母菌大量衰亡所引起的。当大曲培养进入高温期后，细菌大量衰亡，霉菌中少数耐热种类逐步取而代之，成为优势类型，但此时细菌尚有相当数量，且芽孢杆菌数量明显增多，特别是曲心部分。此时在曲皮部分区域的糖化力高于曲心，说明糖化力的高低与霉菌的分布密切相关，即淀粉酶的形成主要来自霉菌。

四、 小曲的生产

小曲，又称酒药，主要用于酿造黄酒和白酒，在酿造过程中同时起糖化作用和发酵作用。小曲以大米、高粱、大麦等为原料，并酌加几种中药。所含的微生物主要是根霉菌、毛霉菌和酵母菌。因为曲块小，发生热量少，适用于我国南方气候条件。无药糖曲的创制，是小曲制造方面的一大进步，打破了从前无药不能制曲的说法。无药糖曲的糖化力也能使出酒率保持正常，并降低了制曲成本，节约粮食与中药材。由于无药糖曲中没有刺激菌生长与抑制杂菌的药物，所以在制造时，更需注意卫生工作并必须采用优良的药曲酒母。

（一） 药小曲

药小曲品种繁多，按主要原料可分为粮曲与糠曲；按地区可分为四川药曲、汕头糠曲、厦门白曲与绍兴酒药等；按形状可分为酒曲丸、酒曲饼及散曲等。药小曲的用药数由一种到几十种，甚至上百种之多，可分为单一药小曲、多药小曲和纯中药小曲，制备方法各有不同。下面以单一药小曲中的代表桂林三花酒的药小曲为例来说明其生产过程。

1. 原料配比

大米粉：以酒药米粉总量 20kg 计，其中药酒坯用粗米粉15kg，裹粉用细米粉 5kg。

香草粉：用量为 13％。

曲母：使用的曲母为上次制备酒药。制坯时，曲母用量为酒药坯米粉质量的 2％，裹粉时用量为 4％。

水：用水量为米粉质量的 60％。

2. 浸米

大米加水浸泡，夏天 2～3h，冬天 6h 左右，浸泡结束，滤干备用。

3. 粉碎

先用石臼捣破，再用粉碎机粉碎，过 180 目筛，筛出 5kg 细米粉作裹粉用。

4. 制坯

每批用米粉 15kg，添加香草粉 2kg（13％）、曲母 0.3kg（2％）、水 9kg（60％），混匀制成饼团，然后在制饼架上压平，用刀切成小块，放竹筛上筛成圆粒。

5. 裹粉

将 5kg 细米粉和 0.2kg 曲母粉，混合拌匀，作为裹粉材料。裹料时，先撒少量粉于竹筛上，再撒少许水于药坯上，倒入竹筛振摇，如此反复操作，直至裹粉用完，入曲室前，药坯含水量为 46％。

6. 培曲

药坯入室培养，精心管理。

前期：在室温 28～31℃下，培养 20h 左右，霉菌繁殖旺盛，当药坯表面起白泡时，掀开覆盖物，此时品温一般为 33～34℃，控制最高品温不得超过 37℃。

中期：培养 24h 后，酵母开始大量繁殖，室温应控制在 28～30℃，品温不得超过 35℃，保持 24h。

后期：培养 48h 后，品温逐步下降，曲子成熟，即可出曲。

7. 出曲

出曲后，于烘房烘干或遮光晒干，储藏备用。生产全程约 5 天。

成曲要求外观呈白色或淡黄色，无黑色，质松，具有酒药特殊芳香。含水分 12％～14％，总酸不超过 0.6g/100g 曲粉，发酵力为 100kg 大米产 58°白酒在 60kg 以上。

（二）无药糖曲

1. 原料处理及配料

先将统糠碾细，因为粗料难以保持水分，后期穿心时难以长透。根据经验制曲时需要 20％～50％的淀粉才能得到所需的发热量，为增加碳源宜加入少量碎米。碎米粉碎成粉，并加占碎米 25％的清水。加水后的碎米粉应立即使用，以免变质。

配料为统糠 87％～92％、碎米粉 5％～10％、曲种 3％，最后

加入曲母共同碾碎。用少量冷水将碎米粉泡湿，待水沸腾后将碎米粉倾入锅内，不等煮得过熟即取出与原料统糠混合，以增加黏着力。每100kg混合粉，加水量应在64～70kg，要求入室曲坯水分掌握在45％～48％之间。

2. 制坯

在拌料场将曲母、碎米、糠粉按比例拌和均匀，过秤装入拌料盒。掺水时边掺边和，要和得快、散、匀，和3～4遍，要求达到无生粉、无疙瘩，并仔细检验水分。踩坯要踩紧踩干，用切刀按紧抹平，切块3.7cm³，切曲要切断，团曲要无棱角、光滑。表面提浆，曲皮光润能保持水分，并有松心紧皮的效果，以有利于霉菌生长匀壮。团曲时每100kg撒粉0.3kg，要撒均匀。当天拌好的原料必须当天用完，绝对不能剩到第二天，使用工具要清洗。团曲成型后送入曲室，由上而下，由边角到中央进行摆放，曲与曲的间隔以保持不靠拢即可。

3. 培曲

根据小曲中微生物的生长过程，大致可分为三个阶段进行管理。

前期：在室温28～31℃下，培养20h左右。

中期：室温应控制在28～30℃，品温不得超过35℃，保持24h左右。

后期：培养48h后，品温逐步下降，曲子成熟，即可出曲。

室温温度计应悬于中层中间，品温以中层的曲心为标准。成品率一般为原料的80％～84％。

出曲后将曲室打扫干净，每月用硫黄或甲醛将曲室杀菌1～2次。

4. 成曲的鉴定

成品按一般外观鉴别，包括气味、皮张、泡度、菌丝颜色等。

成曲水分应控制在9％～11％，小曲使用前先进行小型试验，不合格的作为废品，不得用于生产。

五、 麦曲的生产

麦曲主要用作酿造酒及香醋的糖化剂，对酒、醋风味有较大影响。用量一般为糯米原料的 1/6。麦曲以生小麦为原料，但是以往有混合少量大麦（小麦∶大麦＝9∶1）的。一般在农历 8～9 月间制造麦曲，此时正当桂花满枝的季节，所以制成的曲俗称"桂花曲"。曲室是普通的平房，有的是泥地，有的是石板地，室内两壁常设有木板窗，供其调节温度。

（一） 工艺流程

小麦→过筛→轧碎→拌曲→成型→包曲→堆曲→保温→通风→拆曲→成品

（二） 操作要点

1. 过筛、轧碎

清理后的小麦不经淘洗，通过轧碎机和石磨粉后每粒小麦碾压碎成 3～5 片。

2. 拌曲

轧好的麦片，盛于直径 103cm、高 34cm 的拌曲盆中。每批原料 35kg，加入清水 6～7kg 迅速翻拌，使其吸水均匀，不产生白心及小块为宜。拌曲后含水分 21%～24%。

3. 成型

将拌水后的麦片放入长约 100cm、宽 21cm、高 14cm 的无底曲盒中。在曲盒的下面，平铺干燥洁净的稻草（最好一年陈的）。当麦片倒入曲盒后，轻轻地用手压平，防止中间突起、两端细小，影响曲包的均一。

4. 包曲

麦片成型后，抽起曲盒，即用稻草包好捆紧。包好后的曲包，略呈圆柱形，高 90～100cm，圆周长为 53～60cm，每包含干燥麦粒 9～10kg。包曲时应力求疏松，以利糖化菌的均匀生长与繁殖。

5. 堆曲

包曲完毕，将曲包垂直放入曲室，各个相靠，堆成曲堆。曲堆的大小，一般长 6m，宽 2m，堆与堆之间距离为 0.5m。注意"堆松、堆齐、堆直"，以增加空隙，有利于热量发散及糖化菌的均匀生长与繁殖。地上也平铺一层稻草。如为泥地，稻草要铺得厚些，再堆上竹箪，以利保温。曲室的保温工作主要根据气候及室温情况，适当地关闭门窗调节；在曲堆上面和四周用稻草、竹箪等调节。

　　在制曲过程中，应及时检查并测定品温，控制曲包品温，不使升温过高或太慢。培养过程除控制品温外，需做好通风排湿工作。如果室温在 20℃ 左右，升温到 38℃ 时，可将上面竹箪揭去；升温到 45℃，除去上面覆盖的部分稻草，适当地打开上面门窗，降低发酵温度，以免产生烂曲或黑心曲等现象。至第 7 天以后，品温与室温相近，麦曲中水分已大部分蒸发，就要将全部门窗打开。经过 25～30 天，麦曲已结成硬块，但用手一捏即碎，此时可将草包拆开，取出曲块，每包曲拆成 2～3 块，搬至空房中，堆叠成品字形存放备用。

（三）麦曲中的微生物

　　麦曲中生长最多的微生物是黄曲霉、根霉及毛霉。此外尚有数量不多的黑曲霉及青霉等。这些霉菌的繁殖情况各批均有差异。一般情况下，主要是黄曲霉，但有时根霉、毛霉也会占优势。据经验介绍，麦曲黄绿色花（黄曲霉的分生孢子）越多，则曲的质量越优良，酿酒升温快，发酵猛烈。在严寒季节酿酒容易管理。

六、 麸曲的生产

　　固体制曲的生产方法通常有木盘制曲、帘子制曲和机械式通风制曲三种。木盘法和帘子法的曲层较薄，可采用自然通风，而机械通风制曲是采用机械通风达到目的。

　　木盘制曲劳动强度大，目前只有制备种曲时及小厂还在采用，大生产中已被淘汰。帘子制曲虽有一些改进，但仍不能摆脱手工操作，劳动强度大，且占厂房面积大，生产效率低，还受自然气候影响，产品质量不稳定。机械通风制曲曲料厚度为帘子曲的 10～15 倍，曲料入箱后通入一定温度和湿度的空气，以维持曲霉适宜的生长条件，这样便可达到优质、高产及降低劳动强度的目的。麸曲的生产工艺流程见图 2-2。

（一）工艺流程

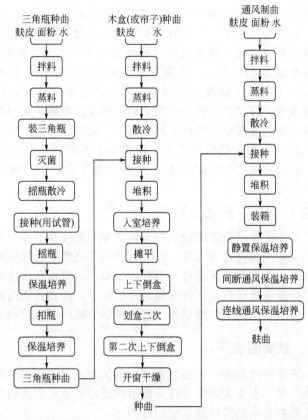

图 2-2　麸曲的生产工艺流程

（二）操作方法

1. 试管培养

培养基为 6% 左右的饴糖液 100mL，蛋白胨 0.5g，琼脂 2.5g。分装于试管后，0.1MPa 下灭菌 30min，冷却后接种。置于 30～32℃恒温箱培养 3～5 天，孢子老熟即可应用。

试管原菌种每月移接 1 次，使用 5～6 代后，必须进行平板分离、纯化菌种，防止衰退。

2. 三角瓶培养

麸皮 80g，面粉 20g，水 100mL 拌匀过筛，250mL 三角瓶内装入 20g，0.1MPa 下灭菌 30min，灭菌后趁热把曲料摇松。冷却后接种，置于 30～32℃恒温箱内培养。10～20h 后菌丝生长，温度上升，开始结块，摇瓶 1 次，第 3 天菌丝生长茂盛，即可扣瓶。待孢子由黄色变成黑褐色就可取出应用，若需放置较长时间，则应置于阴凉处或冰箱内保存。

3. 种曲制备

（1）种曲室（培养室）　种曲室的面积以小型为宜，一般长 4m，宽 3.5m，高约 3m。墙壁厚度依地区寒暖情况而定，房顶应有保温层，防止冬季落水。总之，应不受外界气温的影响。具有门、窗及天窗各一，平顶略呈弧形，水泥地，四壁及平顶也抹水泥。置有排水沟及保暖设备，能全部密闭，便于灭菌。制造种曲最忌杂菌感染，因而种曲室的位置应选择环境清洁的场所。

（2）制造种曲用具　竹匾或曲盘、铝盘、竹帘均可；纱布或稻草帘，便于调节湿度用；拌和台，木制或水泥地；筛子、竹箩、木铲等。

（3）制造种曲前的灭菌工作　种曲的质量，要求曲霉分生孢子多，纯度高，尽量避免杂菌的污染。除注意原料处理、操作方面外，制种曲前要对种曲室、制种曲工具以及各个环节严格灭菌。

每次使用种曲室及工具前要彻底洗净，放入种曲室内，灭菌前须密封门窗、缝隙和洞孔。灭菌药剂用甲醛或硫黄。甲醛对细菌及酵母的灭菌力强，但霉菌对甲醛的抵抗力很强，要达到彻底灭菌是比较困难的。利用硫黄灭菌较为普遍，如果混合使用甲醛及硫黄，则效果更好。灭菌采用熏蒸法，即将药剂放在小铁锅内，置于火炉上，使其缓缓燃烧或蒸发，气体弥漫于曲室内，密闭 20h 以上，达到灭菌的目的。单独使用甲醛熏蒸时，也可不用火炉。将工业用高锰酸钾直接加入甲醛中，使甲醛气体挥发出来，但必须注意溅泼，高锰酸钾加入量约为甲醛的一半。药剂用量为每立方米用硫黄25g或甲醛10mL，使用炉火应加防护装置，以保证安全。纱布或草帘用水浸泡洗净后，用蒸汽灭菌，面层用灭菌布覆盖，迅速移入种曲培养室内。操作人员必须穿清洁的工作服。直接接触种曲、生产工具或曲料时，用肥皂将手洗净，再用浓度为70%的酒精擦手。操作时，若手接触过皮肤、衣服或不洁处，应再擦酒精消毒。

（4）种曲制造

① 原料及其配比　各厂制造种曲所用原料及其配比并不一致。将麸皮、稻壳、豆饼、面粉（或甘薯粉）适当比例混合，视原料性质、气候条件及菌种性能加水控制，达到用手轻轻揉捏原料成团，再用手指一弹，能散开为宜。

② 原料处理　先将麸皮与面粉或稻壳拌匀，再加水充分拌和，堆积1h即可移入锅中。常压蒸煮1h，焖30min。出锅过筛，移入拌和台上摊开，适当翻拌，使之快速冷却。

③ 接种　冷却至40℃，接入三角瓶扩大培养纯种，用量为总料的0.5%～1%，并与适量灭过菌的干麸皮搓匀，然后接种分撒。翻拌均匀，使曲霉分生孢子广泛分布于曲料上。

④ 培养及技术管理　接种完毕放入竹匾或木盘、铝盘、竹帘子内，轻轻摊平，厚度为1.5～2cm。移入曲室内培养，保持室温28～30℃。前期是孢子膨胀发芽，并不发热，需要用室温维持品温。培养16h，曲料上呈现白色菌丝，同时产生一股曲香味，品温也升高到38℃左右，此时即可翻曲。翻曲前曲室内先换空气1次，翻曲时将曲块用手捏碎，再补加40℃的温水（此水事先煮沸备用）。加入的方法是利用喷雾器将水徐徐喷洒在面上，补水量一般为40%左右。喷水完毕，再用筛子筛1次，使水分均匀；然后摊平，厚度为1～1.2cm之间。上盖湿纱布一块，使曲料与空气不直接接触，以利保持足够的湿度。翻曲后，种曲室内一般维持室温26～28℃，干湿度相差1～2℃为宜（即干湿球温度计所指示的温

度差）。此时菌丝大量发育生长，4～6h后，肉眼又见到面上呈现出白色菌丝体，这一阶段必须严格注意曲料品温的变化，随时调整室温及培养容器放置位置，务使品温不超过38℃，并经常保持纱布的潮湿。如温度高，开启门窗降温；温度过低，则利用蒸汽进行保温，这是制好种曲的关键。再经10h左右，曲料上呈淡黄绿色，品温渐渐下降到32～35℃，再维持一定室温至70h左右，孢子大量繁殖呈黑褐色，外观成块状、内部松散，用手指一触，孢子即能飞扬出来即可。

成熟种曲出房后，放置阴凉空气流通处备用，勿使受潮。

（5）种曲质量要求　外观上孢子旺盛，呈新鲜黄绿色，具有种曲特有的曲香，无夹心，无根霉（灰黑绒毛），无青霉及其他异色。每克种曲孢子数一般应在（2.5～3）×10⁹个以上，新鲜种曲发芽率应保持在90%以上。

（6）种曲生产中若干技术问题

黑曲霉的变异性：黑曲霉有较强的变异性，而米曲霉比较稳定，不易变异，因而生产上用黑曲霉比米曲霉难培养。变异性是一分为二的，有的发育慢，孢子长得稀疏，曲料易发黄变硬，酶活力低；但也有有益变异的，通过自然变异能获得糖化酶活力高的菌株。只要注意培养基成分、传代时间，发现有衰退现象及时进行平板分离，选择健壮的菌株，还是能够保持它的性能，制出好的种曲。

培养基：保存菌种的培养基养分不能太丰富，能维持菌体存活就行。不追求菌种外观长得好看，要求保持菌株性能不变就可以了。如南阳酒精厂用察氏培养基，在冰箱内放1～2年，菌种性能仍然良好。

传种时间：试管菌种的保藏时间较长，一般可以3个月后再移接。若传代频繁会影响孢子的成熟，易发生变异。

培养温度：这是制好种曲关键之一，要控制温度不低于30℃，尤其不能低于28℃。有的厂曾做过试验，在试管中混合接入黑曲霉与青霉，在20～35℃不同的温度下培养，结果20℃长的全是青霉，35℃长的全是黑曲霉。在温度高时黑曲霉多，偏低时青霉多，可见控制温度是较好地防止青霉污染的办法。

4. 机械通风制麸曲

机械通风制曲是将曲料置于曲池（也称曲箱）内。其厚度增至30cm左右，利用通风机供给空气并调节温度，促进曲霉迅速生长繁殖。机械通风制曲具有许多优越性：成曲质量稳定；节约制曲面积，为增产创造条件；管理集中，操作方便；改善制曲劳动条件，减轻劳动强度；便于实现机械化，节约劳动力，提高劳动生产率。

机械通风制曲所需设备的要求如下：制曲箱系长方形砖池，四周用水泥抹面，箱的容量不宜过大。其容量决定于生产任务，但是要参考风机的风压、风量来确定。制曲箱面积过大或料层过厚会使风压降低。曲箱容量一般以盛料 500～1000kg 为宜，宽度一般为2m左右，过宽不仅不易通风均匀，操作也不便。曲箱长度依风机能力而定，一般为4m左右。料层厚度一般不宜超过30cm，曲箱边沿高离曲料 15～20cm 即可。曲箱一般为半地下式，高出地面0.4～0.5m，箱底向一端倾斜 8°～10°，称导风板，它的作用是改变气流风向，使水平方向来的气流转向垂直方向流动，若是用平底则气流直接冲击箱壁形成涡流，风压损失较大，以致降低气流透过曲层能力。倾斜的导风板能减少风压损失，并使气流分布均匀。曲箱假底是箅子，内壁四周装胶布条，防止箱壁四周漏风。

机械通风制曲工艺过程如下。

（1）配料　机械通风制曲在曲料入制曲箱之前完全与帘子曲、木盘曲相同，由于其曲料厚度是帘子曲、木盘曲的 15 倍左右，因此要求通风均匀，阻力小。有的工厂在配料中加入适量谷糠，保证料层疏松度，但要以不堵塞管道为原则。加水量视菌株、配料、气候、蒸料设备而定，一般为原料的 65%～70%。春秋季多加水，夏季少加水。

应加水量的计算方法如下。

$$应加水量 = 原料量 \times （要求水分 - 原料水分）$$

（2）蒸料　蒸料起糊化与杀菌作用。要求边投料边进汽，加热要均匀，防止蒸汽短路。圆汽后蒸 40min，也有的厂再焖锅 1h。

（3）接种　料温要求冬季 40℃，夏季 35℃，为了防止孢子飞扬和使接种均匀，可先用少许冷却的曲料拌和种曲。

接种量根据气候变化而定，一般为原料的 0.20%～0.25%。接种量过大会造成营养消耗快。前期升温猛，结果菌丝密而瘦弱。

（4）堆积、装箱　曲料接种后堆积 50cm 高，时间 4～5h，使孢子吸水膨胀、发芽。孢子发芽时不需要大量空气，也不产生热量，因此要注意保温。但堆积时间不要过长。由于料层有相当厚度，入箱后能起保温作用，堆积温度 33～34℃，装箱以后，品温降低到 30℃。应充分注意堆积温度与装箱温度，温度过高升温过快，容易烧曲，温度过低则会延长制曲时间。装箱要求疏松均匀且料层不宜太厚，一般不超过 25～30cm。太厚会导致上下温差太大，通风不良，不利于曲霉生长。

（5）制曲过程的管理　创造适宜曲霉菌丝生长和产酶的条件，通常要注意前期、中期和后期的管理。前期（间断通风阶段）曲霉菌刚生成幼嫩菌丝，呼吸不旺，产热量少，故要保持室温在 32～33℃，不超过 34℃，避免造成烧曲。当品温接近 34℃ 时，开始第 1 次通风，降到 30℃ 时停风。风量要小，时间要长，要均匀吹透，待曲箱上、中、下层的品温均匀一致再停风，防止由于中层温度达到要求，而上层品温过高造成"花脸曲"（烧皮）。品温再升到 34℃ 进行第 2 次通风，降至 30℃ 时停风。

通风前后温差不能太大，防止品温过低，致使培养时间延长，二氧化碳又不能及时排除，造成窒息现象。

菌丝刚生成期要注意保潮。此时曲料尚未结块，通透性好。假如水分排出太快，则菌丝生长不壮，曲料松散，酶活力低。正确的管理方法是开始通风量小，随着品温上升，逐渐加大风量，做到降温保潮兼顾。中期（连续通风阶段）菌丝大量形成，呼吸旺盛，产生大量热，品温最好保持在 36～38℃。由于曲料已结块，因此通透性差，尤其夏季品温往往超过 40℃。必要时门窗大开，并打开屋顶气眼，用最大风量通风。此时往往由于品温高，水分排出很快，致使培养时间缩短，淀粉酶形成不够。为了控制中期温度，需要采取"中压"措施，即于曲箱四边用砂袋压边，防止短路跑风。此外，还可采用喷雾法降低室温；增加稻壳用量；适当减少接种量；降低曲层厚度等。特别注意选用风压大的鼓风机，保证通风的穿透力，提高降温效果。一般 30cm 厚的曲层，每平方米的通风量为 $400\sim700\text{m}^3/\text{h}$，要选用中压风机。后期菌丝生长衰退，呼吸已不旺盛，应降低湿度，提高室温，把品温提高到 $37\sim39℃$，以利水分排出，这是制曲很重要的排潮阶段，对酶的形成和成品曲的保存都很重要。出料时水分最好控制在 25% 以下。麸曲生产中的异常现象及预防措施见表 2-2。

表 2-2　麸曲生产中的异常现象及预防措施

异常现象	原因分析	预防措施
干皮	曲房空气湿度小,曲温过高,水分大量蒸发	注意曲房空气湿度的管理,控制适宜的品温
曲松散不结块	菌丝生长不良,如品温过低或湿度过高,特别是前期水分过大,使品温过高烧坏了幼嫩的菌丝,或前期水分过少,湿度过低,菌丝发育不良	注意堆积水分和第 1 次通风的温度
夹心(烧曲)	由于局部过热,曲料局部水分过高,装箱时料松紧不均。曲箱过大,通风不均,风走短路,或出曲后不及时打散、摊晾	精心操作,改进设备
酸味	一般因过热而烧坏曲产生酸味,或染杂菌所致	正确掌握曲料水分、装箱温度与湿度管理,搞好清洁卫生消毒工作
结露	空气中水分冷凝或细小水珠附着在曲料上	冬季勿使风温与室温相差悬殊
曲层上下品温相差过大	温度过低	回收曲室空气,循环使用

5. 麸曲质量标准

成曲出箱经扬散机打碎后，摊放阴凉通风处保存使用。生产上尽可能使用新鲜曲，因随着储存时间的延长，曲的质量逐渐下降。成曲储存中的变化如表 2-3 所示。

表 2-3　成曲储存中的变化

储存时间/d	水分/%	酸度/(g/100mL)	液化力/[g/(g·h)]	糖化力/[mg/(g·h)]
出房时	25.39	0.63	5.05	1.97
1	24.14	0.45	3.69	1.96
2	20.86	0.44	3.43	1.81
3	17.69	0.39	3.31	1.86
4	18.29	0.37	3.00	1.90
5	19.86	0.37	2.13	1.78
7	16.10	0.37	2.34	1.78
10	14.52	—	2.09	1.83

曲的质量直接影响淀粉出醋率，因此正确评定曲的质量是很重要的工作，习惯是采用感官鉴定，以及测定其糖化力、液化力来确定曲的质量。外观鉴定，要求菌丝粗壮浓密、无干皮"夹心"，无怪味及酸味，曲色米黄，孢子尚未生成，有正常曲清香味，曲块结实。通风制曲与帘子曲的比较如表 2-4 所示。

表 2-4　通风制曲与帘子曲比较

项目	机械通风制曲	帘子法制曲	备注
占用厂房面积/m²	40	88.3	
成本/元	178.89	205.10	以每吨曲计
用人工/个	3	7	

七、　液体糖化曲的生产

（一）　液体曲生产的工艺流程

液体曲的生产过程大致可分为下列六个系统：无菌、干燥空气的制备；培养液的调制、杀菌冷却；曲霉孢子悬浮液的制备；曲霉菌的深层通风培养；成熟液体曲的输送、保存、使用；控制调节仪表。

液体曲的工艺过程是先将原料豆饼粉、米糠、薯干粉及硫酸铵等在配料罐中配成物质浓度 8.5% 的培养液，用蒸汽往复泵压入连续加热器，在两台套管加热器中，加热料液到 135℃，然后进入后熟器，在后熟器中维持 40~50min，进行杀菌煮料，再进入喷淋冷却器。冷却至 31~32℃ 即可，经醪液分配站供给种子罐或培养罐（俗称发酵罐）使用。如小型厂可不用连续加热及喷淋管，采用实罐灭菌法。

种子罐用孢子悬浮液接种，32℃ 通风培养 36h 左右，醪液成浆状即可供培养罐使用。培养罐采用菌丝体接种，经分配站进入培养罐，32℃ 培养 48h 左右，测定糖化力至恒定即可。培养过程中，宜在循环管外壁喷冷却水，以控制温度不超过 32℃。

种子罐和培养罐所需要的无菌空气是由空压机把空气升压送至储气罐，储气罐可均衡供气和分油，保持压力约 0.3MPa，然后进入冷却器，空气中夹带的油和水冷凝后由底部排出，空气由切线方向进入油水分离器，分离后的油水从底部定期放出，空气再进入冷却器，再次分离空气中的油和水，然后空气经储气罐，进入总过滤器，再进入分过滤器，所得无菌空气即可供培养罐使用。从分过滤器出来的空气经过第二过滤器，经 3 次过滤的空气供给种子罐使用。

（二） 液体曲生产工艺过程与条件

液体曲生产对糖化菌要求与固体曲相同，要求糖化力强，能耐酸耐热，但多数固体曲用的菌种不适合在液体中培养，因此需要选择在液体培养中生长快、糖化力强的菌株。液体曲常用的菌种多为 *Asp. niger* 一类，如 AS 3.4309 是较好的糖化酶生产菌株。

1. 制备孢子悬浮液

（1）生产菌种的培养　宜采用营养丰富的小米或米曲汁为培养基。先将优质小米洗净，加入 15%~20% 麸皮，再按加水量 1:1.2 加水后，常压蒸煮 30min。然后分装试管，每支装 3~5g，摆成斜面，经 0.15MPa，60min 杀菌、冷却后接种。30~32℃ 培养 5~7 天，前 2~3 天生长菌丝，后 2~3 天长孢子，直到布满整个斜面，即可保存作孢子悬浮液用。

（2）孢子悬浮液 用无菌水把生产菌种的孢子洗下，做成孢子悬浮液，置冰箱中备用。使用时用微孔针刺法，采用突然减压，接入种子罐。AS 3.4309 生长缓慢，培养时间较长，为了缩短在种子罐的培养时间，可将孢子经摇瓶培养，菌丝形成后接入种子罐。

（3）菌种的无菌试验及检查 当生产发现染菌时，要对菌种或孢子悬浮液进行检查。

育芽液检查：将菌种试管做成液体或孢子悬浮液接入育芽液中，并加 1/7 的 pH5.0 醋酸-醋酸钠缓冲溶液。30℃下静置培养 3 天，然后镜检，如未发现染菌，可接入摇瓶培养，培养基同生产培养基。另加 1/7 的 pH5.6 的醋酸-醋酸钠缓冲溶液，30℃保温摇瓶 3 天后镜检。

划线检查：将摇瓶培养液在细菌培养基斜面上划线，30℃保温培养 1～2 天，然后镜检。细菌培养基配方：蛋白胨 0.5g、可溶性淀粉 2g、牛肉膏 0.5g、氯化钠 0.5g、酵母膏 0.5g、琼脂 2g、葡萄糖 1g，水 100mL，0.1MPa 灭菌 20min。

2. 液体曲种子培养

（1）培养基的配制 为了生产高活力糖化酶，培养液要富含氮素物质及其他养分。为了增加通风效果，培养液中干物质浓度又不宜过大。原则上种子培养基与液体曲培养基的配方应有区别，但生产上为了管理方便，不单独配制种子培养基，而是采用液体培养基，两者效果相同。其配方是，薯干粉 5.2%，豆饼 1.2%，米糠 2%，硫酸铵 0.16%。培养基组成直接影响到菌丝体的繁殖以及糖化酶活力，如有人用豆饼粉代替麸皮可提高糖化力 20%。

（2）培养基的灭菌 液体曲培养基一般要经过较高温度的蒸煮，使淀粉溶解，蛋白质变性，更重要的是杀死原料中带入的杂菌。培养基的灭菌效果，受培养液 pH 值的影响。蒸煮时培养液以 pH4.6 左右为宜，过度偏酸，则原料中的碳水化合物容易分解生成甲酸、果糖酸或羟甲基糠醛等，对菌的发育不利。另外，还要注意 pH 值降低对淀粉酶的破坏和组成比例的变动。

生产采用间歇配料和连续蒸煮方法时，宜设置两台配料罐，以便轮换使用。在配料罐中将料液预热至85℃经往复泵送入两套管加热器，其内通入0.45MPa的直接蒸汽。将料液加热到135℃左右，然后进入第一后熟器（或称维持罐），再进入压力为0.23～0.3MPa的第二后熟器，在后熟器中总时间为40～50min，以达到充分灭菌的目的，最后经喷淋冷却器冷至30℃，通过醪液分配站进入种子罐或培养罐。一般液体曲使用量不大的醋厂，种子罐、培养罐都采用实罐灭菌法，用夹套冷却到30℃。

料液的预热应保持在85℃左右，否则进入两套管加热器时，因温度差大而造成设备震动，同时预热器温度较高，也容易杀灭杂菌。

（3）种子培养　先将孢子悬浮液接种于种子罐，其体积是培养罐的5%～10%。待孢子在种子罐发芽成菌丝后，作为种子接入培养罐，以缩短培养时间。

种子罐培养过程：种子罐→洗净→空消保压→进料→接种→通风→培养→种子成熟醪（可留5%～10%作下一罐的种子）→90%～95%接入液体曲培养罐。

种子罐空消条件：压力0.2MPa，温度126～132℃，时间20min。

培养条件：喷嘴压力0.2MPa，罐压0.03MPa，温度30～32℃，时间48～56h，通风培养8～10h，用肉眼能见菌丝，醪液开始黏稠。接种量5%～10%，通风量20%，（即1m³醪液，空气通入量0.2m³/min），醪液循环周期2.5～3.5min，不超过4min。

成熟液体曲的指标：外观似浓厚纸浆，气味清醇，尝稍有甜味。pH3.3～3.5，酸度4.9～5.1g/100mL，糖化力在4000～5000mg/(mL·h)之间（以麦芽糖计）。

3. 液体曲培养中的几个技术问题

（1）培养罐的连续使用　通常液体曲采用间歇培养法，每次成熟使用后，培养罐均需清洗与空消。但有的厂曾试验过，将未发现杂菌的成熟液体曲使用放尽后，进行保压，不洗罐就进新料培养，获得连续培养32罐的安全生产纪录，种子罐也可连续不清洗，保压进料3～4次。这就大大节约了生产费用并提高了设备利用率。

（2）成熟液体曲的保存及应用　液体曲成熟后暂不使用时，可在低温26～27℃保压下储存7天之久。在储存期间虽会由于菌体自溶而使液体曲变稀，但酶活力仍保持不变。虽然酸度略有提高，但对淀粉糖化也无影响（此种方法应慎重）。此外，成熟的液体曲可作种子罐留种一样，分割一部分作种醪用，这便是半连续液体曲生产方法。

（3）二次风的利用　培养罐的通风培养，氧的利用率并不高。将第一个培养罐排出的风引入第二罐使用，经试验利用二次风并不影响第二罐的糖化力和培养时间，但需特别注意杂菌和 CO_2 含量问题。

（4）短时间的停风处理　液体曲短时间1～2h的停风处理，影响并不严重。事先得知需要停风时，可先空出两个培养罐，空消后作空气包用。然后将各培养罐升压至0.2MPa，并关闭排风阀门和喷嘴、仪表阀门。突然停风时，需及时关闭进风、排风阀门避免倒罐。

4. 液体曲生产中如何防止染菌

生产液体曲要求严格的无菌条件，稍有疏忽不仅造成浪费而且导致生产混乱，所以应加强技术管理，一旦出现问题才能及时查出原因加以纠正。

（1）加强菌种与生产培养技术管理

① 菌种管理　为了使生产菌株不退化、变异或染菌，并保持菌株特性的相对稳定性，要求菌种保藏采用贫乏营养培养基，并定期分离纯化、测定菌种的糖化力，最好能建立菌株的档案制度，加强管理。

② 无菌室的检查　采用平皿暴露法检查，要求在无菌室内的平皿暴露5min，菌落在20个以下，否则应重新灭菌后使用。

③ 生产培养　健全配方与操作规程，加强无菌操作，每道工

序应建立技术检验制度。

种子系统：如冷却后的培养液以及培养醪的无菌检查。检验项目为 pH 值、酸度、还原糖（培养液 0.15％，种子醪 0.8％～1％）、染菌情况（要求无杂菌）。

液体曲：接种后 16h、24h、32h 检查 pH 值、糖化力、镜检、还原糖。培养液的 pH 值为 3.4 左右（以乳酸计）。

（2）不同染菌途径防治措施

液体曲常见的杂菌有枯草芽孢杆菌、马铃薯杆菌、乳酸菌及醋酸菌等。液体曲染菌后，假如 pH 值在 4.6 以下可按用曲量使用；若 pH 值在 4.7 以上，应按降低酶活使用；若染菌后有硫黄或漂白粉气味，则废弃不用。液体曲生产上常见的染菌途径及其防治措施如下。

① 空气过滤系统　液体曲培养过程中，空气处理不好是培养中带入杂菌的渠道。空气过滤器是供生产无菌压缩空气的。过滤器是夹层圆柱体，筒内填装棉花及活性炭。压缩空气由过滤器下端入口经棉花、活性炭，从上口送出即为无菌空气。设备结构简单，但填装不好，操作不慎就会出问题。若装填时棉花压得过紧不仅影响杀菌效果，而且因阻力大影响空气滤过。若装填松紧不均，易引起空气走短路。棉花要填铺均匀，边装边压紧，防止空气从疏松处漏滑。棉花与活性炭的比例要合适，通常为 1/3 高度棉花，2/3 高度活性炭。采用颗粒活性炭效果更好一些。

棉花、活性炭装填后，通蒸汽进行灭菌，最后夹套通蒸汽烤干过滤介质。棉花经加热后体积会缩小而产生空隙，压缩空气进入过滤器后便引起活性炭颗粒之间相互碰撞与摩擦，久而成为粉末（灰化），活性炭的体积也逐渐变小，于是过滤器内的空间逐渐增大，达到一定程度时，便会发生棉花成 90°"翻身"现象，这时空气便会未经过滤而进入罐内，引起杂菌污染。

棉花经过多次加热灭菌后，颜色逐渐变深，靠近过滤器壁的棉花因受夹层蒸汽的烘烤，受热更为剧烈，更容易变成粉末，而被空气带走，造成过滤层缝隙使过滤层疏松而漏风。过高的压力和过长

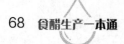

时间的烘烤甚至会引起棉花、活性炭着火。

制备无菌空气,不仅要除去空气中的尘埃与微生物,同时还要去除水和油珠以及保证一定的温度。温度过高过低都不适于菌体的生长,空气中的油、水除不尽会使过滤介质失去作用,造成染菌。空气中含有少量水分,经空压机后又混入汽化后的润滑油,在进入过滤器之前必须先行冷却,使空气中原来未饱和的水蒸气成饱和的水蒸气;使压缩空气中的水分与油雾冷凝成水和油,并从空气中排除。由于空气的导热系数很小,要冷凝除去水、油也不容易,所以一般都将空气净化系统放在室外,并采用多次冷却,多次油水分离。将空气冷却至露点以下,最少低于室温,使它经油水分离器后进入过滤器时温度稍稍回升,带走过滤介质中的水分,使介质经常保持干燥。若空气冷却未低于露点,甚至比室温还高,压缩空气通过过滤介质时还继续冷却,便会浸湿过滤介质,影响过滤效率。

罐内在杀菌或培养时,风压突然下降,冷凝水或培养液可能倒流入过滤器内,这也造成污染。所以在培养罐与过滤器之间应安装单向阀。

② 管路渗漏与死角 渗漏是指罐体或管件极其微小的砂眼,肉眼往往不能直接察觉。灭菌时灭菌温度达不到或不宜达到的局部地区称死角。

液体曲生产的管路很多,每种管路又是由若干段管件连接成的。如安装使用不当,尤其在负压时将造成抽吸现象,导致污染。此外,阀门也多,使用时间长难免有渗漏,故要定期检查,并改进阀芯。若将球心阀改为闸阀,则使球心面楔合变为平面接触;将橡皮垫料改为聚四氟乙烯,有利提高耐热性与强度。

③ 原料的灭菌 米糠、豆饼粉、薯干粉等原料均易结块,蒸煮时结块内部的细菌便不易杀死,发酵时逐渐蔓延造成污染,故配料时应拌冷水再加热,以防止此弊。

5. 影响液体曲质量的主要因素

(1) 培养基的 pH 值、pH 值对液体曲生产的影响很大,它可以改变菌的原生质膜对营养物质的渗透性、生成淀粉酶的类型和各种酶之间的比例。

曲霉生长的最适 pH 值随菌种而异。然而，生长最适 pH 值并不一定是产酶的最适 pH 值，曲霉的生长与淀粉酶的生成要受各种因素的影响，所以要断定生成淀粉酶的最适 pH 值确实不易。当培养液 pH 值变更时，淀粉酶的组成和量也发生变化，一般 pH 值低（4.2 以下）时 α-淀粉酶的生成量降低，而糖化型淀粉酶产生较好。

有人试验泡盛曲霉在不同 pH 值培养时所得酶液，在 pH2.5，40℃处理 30min，分别测定残余淀粉酶活力。结果发现，培养液 pH 值较高，生成的淀粉酶抗酸能力低，而低 pH 值培养液的情况则相反。由此可知，糖化力虽相同，但其性质不同。生成酒精需要淀粉酶长时间的糖化作用，所以采用较低 pH 值培养为好。对大多数微生物的胞外酶而言，产酶的最适 pH 值，常常接近于酶作用的最适 pH 值。

（2）培养基的配方　我国液体曲自投产以来，培养基配方就有几度较大的变化。过去片面地认为硝酸钠能维持培养液的 pH 值，对菌的生长与产酶有利。后来用硫酸铵代替，将 pH 值控制在 3.8～4.1 之间，虽然培养时间延长至 40h，但有利于缩短酒精发酵时间，而且有效解决了历年来的染菌问题。此外有的厂曾试验用豆饼粉为培养基，其配方为薯干粉 2.5％、米糠 0.8％、豆饼粉 0.8％、硫酸铵 0.16％，结果糖化力也有显著提高。

过去考虑通风效果，培养基的干物质浓度以稀为宜。现在已知培养基干物质是曲霉繁殖产酶的物质基础，应适当提高。例如，AS 3.4309 在培养液中干物质浓度不同时糖化力便显著不同，采用豆饼粉比采用麸皮的糖化率高 14％；米糠可代替麸皮；加硫酸铵的糖化率比不加的高 10％以上。但采用高浓度配方要注意黏度和溶氧问题。

（3）培养温度　温度对产酶量的影响随菌种和酶种类而异。一般来说在低于最适生长温度下培养时，其产酶量较高。培养温度还能够影响酶的耐热性。

曲霉菌繁殖的最适温度，依菌的种类而不同，一般为 35℃左右。液体曲在 30～35℃ 范围内培养时，其淀粉酶产量几乎相同。但是，培养温度的确定，还要依据淀粉酶生成的速度即培养时间来考虑，如培养时间短，宜采用较高的温度。

6. 液体曲培养中提高溶氧量的方法

液体深层通风培养的微生物必须利用溶解在液体中的氧才能完成其生物氧化过程。液体曲的通风就是不断补足培养液中的溶解氧，但是氧是很难溶解于水的，它在水中的溶解度比二氧化碳小得多。

氧的溶解度随着温度的升高和培养液固形物的增多或黏度的增加而下降。为了保证菌体呼吸的需要，必须向醪中连续通入空气，使单位时间、单位酵液中氧的溶解量不低于菌体的吸氧量。但重要的不是通风量而是通风效果，即如何增加氧在醪液中的溶解性。长期以来深层通风培养普遍使用机械搅拌。

影响氧溶解效果的因素有发酵罐结构，如高径比；挡板安置情况；堆内压与发酵液深度；搅拌器型式；搅拌器转速；通风量；培养基组成。往往通风量相同，由于上述因素的影响氧的溶解量会不同，其中搅拌器转速与通风量是主要的影响因素。

深层通风培养中，氧的传递过程可分为三步：第一步是氧从空气泡扩散到培养液里；第二步是氧在培养液中的扩散；第三步是菌丝体吸收溶解的氧。机械搅拌可以提高通风效果。搅拌将通入的空气打碎成细小气泡，增加了气液接触面积，小气泡从罐底上升到液面的速度要比大气泡慢，这又增加了气液接触的时间。由于搅拌使液体形成湍流，使气泡不是直线上升而是成螺旋线上升，延长了气泡在液体中移动的时间与路程。由于液体呈湍流运动因而减少了气泡周围的液膜厚度，增加了氧扩散到液体中的速度。

通过调查发现，增加搅拌器转速与增加通风量相比，搅拌对溶解氧系数 K_d 的提高更为明显。如以六弯叶搅拌为例，转速增加 10%、15%、20% 时，K_d 分别增加 1.33 倍、1.52 倍和 1.64 倍；而风量增加 50%、100% 时，K_d 分别增加 1.34 倍和 1.64 倍。

为提高气液混合效果，增加氧的溶解，机械搅拌还必须装置挡板，这就使罐结构复杂化了。

综上所述，为了提高 K_d 值，需设法减少醪液的黏度，以减少气体在液体中扩散的阻力；提高搅拌器转速与通风量，并把通入的空气尽可能地打碎，以增加气液两相接触面积。另一方面从经济上考虑，又需要尽可能地节约通风和搅拌动力。要解决这对矛盾，只有依靠培养罐结构的改变。

八、红曲的生产

红曲也称红米，是我国的特产。红曲是利用红曲霉在蒸熟的米饭上繁殖制成的。当红曲霉在籼米上生长时能分泌出红与黄的色素，把培养基染得鲜红发紫。根据研究，这种色素为一种蒽醌的衍生物，称为红曲霉红素。它为针状结晶，熔点 136℃，微溶于水，不溶于石油醚及甘油中，但极易溶解于酒精、醋酸、丙酮、甲醇及三氯甲烷等有机溶剂中，在稀薄时呈鲜艳的红色，浓厚时呈黑褐色。这种色素经日照，能逐渐褪色而变成黄色，遇到氧、氯及其他还原剂，也能使红色溶液变成黄色。红曲霉适宜在籼米淀粉上培养，喜好醋酸和低度酒精（4%～6%），主要生长在高温和高湿度的空气中，氧化力强，能排斥异菌。

红曲广泛应用于增色及红曲醋、玫瑰醋的酿造中。

（一）工艺流程

红曲霉菌 → 试管斜面培养 → 米试管菌种
水 → 煮沸 → 冷却
冰醋酸 ⎱ 混合

籼米 → 浸泡 → 淘洗 → 沥干 → 蒸熟 → 冷却 → 接种 → 装袋 →
培养盘 → 浸曲 → 装盘 → 翻曲 → 成曲 → 烘干 → 成品

（二）操作方法

1. 菌种的制备

（1）试管斜面培养　斜面培养基：6～8°Bé饴糖液 100mL，可溶性淀粉 5%，蛋白胨 3%，琼脂 3%，加热调和溶解后，加入冰

醋酸0.2%，分装入试管内。每支（大号）约装10mL，高压灭菌30min，取出斜放备用。

培养条件：接入红曲霉试管原种，置于恒温箱内20～30℃培养14～20天备用。

（2）米试管菌种 取蒸熟的籼米，装入试管，约占试管容积的1/4，塞好棉塞。同时用一只三角瓶，内盛少许0.2%冰醋酸溶液，也塞好棉塞，均在0.1MPa蒸汽压力下灭菌30min，冷却后接种。

接种方法：用经灭菌处理的直形吸管，吸取0.2%稀醋酸溶液5～10mL，注入斜面红曲种子试管中，用玻璃棒或接种针在火焰上封口的情况下搅匀，再用经灭菌的粗口吸管吸取0.5mL左右的红曲孢子，接入大米试管中摇匀，放置于30～34℃恒温箱中，前期应经常摇动使其分散，不使产生结团及生长不均的现象，培养10～14天备用。

2. 用料配比

每100kg籼米，加冷开水7kg，冰醋酸120～150g，3支红曲米试管菌种。使用前将红曲米试管菌种研细并与冷开水及冰醋酸混合均匀。

3. 浸泡、蒸熟、接种

将上等籼米放置于大缸中，加水浸泡40min后，捞起放入竹箩内淘洗，把米泔水洗掉、沥干。然后倒入蒸桶内，开蒸汽蒸，等到桶内周围全部冒汽后，加盖再蒸3min。蒸好的米移入木盘内，搓散结块，冷却到42～44℃（不得超过46℃），接入已混合冰醋酸液的研细红曲孢子。充分拌和后装入麻袋，把口扎好，进入曲室培养。

4. 培养

进入曲室时，起初品温由原来36℃降到34℃，而后慢慢上升，从34℃升至39℃，需17～19h。以后每小时能升温1℃，到最后每30min升温1℃。约24h，品温升至50～51℃时立即拆开米饭包，移至备有长形固定木盘的曲室中，保持曲室温度在25～30℃

之间。在米饭拆包时已有白色菌丛着生，渐渐散热冷却到36～38℃时，再把米饭堆集起来（上面盖有麻袋以利保温），使温度上升至48℃。一般从51℃经冷却后上升至48℃，需5～6h。堆集达到48℃时，再把米饭散开来，翻拌冷却到36～38℃；再次把米饭堆积起来，约2h左右料温达到46℃时，第二次把米饭摊开、翻拌降温至36～38℃；第三次把米饭堆积起来，再使温度上升到44℃时。最后把它散开用板刮平，这时米饭粒表面已染成淡红色。保持品温在35～42℃之间，不得超过42℃，一直保持到浸曲为止。

5. 浸曲

培养35h左右，当米饭大部分已呈淡红色，米饭也十分干燥时需要进行浸曲。以后每隔6h浸曲1次，即把木盘内的曲装入淘米箩内，放进水缸浸曲，经1min后取出淋干，再倒入木盘内刮平。要求浸曲水温在25℃左右。如此浸曲7次，浸曲前4h要翻拌1次，浸曲后也要翻拌1次。从米饭培养至出曲共计4天。成品外观全部呈紫红色。为了降低劳动强度，可以不进行浸曲，每100kg米每次直接加水7～12kg。

6. 烘干

将湿曲摊入盛器内，厚度约1cm以下，入烘房进行干燥。干燥温度为75℃左右，干燥时间12～14h，每100kg籼米得红曲成品38kg左右。

九、 古田红曲的生产

古田红曲是福建著名特产红曲之一，主要产于古田县的平湖、罗华，屏南县的长桥、路下。因原料配比和管理方法不同，可分库曲、轻曲（市曲）和色曲三种。屏南县着重生产色曲，古田县则以库曲与轻曲为主。以稻米为主要原料，色曲选用上等粳米或籼米，库曲最好选用籼米为原料。将米洗去糠秕再水浸2～3h，以手指一搓就碎为适度，捞起沥干。入锅蒸熟成饭，要求以湿手摸饭不粘手。冷却至40℃，接种曲入室培养，上盖洁净麻袋。24h后菌丝繁殖，品温升至35～40℃时，进行翻曲摊平，以后每隔4～6h翻曲1

次。3~4 天后，菌丝逐渐透入饭粒中心，呈红色斑点，再装入袋或竹筐内，在水中漂洗约 10min，使曲料大量吸水。沥干后堆半天，待升温发热摊平。此后每隔 6h 翻曲 1 次，饭粒出现干燥时，可适当喷水。3~4 天时，曲粒全呈红色，具有特殊红曲香味，即可移出室外，在阳光下晒干即为成品。库曲每 100kg 米产成曲50kg；轻曲每 100kg 米产成曲 33kg，色曲每 100kg 米产成曲25kg。库曲相对密度大，多供酿酒；轻曲较轻，一般兼用酿酒或染色；色曲最轻，艳红，多应用于食品染色。红曲也可用于腌酿豆腐乳、糟鱼、糟肉及入药用。

十、 建瓯土曲的生产

建瓯土曲也称窑曲、建瓯红曲，是福建红曲品种之一。以大米为原料，淘洗干净，在 20~30℃水中浸渍 1~2h，以米粒置于两手指间搓之能散为度。沥干蒸熟成饭，以饭熟不烂为宜。冷却后拌入曲公粉及曲母浆，混匀后再集中于箩筐中，上盖洗净麻袋，放在曲室中保温。品温上升至 40℃左右将饭倒在曲埕上先成堆状，待品温再度上升后翻动 1 次后摊平，此时霉菌已大量繁殖；第 3 天后曲已白中带红；第 5 天上午将曲装入竹箩，用水浸渍沥干复入曲室保温；第 6 天将曲集中浸入稀石灰水中，沥干再入曲室，调节品温在32~37℃，7 天后，黑霉菌已在外表繁殖，表面呈青黑色，曲粒中心红而带暗黑，第 8 天出曲，置阳光下晒干，即为成品。

十一、 根霉（AS 3.2746 华根霉） 的培养

根霉是做米曲汁或酵母麸曲时使用的，分为三代培养。

1. 试管培养

将马铃薯去皮切成薄片，立即放入水中，每 200g 加水 1L，置电炉上 80℃温浸 1h，高压灭菌（0.1MPa，30min）制成 20% 马铃薯浸汁。每 100mL 浸汁加葡萄糖 2g，加琼脂 1.5~2g，灭菌（0.1MPa，30min）后制成斜面培养基。在无菌条件下移接 AS 3.2746 华根霉，置于 30℃恒温箱中培养 72h，待斜面上长满白色

菌丝，顶端黑色孢子即成熟，取出放入 4℃ 冰箱保存备用。

2. 三角瓶培养

麸皮 100g，加水 65～70mL，拌匀后装入 1L 三角瓶中，厚度 0.5～1cm，加盖棉塞包好防潮纸，高压灭菌（0.1MPa、30min），置于无菌室冷却至 30℃。接入根霉，30℃ 培养 24～28h，观察生长情况。如长满菌丝即可扣瓶，将三角瓶倒放在恒温箱中，再经 48h 长满黑色孢子即成熟。在无菌条件下取出，放在灭过菌的纸上摊薄。置于烘箱中 40℃ 烘干，取出用研钵研细，放入消毒干燥的玻璃瓶中备用。

3. 曲盒培养

取麸皮 10kg，加水 60%～70% 拌匀放入蒸锅内，高压灭菌（0.1MPa，30min），取出后装盒。品温降至 30℃ 时铺匀，在表层接入根霉种子，用压板压平。室温 28～30℃，品温 36～37℃，培养 24h，观察菌丝生长至结饼后，用铁铲切成小块翻转，待黑色孢子长满即成熟，取出阴干或烘干保存，在生产酵母麸曲时使用。

第三节　食醋生产用酶

一、酶的特性对生产过程的影响

酶是一种活性蛋白质。因此，凡是影响蛋白质活性的因素，都会影响酶的活力。

（一）温度

麸曲、大曲的酶活力，在干燥低温的条件下，可以得到良好的保存。各种酶的催化作用，只有在一定温度下才能表现出来。通常酶的作用速度随温度升高而加速。但温度升高到一定限度后，酶的活力就要钝化，直至完全失活。在酿醋生产中，应根据不同生产目的来确定作用温度。例如，制液态酒醪时，要求快速糖化，温度为 60℃ 左右；固态发酵制醋时，采用双边发酵，边糖化边酒精发酵，

发酵期长达 7 天左右，为保持各种酶的活力，必须在 25～30℃ 低温入池，低温发酵。

（二）pH 值

根据各种酶的特异性表明，酶的活力中心只能结合带某种电荷的离子，包括正电、负电或两性电荷。酶分子具有两性电荷的性质，同时 pH 值也改变了酶分子的带电状态，特别是改变了酶活力中心上的有关基团的电离状态。当在某一 pH 值时，其活力中心，既存在一个带正电的基团，又存在一带负电的基团，这时酶与产物结合最容易；当 pH 值偏高或偏低时，其活力中心只带一种电荷，就会使酶与底物的结合能力降低。例如，糖化酶作用的最适 pH 值在 4.5～4.6 时，这个最适 pH 值即为该酶的等电点，高于或低于这个 pH 值，对糖化酶的作用都不利。酿醋发酵时，固态醋醅开始在微酸性环境下糖化发酵的作用能顺利进行，当醋醅中由于醋酸菌逐渐繁殖后，酸度不断增加，pH 值低于 4 时，糖化酶就会钝化失活；蔗糖酶处于等电点时才具有酶活力，而在等电点附近的偏酸性或偏碱性时，酶活力则降低甚至失活；酒化酶是酒精发酵一类酶系列的总称，当酵母在进行发酵时，同样存在一个最适 pH 值的问题，酸度常常表现为对酵母的生长和发酵有极大的抑制作用。在所有的挥发或不挥发有机酸中，越是高级脂肪酸，对酵母的毒性越大。所以有的酿醋厂在醋醅中，同时进行酒精发酵、醋酸发酵，这样对糖化作用和酒精发酵是不利的，最后会使出醋率降低。

（三）浓度

指酶的浓度和底物浓度的关系。实验证明，当酶的浓度较小，底物浓度大大高于酶时，则酶的浓度与反应速度成正比；当底物浓度一定时，酶的浓度继续增加到一定值后，其反应速度并不加快。由此说明，过大增加酶的浓度，并无明显效果。

二、与淀粉水解有关的主要酶系

（一）α-淀粉酶

α-淀粉酶也称液化型淀粉酶或糊精化酶，其作用是将淀粉糊迅速水解为糊精及少量糖，降低原来的黏稠度。它能将淀粉的葡萄糖 α-1,4 糖苷键切开形成糊精，其切割是任意的，没有一定规律。但不能切开其中的 α-1,6-糖苷键，因此遗留下含 α-1,6-糖苷键的糊精，最后产物为麦芽糖及少量界限糊精和葡萄糖。α-淀粉酶对直链淀粉作用，最终产物为 18.5％葡萄糖、73.2％麦芽糖及 8.3％的异麦芽糖，但是对糊精转变为糖的速度是极缓慢的。α-淀粉酶的作用方式随酶的浓度而异，当酶的浓度较高时，最终产物大部分是麦芽糖及葡萄糖；当酶浓度较低时，则主要是含 6～8 个葡萄糖基的糊精。唾液中的 α-淀粉酶不易分解非还原性末端的 2 个键，而细菌 α-淀粉酶则不易分解前 5 个键，只容易分解到第 3 个键。

酿造食醋使用的 α-淀粉酶主要来源于枯草芽孢杆菌、曲霉及根霉菌。一般新工艺制醋时，都使用细菌 α-淀粉酶制剂。但在曲霉或曲中也含有一定量的 α-淀粉酶，如黄曲、米曲的淀粉酶有 80％左右是属于液化型的，根霉与黑曲霉液化酶则较少。

（二） β-淀粉酶

过去由于对淀粉酶作用方式认识不明确，曾将能糖化淀粉的酶统称为 β-淀粉酶。现在除液化型淀粉酶外，对其他淀粉酶仍有统称为 β-淀粉酶的习惯，真正的 β-淀粉酶作用机理是从淀粉分子的非还原性末端基，顺次切割 2 个葡萄糖基，最终生成物为麦芽糖。β-淀粉酶能把直链淀粉全部分解。它可以从直链淀粉的末端，以麦芽糖为单位进行分解，但是把相当长的直链一直切断到 30 个葡萄糖基以下，分解速度是很缓慢的，所以碘呈色反应消失得很慢。β-淀粉酶作用于支链淀粉时，是从外面开始切割，但在接近分支点处即不能作用，切不到分支点的内部，留下来的就是界限糊精。

（三） γ-淀粉酶

γ-淀粉酶基本上属于霉菌糖化型淀粉酶类型。它是从淀粉非还原性末端开始，水解 α-1,4 糖苷键，将葡萄糖一个一个地水解下来的酶。在碘反应和黏度下降方面与 β-淀粉酶相似，但它主要产物为葡萄糖。γ-淀粉酶能够将支链淀粉接近于完全分解。另一个特点是，对相当长的葡萄糖链的作用能力很强。γ-淀粉酶存在于根霉、曲霉、拟内孢霉、黑曲霉、红曲霉等中。

（四）　霉菌糖化型淀粉酶

对霉菌糖化型淀粉酶，过去许多人因不了解霉菌的特异性，而与高等植物产的淀粉酶混淆起来，其实两者性质是不同的。霉菌糖化型淀粉酶都能生成葡萄糖；除 γ-淀粉酶外，也起到麦芽糖酶的作用。

黑曲霉与根霉的糖化型淀粉酶，对于直链淀粉及 α-界限糊精、β-界限糊精及潘糖的分解能力基本相仿，但两者对异麦芽糖都无分解能力。

（五）　麦芽糖酶

麦芽糖酶属于糖化型淀粉酶的一种，能将麦芽糖水解成两个葡萄糖。高等植物的种子嫩芽及能发酵麦芽糖的酵母都含有此酶，霉菌中根霉及部分黑曲霉可能不含有此酶。麦芽糖酶对麦芽糖有很强的分解能力，这主要是糖化型淀粉酶的作用结果。酵母菌不能直接利用麦芽糖，必须分泌麦芽糖酶将麦芽糖分解成葡萄糖后才能利用，所以酒精酵母发酵麦芽糖愈强，也就是产麦芽糖酶最多的酵母。在糖化发酵过程中，如何迅速地将麦芽糖转变成葡萄糖，是提高发酵率的重要手段。

（六）　转移葡萄糖苷酶

转移葡萄糖苷酶合成与分解的可逆反应非常活泼，不仅对麦芽糖、潘糖、异麦芽糖有较强的分解能力。而且能把游离的葡萄糖转移至另一个葡萄糖或麦芽糖分子的 α-1，6 位上，生成异麦芽糖或潘糖等具有分支结构的低聚糖类。一般酒精酵母对潘糖无发酵作用。

转移葡萄糖苷酶将麦芽糖及葡萄糖合成为潘糖，如酵母能及时地将麦芽糖分解成葡萄糖或将葡萄糖迅速发酵成酒精，这样便不存在结合的基质，其可逆作用可以消除。

转移葡萄糖苷酶不能分解可溶性淀粉，对界限糊精分解力亦极弱，对麦芽糖、潘糖、异麦芽糖分解力较强。泡盛曲霉能产生转移葡萄糖苷酶，这种酶对淀粉分解能力高达 100%。

（七）异淀粉酶

该酶与植物中 R 酶有相似的特性，能作用于支链淀粉，从 1,6-糖苷键联系的分支点切下，成为较短的直链淀粉型多糖类。该酶的作用与磷酸盐存在无关，其作用不像磷酸化酶那样加磷酸分解，而是加水分解的酶。

异淀粉酶对于含 α-1,6-糖苷键的二糖、三糖类，即对异麦芽糖、潘糖、异麦芽三糖等都不起作用。但是，异淀粉酶作用于支链淀粉，经 α-淀粉酶作用后，残留的为平均聚合度 5 的 α-界限糊精。

异淀粉酶存在于酵母、产气杆菌、极毛杆菌、放线菌中，在水稻、蚕豆、麦芽中也有存在。但性质各异，其中细菌的异淀粉酶热稳定性较强，容易大量培养。

（八）磷酸酯酶

磷酸酯酶能使磷酸与醇的羟基结合成磷酸酯，再把糊精水解成葡萄糖时，释放出磷酸，具有极明显的液化力。磷酸酯酶作用最适温度为 57℃，最适 pH 值为 5.5~6。

此外，曲霉菌还含有丰富的果胶酶、纤维素酶、单宁酶及酸性蛋白酶。这些酶与植物原料的细胞组织分解有一定关系。

三、食醋酿造中表示酶活力的方法

我国食醋酿造厂，用曲量相差悬殊，有的工厂每 100kg 主料（高粱、地瓜、大米）加入麸曲 50kg 之多。但也有用量很少的工厂，每 100kg 主料仅用麸曲 5kg。食醋酿造厂应该以酶活力大小来决定曲的用量较为合理。

酶活力的大小，即酶量的多少用酶活力单位（U）表示。1961年国际生物化学学会酶学委员会提出采用统一的"国际单位"（IU）来表示酶的活力，规定为在最适条件（25℃）下，每分钟内催化 1 微摩尔（μmol）底物转化为产物所需的酶量定义为一个活

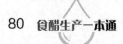

力单位，即 $1IU=1\mu mol/min$。这样酶的含量就可用每克酶制剂或每毫升酶制剂含有多少酶活力单位来表示（U/g 或 U/mL）。在实际应用中，各科研和生产单位，通常采用各自认为简便的方法来表示，致使不同工厂的酶制剂或麸曲的酶活力大小无法比较。

第三章

食醋生产过程

在日常生活中，食品、农产品等物质中都含有一定量的糖、淀粉、纤维素等物质，这些物质统称为碳水化合物，是微生物的主要能源及碳源，也是许多发酵食品的成分和原料。

糖类化合物由 C（碳）、H（氢）、O（氧）三种元素组成，分子中 H 和 O 的比例通常为 2：1，与水分子中的比例一样，可用通式 $C_m(H_2O)_n$ 表示。因此，曾把这类化合物称为碳水化合物。但是后来发现有些化合物按其构造和性质应属于糖类化合物，可是它们的组成并不符合 $C_m(H_2O)_n$ 通式，如鼠李糖（$C_6H_{12}O_5$）、脱氧核糖（$C_5H_{10}O_4$）等；而有些化合物如乙酸（$C_2H_4O_2$）、乳酸（$C_3H_6O_3$）等，其组成虽符合通式 $C_m(H_2O)_n$，但结构与性质却与糖类化合物完全不同。所以，碳水化合物这个名称并不确切，但因使用已久，迄今仍在沿用。

在酒醋生产中所指的碳水化合物，主要是葡萄糖、蔗糖、麦芽糖、果糖、纤维素等。目前正在使用的发酵菌种分解纤维素的能力极差，所以应尽量减少纤维素的含量。

第一节　糖化

一、 淀粉液化、 糖化的目的与机理

食醋原料经过蒸煮，其细胞组织中的淀粉发生糊化和溶化，处于溶胶状态。但是这种糊化或溶化的淀粉，并不能直接被酵母菌利用。因此必须首先把淀粉转化为可发酵性糖类，然后才能由酵母菌

将糖发酵成为酒精。

在食醋生产中，一般不采用淀粉的酸水解。这里所讨论的糖化，都是指淀粉的酶法水解。

淀粉糖化所用的糖化剂，主要为黑曲霉、米曲霉、红曲霉、根霉以及麦芽、麸皮等。其中各含有一系列淀粉酶。淀粉在这一系列淀粉酶的作用下，经过液化和糖化过程，逐步降解为小分子糖类，其种类随所用糖化曲的不同而不同。除了可发酵性的糖类外（如葡萄糖、麦芽糖），还有非发酵性糖类（如异麦芽糖、潘糖）。

（一）液化

淀粉糊化后，由于受 α-淀粉酶的作用，迅速降解成分子量较小的能溶于水的糊精，原来浆糊状的淀粉溶胶变为溶液状态，黏度急速降低，流动性增大，这一过程称液化。耐高温的细菌淀粉酶能在温度 90℃ 的情况下，10～15min 完成液化。

用碘色反应来测定淀粉液化，可以看到以下的颜色变化：蓝→紫→红→浅红→不显色。

正常生产中，液化液 DE 值（即葡萄糖值）可高达 17 左右。因此，测定液化程度，不仅可以用碘色反应，而且还可以用测定液化液的 DE 值的方法来进行。

（二）糖化

将淀粉水解为葡萄糖的过程称为淀粉的糖化。α-淀粉酶不能将淀粉彻底分解为还原糖，所以还需用其他淀粉酶糖化，其作用方式各不相同。

淀粉的糖化，除了酶法液化制醋可分成液化和糖化两个较为明显的过程外，在传统食醋酿造过程中，是不能截然分开的。老法酿醋所用的糖化曲中，不仅含有曲霉，而且还含有根霉、毛霉等其他微生物，其中酶系极为复杂，不仅液化和糖化过程不能分开，而且糖化和酒精发酵，甚至醋酸发酵也是混合进行。这种糖化和发酵同时进行的方法，被称之为双边发酵法。在液体深层制醋新工艺中，也利用了双边发酵法。其高温（60～65℃）糖化时间 30min，还原糖仅达 3.5%，即转入酒精发酵，利用酒精发酵时期糖化酶的后糖化作用，也能取得较高的转化率，这种双边发酵操作法，可大大缩短糖化时间。

（三）糊精及其糊化

由淀粉经酸或热处理或经淀粉酶作用而生成的不完全的水解产物，即将大分子的淀粉转化为小分子的中间物质，这时的中间小分子物质就叫作糊精。

淀粉质原料在高温、高压下进行蒸煮，使淀粉颗粒吸水膨胀，细胞间的物质和细胞内的物质开始溶解，同时也使植物组织细胞壁遭到破坏。随着温度上升，淀粉粒的体积可以增大 $50 \sim 100$ 倍，此时黏度增加，呈溶胶状态，这便是糊化作用，其糊化程度以糊化率来表示。

糊化率＝糊精或可溶性碳水化合物含量/总糖含量×100%

（四）影响糖化的主要因素

1. 温度

在一定温度范围内，温度越高，淀粉酶对淀粉的糖化作用反应速度越快。在高温下淀粉易于糊化和液化。但是温度过高，会造成酶的失活。因此要严格掌握液化和糖化的温度，不使过高或过低。

在传统工艺中，由于糖化时进行双边发酵，温度应为微生物生长的适宜温度，不能过高，一般在 $33 \sim 35 ℃$，最高不超过 $37 ℃$。

2. pH 值

酶的作用有最适 pH 值范围，超出这个范围就会使糖化酶活力大幅度下降。枯草芽孢杆菌 α-淀粉酶液化作用的 pH 值控制在 6.2 左右，曲霉对淀粉糖化的最适 pH 值为 $5.0 \sim 5.8$，黑曲霉为 $4.0 \sim 4.6$。在高温糖化法中，原料蒸煮前浸润时间要适当，时间过长，由于微生物活动，而使原料酸度增加，pH 值下降，使液化困难，这种情况在夏天容易发生。此时应将浸泡水放掉，用清水反复冲洗

并用 Na_2CO_3 溶液复调 pH 值至 6.2（原料中的酸不是一下子释放出来的）。

3. 糖化时间

在高温糖化法中，液化操作应在 90℃ 左右维持 $10 \sim 15min$，以利于淀粉液化。液化液的 DE 值应控制在 17 左右，过高或过低对糖化操作都不利，糖化温度应在 $60 \sim 65℃$ 下进行约 $30min$，时间不宜过长，否则不但所增加的糖量有限，而且会影响"后糖化力"，降低淀粉利用率，同时也降低糖化设备的利用率。在液化和糖化过程中，都需进行搅拌。

糖化后，应立即冷却至 30℃，送入酒精发酵工段。缓慢冷却易染菌，使糖液酸度上升。

4. 糖化剂利用量

无论是高温糖化法或传统糖化法，都应保持一定酶活力单位，糖化剂酶活力单位过少，将会影响原料利用率，造成酒精发酵和醋酸发酵的困难。

采用多酶系糖化能使淀粉彻底水解，比用单一的酶要好。

5. 氯化钙用量

$0.1\%CaCl_2$ 能使细菌 α-淀粉酶耐 92℃ 高温。高温液化时如果 $CaCl_2$ 数量不足或者没加，将使 α-淀粉酶失活，并使液化不能进行。

二、 食醋生产主要糖化工艺和催化剂

糖化工艺分为间歇糖化和连续糖化，间歇糖化采用单个糖化锅，待醪液冷却到糖化温度后，加糖化酶，这时一般不需调节 pH 值。此后保温搅拌，维持 $30 \sim 60min$，进入发酵工序。加酶量一般为 $80 \sim 120U/g$ 原料，以 $105U/mL$ 规格计，加量（质量分数）为 0.1%。连续糖化一般由几个糖化锅串联而成，醪液在锅内停留时间不少于 $30min$，流加糖化酶时，必须控制好流加速度与醪液流量保持一致。

（一）传统糖化工艺

传统的制醋方法，无论是蒸料或煮料，其糖化工艺的共同特点如下。

① 依靠自然菌种进行糖化，因此酶系复杂，糖化产物繁多，为各种食醋独特风味的形成奠定了基础。

② 糖化过程中液化和糖化两个阶段并无明显区分。

③ 糖化和酒精发酵同时进行，有的工艺甚至进行糖化、酒精发酵、醋酸发酵三边发酵。

④ 糖化过程中产酸较多，原料利用率低。

⑤ 糖化在微生物生长繁殖适宜温度下进行。

⑥ 糖化时间长，一般为 5～7 天。目前各地对传统工艺都有所改进，现多用纯种培养的黑曲霉制麸曲进行糖化，以利于提高糖化率。

（二）高温糖化法

高温糖化法也叫酶法液化法，是以 α-淀粉酶制剂对原料粉浆在 85℃ 以上进行液化，然后用黑曲霉的液体曲或固体麸曲在 65℃ 以下进行糖化。由于液化和糖化都在高温下进行，所以叫高温糖化法。这种糖化方法广泛用于液体深层制醋和回流法制醋等新工艺中，具有糖化速度快、淀粉利用率高等优点，是糖化工艺发展的方向。

1. 液化工艺

α-淀粉酶的耐热性能随酶的来源而异。生产上为了便于淀粉液化，多半采用耐高温的枯草芽孢杆菌 α-淀粉酶，在 65℃ 下处理 15min，仍可保 100％ 活力，只有当温度超过 96℃ 才完全失活。Ca^{2+} 离子有提高该酶的热稳定性作用。

液化时，α-淀粉酶的用量为 5U/g，液化时间仅为 10～15min。DE 值表示淀粉的水解程度或糖化程度，正常为 17 左右，过高或过低都不利于糖化作用。因为 α-淀粉酶属于外切酶，水解只能从底物分子的非还原性末端开始，底物分子越多，水解生成葡萄糖机会越多。但是 α-淀粉酶分解底物时,首先与底物分子形成络合物,然后发生水解催化作用。这需要底物分子要有一定大小,过大或过小都不利于水解作用。根据生产实践,当液化液中 DE 值上升到 17 左右,较利于糖化作用。

2. 糖化工艺

糖化用曲分液体曲和固体曲两种,液体曲酶系纯,酸度小。曲种以 UV-11 或 3912-12 为最佳,固体曲酶系复杂,有利于提高食醋风味。但固体曲制作过程中易感染杂菌和生酸。曲的用量决定于酶活力的高低,酶活力高则用量少。一般每克淀粉糖化需要 120U,最少也不应低于 100U(以麦芽糖计)。

用于酒精发酵的糖化醪要求浓度为 13~15°Bé,糖化时间不宜过长。如果在 60℃ 以上高温糖化时间过久,虽然一时还原糖含量较高,但会严重影响酶活力,使之不能进行后糖化作用,造成淀粉最终利用率低。为了利于酒精发酵,要求糖化醪酸度控制在 2g/L 以下(以醋酸计)。

糖化液用于酵母培养基时,应适当延长糖化时间以增加糖化液中的糖分,保证酵母繁殖的营养需要。

(三) 生料糖化法

霉菌固体麸曲浸出液均有迅速降解生淀粉的现象。随着淀粉酶研究工作不断深入,对酶分离、纯化及其特性的研究表明,这是真菌葡萄糖淀粉酶对生淀粉的降解作用。

许多文献报道,不同霉菌产生的淀粉酶对生淀粉降解的水解率也不同。在同样 pH 条件下,泡盛曲霉(*Asp. awamori*)淀粉酶比黄曲霉淀粉酶对淀粉的水解率要高得多。这是因为泡盛曲霉的淀粉酶系统可以分 α-淀粉酶和葡萄糖淀粉酶两种,而后者在水解生淀粉的过程中起着主导作用。

同种淀粉酶对不同种类生淀粉的水解效果也不相同,黑曲霉对玉米生淀粉具有较高的水解率,对马铃薯生淀粉则水解率较差。

在生料制醋中,生淀粉不经过蒸煮而直接糖化,发酵酒精,不仅可节约能源，降低成本，而且也是对制酒制醋发酵工艺改革的一种新尝试。自20世纪70年代初开始，山西长治市首先采用生料糖化制醋，以后生料制醋法逐步在北京、天津等地推广。目前这一工艺在不断发展、完善之中。

（四）糖化率

淀粉质原料加水加热糊化、液化以后，加入糖化曲，在55～60℃或28～32℃时糖化，水解为葡萄糖。糖化反应用以下方程式表示。

$$(C_6H_{10}O_5)_n + nH_2O = nC_6H_{12}O_6$$

$$n \times 162 \qquad n \times 18 \qquad n \times 180$$

因此，理论上1kg淀粉完全水解后可生成180/162＝1.111（kg）葡萄糖。由于各生产厂家所采用的糖化剂以及工艺条件（如淀粉浓度、糖化温度、pH值及淀粉酶作用条件）的不同，糖化效果各有差异。淀粉糖化一般是不能达到理论值的。

$$糖化率 = \frac{糖化液中葡萄糖总量}{投料淀粉总量 \times 1.111} \times 100\%$$

（五）食醋生产常用的糖化剂

淀粉质原料酿制食醋，必须经过糖化、酒精发酵、醋酸发酵三个生化阶段，把淀粉转变成可发酵性糖，所用的催化剂称为糖化剂。食醋生产采用的糖化剂，现在基本有以下六个类型。

1. 大曲（块曲）

大曲是以根霉、毛霉、曲霉、酵母为主，并有大量野生菌的糖化曲。曲饼亦属于这一类型。这类曲生产工艺繁复，但优点是便于保管和运输，酿成的食醋风味好，但淀粉利用率较低，生产周期长，现在我国几种主要名特食醋的生产仍多采用大曲。

2. 小曲（药曲或酒药）

主要是根霉及酵母，利用根霉在生长过程中所产生的淀粉酶进

 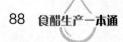

行糖化作用。小曲便于运输和保管，但这类曲对原料选择性强，适用于糯米、大米、高粱等原料，对于薯类及野生植物原料的适应性差。小曲酿醋时用量很少。

3. 麸曲

麸曲为国内酿醋所普遍采用的糖化剂。糖化力强，出醋率高，采用人工纯培养，操作简便。麸曲生产成本低，对各种原料适应性强，制曲周期也短。

4. 红曲

红曲是我国特产之一，红曲霉培养在米饭上能分泌出红色素与黄色素，而且有较强的糖化酶活力，被广泛应用于增色及红曲醋、乌衣红曲醋的酿造。

5. 液体曲

一般以曲霉菌为主，经发酵罐内深层培养，得到一种液态的含淀粉酶及糖化酶的曲子，可代替固体曲，用于酿醋。生产液体曲机械化程度高，能节约劳动力，降低劳动强度，但设备投资大，动力消耗大，技术要求高。

6. 淀粉酶制剂

主要以深层培养法生产提取酶制剂，如用于淀粉液化的枯草芽孢杆菌 α-淀粉酶及用于糖化的葡萄糖淀粉酶都可加工成酶制剂，用于食醋酿造。

三、 糖化过程中的物质变化

（一） 糖类

淀粉的糖化是淀粉酶水解为可发酵性糖的过程，糖分在液化阶段就已产生。除了酿醋原料中带来的可溶性糖外，液化液中也含少量的麦芽糖和其他糖。

糖化阶段，由于糖化酶的强烈作用，糖分大为增加。除了可发酵性糖外，还有转移葡萄糖苷酶的作用，积累了非发酵性糖分。此

时如增加 α-淀粉酶，会增加非发酵性糖分。在酶法糖化中，使用的糖化酶多属于黑曲霉系，所以在液化之后，常将液化液加热煮沸，使 α-淀粉酶失活，以减少非发酵性糖分的增加。

（二） 含氮物质

糖化过程氨基酸态氮的含量增加 1.5～2 倍，占总氮的 15％～20％，可溶性氮可作为酵母的营养物质，对酒精发酵是有利的。

（三） 果胶和半纤维素

在糖化过程中果胶和半纤维素也会发生水解作用，它们的变化程度随所用糖化剂的种类而异。

（四） 磷

在糖化过程中，含磷化合物在磷酸酯酶的作用下将磷酸释放出来，使得糖化液的 pH 值下降 0.5 左右。

（五） 酸度

糖化时，由于含磷化合物的分解，特别是糖化曲中杂菌的作用，常会使酸度增加。在酶法液化糖化过程中，如果糖化曲杂菌感染严重，pH 值会从粉浆的 6.2 下降至 3.8 以下。酸度过大造成以后的操作困难。对染菌较严重的固体糖化曲，如果糖化时能在 65℃ 保持 30min 以上，则可以杀死其中大多数杂菌，可抑制糖化液酸度进一步增加。

第二节　酒精发酵

酒精发酵是指发酵醪中的糖类物质在无氧条件下，受酵母细胞中酒化酶的作用，产生酒精的全过程。

酵母菌发酵属于厌氧性发酵，进行无氧呼吸。从发酵工艺来讲，酒精发酵过程既有发酵醪中的淀粉、糊精被糖化酶作用，水解生成糖类物质的反应；又有发酵醪中的蛋白质在蛋白酶的作用下，水解生成小分子的蛋白胨、肽和各种氨基酸的反应，这些水解产物一部分被酵母细胞吸收合成菌体，另一部分则发酵生成了酒精和二氧化碳，并产生副产物杂醇油、甘油等。

一、 酵母菌的酒精发酵过程

（一） EMP 途径

高等动物、植物和绝大多数微生物都能利用葡萄糖作为能源和碳源，有氧和无氧的条件下进行葡萄糖的分解代谢。EMP 途径即糖酵解途径，是淀粉等大分子碳水化合物降解成葡萄糖后，葡萄糖经己糖激酶、磷酸己糖异构酶、磷酸己糖激酶的作用，生成 1,6-二磷酸果糖，1,6-二磷酸果糖再经过一系列酶作用生成 3-磷酸甘油酸，3-磷酸甘油酸再降解生成丙酮酸并产生 ATP 的代谢过程。

糖酵解途径从葡萄糖到丙酮酸共有 10 步反应，分别由 10 种酶催化。这些酶均在细胞内，组成了可溶性的多酶体系。糖酵解分为三个阶段。

① 由葡萄糖到 1,6-二磷酸果糖，该过程包括三步反应，是需能过程，消耗 2 分子 ATP。

② 1,6-二磷酸果糖降解为 3-磷酸甘油醛，包括两步反应。

③ 3-磷酸甘油醛经 5 步反应生成丙酮酸，这是氧化产能步骤。

从葡萄糖经糖酵解到丙酮酸总反应式为

$$\begin{array}{l} CHO \\ (CHOH)_4 \\ CH_2OH \end{array} + 2H_3PO_3 + 2ADP + 2NAD^+ \longrightarrow 2\begin{array}{l} COOH \\ C\!=\!O \\ CH_3 \end{array} + 2ATP + 2NADH + H^+ + 2H_2O$$

酵解产生的丙酮酸和还原型辅酶都不是代谢终产物，它们的去路因不同生物和不同条件而异。

在有氧条件下，细胞进行有氧代谢生成丙酮酸后，进入 TCA 循环，其发酵产品有柠檬酸、氨基酸及其他有机酸等。在缺氧条件下，细胞进行无氧酵解（即无氧呼吸），仅获得有限的能量以维持生命活动，丙酮酸继续进行代谢可产生酒精及其他厌氧代谢产品。

糖酵解的特点可概括如下。

① 糖酵解（EMP）途径是单糖分解的一条重要途径，它存在于各种细胞中，它是葡萄糖有氧、无氧分解的共同途径。

② 糖酵解（EMP）途径的每一步都是由酶催化的，其关键酶有己糖激酶、磷酸果糖激酶、丙酮酸激酶。

③ 当以其他糖类作为碳源和能源时，先通过少数几步反应转化为糖酵解途径的中间产物，这时从葡萄糖合成细胞基体的标准反应序列同样有效。

（二）酵母菌的酒精发酵过程

EMP途径是酵母菌比较重要的途径，降解发酵醪中的葡萄糖，生成酒精和CO_2，同时产生部分副产物。酵母菌进行EMP途径降解糖的比例，占整个代谢85％～88％，其次是HMP途径。HMP途径又叫单磷酸己糖途径，酵母菌利用EMP途径产生酒精的过程如下。

① 发酵醪中葡萄糖被酵母吸收后，在ATP与己糖激酶的催化下，将葡萄糖变为6-磷酸葡萄糖。Mg^{2+}作激活剂。

② 转化为6-磷酸葡萄糖后，再经酵母细胞中磷酸己糖异构酶催化，生成6-磷酸果糖。

③ 6-磷酸果糖在磷酸果糖激酶催化下，降解成为1,6-二磷酸果糖。

④ 1,6-二磷酸果糖在醛缩酶的作用下，生成磷酸二羟丙酮和3-磷酸甘油醛。

⑤ 磷酸二羟丙酮在磷酸丙糖异构酶催化下，又生成3-磷酸甘油醛。

⑥ 3-磷酸甘油醛在3-磷酸甘油醛脱氢酶催化下又生成1,3-二磷酸甘油酸。

⑦ 1,3-二磷酸甘油酸在磷酸甘油酸激酶的催化下，生成3-磷酸甘油酸。

⑧ 3-磷酸甘油酸在磷酸甘油酸变位酶催化下，生成2-磷酸甘油酸。

 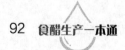

⑨ 2-磷酸甘油酸在烯醇化酶催化下，生成 2-磷酸烯醇式丙酮酸。

⑩ 2-磷酸烯醇式丙酮酸在丙酮酸激酶的催化下，生成烯醇式丙酮酸，由于烯醇式丙酮酸很不稳定，立即就会生成丙酮酸。

⑪ 乙酸在丙酮酸脱氢酶催化下生成乙醛。

⑫ 乙醛在乙醇脱氢酶的作用下，就生成了酒精（乙醇）。

酵母将糖转变成酒精和二氧化碳，其反应式如下。

① 葡萄糖先生成丙酮酸。

$$C_6H_{12}O_6 \longrightarrow 2CH_3COCOOH+4H$$

② 丙酮酸脱羧生成乙醛。在酵母体内，葡萄糖经酵解途径生成丙酮酸，在无氧条件下，由丙酮酸脱羧酶催化作用，丙酮酸脱羧生成乙醛。丙酮酸脱羧酶需要焦磷酸硫胺素为辅酶，并需要 Mg^{2+}。

$$CH_3COCOOH \longrightarrow CH_3CHO+CO_2\uparrow$$

③ 乙醛被乙醇脱氢酶所脱下的氢还原成酒精。

$$CH_3CHO+2H \longrightarrow C_2H_5OH$$

归纳起来可写成：

$$C_6H_{12}O_6 \longrightarrow 2C_2H_5OH+2CO_2$$

酵母菌在没有氧气的条件下，通过十几步反应，1 分子葡萄糖可以分解成 2 分子乙醇、2 分子 CO_2 和 2 分子 ATP。整个过程可用下面的简图来表示。

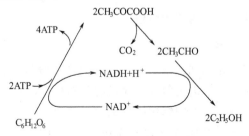

酵母菌乙醇发酵的过程总结如下。

① 葡萄糖分解为乙醇的过程中，并无氧气参与，是一个无氧呼吸过程。

② 过程中有脱氢反应，脱下的氢由辅酶Ⅰ携带，但细胞中的辅酶量是极少的，已被还原的辅酶Ⅰ（NADH＋H$^+$）必须经过某种方式将所带的氢除去，方能再接受脱氢反应中的氢。酵母菌在无氧的情况下，NADH＋H$^+$是通过与乙醛反应而重新被氧化的。

③ 葡萄糖到乙醇和CO_2，用去了2分子ATP，生成了4ATP，所以净得2分子ATP。

④ 葡萄糖的无氧分解时有热量放出，这种热量虽然不能直接参与细胞的需能反应，但可以维持体温，使体内的反应速度加快，促进新陈代谢。

⑤ 发酵过程的某些反应需要辅酶和辅助因子参加。

在有氧条件下，酵母发酵能力降低，这个事实很早就被巴斯德发现，称为巴斯德效应。巴斯德效应，与其说是乙醇的积累在有氧条件下减少，不如说是细胞内糖代谢降低。

在食醋生产中，要选择产酒率高、发酵迅速、抗杂菌能力强、适应性好、稳定性强的菌种。目前采用的有K氏酵母、南阳五号酵母等，K氏酵母产酒率高，南阳五号酵母产酶性能较好。酵母培养和发酵时的最适温度为25～30℃。酒精发酵一般经3～4天就可完成。

二、 酒精发酵动态

液体酒精发酵分为三个阶段。

（一） 前期发酵

在酒母与糖化醪加入发酵罐后，醪液中的酵母细胞数还不多，由于醪液中含有少量的溶解氧和充足的营养物质，所以酵母菌仍能迅速地进行繁殖，使发酵醪中酵母细胞繁殖到一定数量。在这一时期，醪液中的糊精继续被糖化酶作用，生成糖分。但由于温度较低，故糖化作用较为缓慢。由于醪液中酵母数不多，发酵作用不强，产生的酒精成分和二氧化碳很少，所以发酵醪表面显得比较平静，糖分消耗也比较慢。前发酵期间酵母数量少，易被杂菌抑制，此期间应十分注意防止杂菌污染，加强卫生管理。

（二）主发酵期

主发酵阶段，酵母细胞已大量形成，醪液中酵母细胞数可达 10^8 个/mL 以上。由于发酵醪中的氧气已消耗完毕，酵母菌基本上停止繁殖而主要进行酒精发酵作用。

主发酵期发酵作用增强，发酵醪液中糖分迅速下降，酒精成分逐渐增多，醪液中产生大量二氧化碳。随着二氧化碳的逸出，可以产生很强的二氧化碳泡沫响声。发酵醪的温度上升很快，生产上应加强这一阶段的温度控制。根据酵母菌的性能，主发酵期的温度最好控制在 30～34℃，这是酒精酵母最适发酵温度。如果温度太高，很易使酵母早期衰老，降低酵母活力。另外，高温也易造成细菌污染，尤其发酵醪温度高于 37℃ 时更易造成染菌现象的发生。

主发酵时间的长短，取决于醪液中的营养状况，如果发酵醪中糖分含量高，主发酵时间长，反之则短。主发酵时间一般为 12h 左右。

（三）后发酵期

后发酵阶段，醪液中的糖分大部分已被酵母菌消耗掉，醪液中尚残存部分糊精继续被糖化曲中的淀粉 1,4-葡萄糖苷酶、1,6-葡萄糖苷酶作用，生成葡萄糖。由于这一作用进行得极为缓慢，生成糖分很少，所以发酵作用也十分缓慢。因此这一阶段发酵醪中酒精和二氧化碳产生得很少，产生的热量也不多，发酵醪的温度逐渐下降。此时醪的温度一般控制在 30～32℃。如果醪液温度太低，发酵时间就会延长，会影响出酒率。

淀粉质原料酒精发酵的后阶段一般约需 40h 才能完成。

以上三个阶段不能截然分开，整个发酵过程的时间长短，除受糖化剂的种类、酵母菌的性能、酵母接种量等因素的影响外，还与接种、发酵方式和发酵温度的控制有关，一般发酵总时间都控制在60～72h。

三、 酒精发酵工艺技术管理

加强酒精发酵工艺的管理是生产食醋的关键之一，原料出酒多，食醋产量高。酒精发酵工艺指标的控制主要是控制不同发酵时期发酵醪中的糖度、发酵温度、发酵醪的 pH 值、发酵醪中酒精度、发酵时间等，保证酒精发酵期顺利进行。

（一）发酵前期的管理

发酵前期，即酵母菌生长规律中的调整期。成熟的酒母从营养丰富的酒母醪中进入大罐发酵，酵母菌的生长环境不如酒母醪好，醪中单位体积内酵母细胞也相应减少，在发酵醪中至少有（0.8～1.0）×10^8 个/mL 的酵母细胞。所以在此期间必须对酵母细胞增生培养，控制好发酵醪中的糖度、pH 值、酒精含量、发酵温度，给予酵母细胞一个诱导作用，从而可获得足够的酵母细胞数。

发酵前期发酵醪中的温度一般控制在酵母菌生长繁殖的最适温度范围内，通常为 28～31℃。夏天温度可偏高 1～2℃，一般以28～33℃为宜，但温度过高会引起酵母菌体细胞过早衰老，并且容易引起杂菌污染；温度过低，酵母菌生长繁殖缓慢，使发酵周期延长、设备利用率低，同时还会引起青霉等偏低温生长的杂菌侵入。

发酵前期的糖度控制，一般说来，如淀粉质原料采用 1:（4～5）的加水比，其糖化后的糖化醪进入发酵罐时的糖度一般为 12～16°Bx。在发酵前期，发酵醪中的糖度不宜太高，过高会抑制酵母的生长和繁殖，产生高渗透压抑制性。前发酵期，发酵醪中的糖度一般控制在 7～12°Bx 为宜。

发酵前期，醪中的 pH 值保持在 4.0±0.2 比较适宜。冬天可比夏天略高，这样有利于酵母的生长和抑制杂菌的污染。

发酵前期还应控制发酵醪中的酒精含量，一般酒精含量不超过6%，过高会抑制酵母的生长繁殖，产生反馈抑制。

 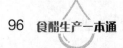

发酵前期时间为 4～10h，在此期间，管理一定要严格，因醪中酵母细胞并不多，生长也不十分旺盛。易引起杂菌侵入，造成整个生产停止，使原料被浪费，所以发酵前期的管理是很重要的。

（二） 主发酵期

主发酵期是酵母生长繁殖的最旺盛时期和细胞增殖的平衡期。这个时期，发酵醪中已有较多的酵母菌，足够满足发酵的需要，醪中的溶解氧也几乎耗尽。酵母细胞开始进行物质代谢时，要放出自由能，其中一部分能量以热的形式进入发酵醪中，放出的热会使醪液升温，在不冷却的情况下，可使整个罐内温度上升 4～10℃。在此时期，应特别注意控制发酵温度升高和排除 CO_2 气体。如果不及时排除 CO_2，会影响酵母的发酵。

主发酵期的发酵温度，最高不得超过 34℃。发酵温度的高低与酵母的后发酵力有密切的关系。温度过高会使酵母过早衰老，酒化酶失活率高，加上发酵中产生的大量酒精使酵母的发酵力受到叠加抑制。现阶段用于生产酒精的酵母菌，当温度达到 40℃时，发酵就难以进行甚至停止。所以主发酵期的发酵温度偏低为好，酵母细胞中的酒化酶活力不易被损失，发酵结束后，成熟醪中残余糖分较少，出酒率也较高。一般来说，主发酵期温度控制在 31～34℃之间。其次，主发酵期发酵醪的糖度、pH 值等都应控制在适当的范围内，酵母菌的主发酵时间为 8～12h。但对于那些营养丰富，淀粉含量较多的原料，主发酵时间还应当延长一些。

（三） 后发酵期的管理

经前阶段 15～20h 的发酵后，由于发酵醪中营养物质的消耗，代谢产物酒精的积累，使酵母菌体细胞的代谢能力大大减弱，发酵能力大为下降，发酵速度也变缓慢，酵母活力下降，死酵母数逐渐增加，最后大多数酵母死亡，表示发酵结束。淀粉质原料则需48～60h，到了后发酵期，发酵醪中的温度有所下降，冬天下降更快，有时可在几小时内下降 2～4℃。夏天后发酵温度下降不大，但也应适当控制；冬天应防止温度太低，否则影响糖化酶的后糖化作用，使成熟醪中残余总糖浓度过高，造成原料出酒率不高，发酵后期发酵醪中的温度一般控制在 30～32℃。

四、 酒精发酵成熟醪的质量指标

（一） 成熟酒醪的质量指标

主要测定发酵成熟醪的酒精含量，用来确定发酵效率和原料的利用率；测定发酵醪的增酸，用来衡量发酵中是否被杂菌污染，以及污染程度；测定发酵醪中的残余总糖和残余还原糖，用来证明酵母菌的发酵性能等。

生产中的三个阶段是连贯的，不能截然分开。整个发酵成绩的好坏，除了受糖化剂、酵母菌的性能影响外，同时还与发酵方式、控制条件、设备性能和原料种类有关，所以发酵工艺的管理应根据本生产单位的实际情况，因地制宜，制定工艺管理规程，以便得到较高的发酵效率。酒精发酵三期各项指标可参见表 3-1。

采用连续发酵时，整个发酵过程若无外界因素的影响，一般都是稳定的，糖化醪或酸化后的稀糖蜜，一进入发酵罐就能被酵母发酵，进出醪量基本相等。

表 3-1　酒精发酵三期管理参考表

项目	前发酵	主发酵	后发酵
温度/℃	29～31	32～34	31～32
糖度/°Bx	6～14	4～10	任其发酵
酵母数/(10^8 个/mL)	0.8～1.0	0.8～1.2	任其发酵
作用时间/h	4～10	8～12	26～40
pH 值	4.0～4.5	4.0～5.0	3.8～4.5
酒精含量/%	4～5	任其发酵	任其发酵

（二） 成熟醪质量的鉴别方法

成熟醪的质量往往是通过外观感觉和化验分析两个方面来确定的。生产中以化验分析为主，以外观感觉为辅。

1. 外观感觉

较好的成熟醪液面应有一定的透明性，颜色浅黄或浅褐，无明显混浊。同时具有浓厚的酒精气味，没有酸气味。手摸有细涩感，而无黏稠感。如果发现较浓的酸气味，表明成熟醪可能被杂菌污染。

2. 化验分析

（1）取样镜检 在发酵完全的成熟醪中，酵母菌体虽然停止了代谢活动，但是菌体还存在。取样镜检，较好的成熟醪，酵母细胞的形态没有较大变化，自溶的很少，且含杂菌较少，特别是醋酸杆菌和乳酸杆菌少。

（2）残余还原糖 还原糖即多糖水解后生成具有还原性单糖的总称。由于后糖化反应及酒化反应都是可逆的，醪中的有效成分不能完全被利用，所以最终成熟醪中总是残留有糖分存在。较好的成熟醪还原糖残余量在0.1%～0.15%之间，过多的残余还原糖表明酵母的发酵性能和发酵工艺管理存在问题。

（3）残余总糖 好的成熟醪，残留在醪中的总糖不应超过0.5%。如果残余总糖高，残余还原糖极少，说明糖化力不够，后糖化有问题。

（4）酒精含量 酒精含量的多少是最能证明发酵成熟醪质量好坏的关键数据之一。较好的成熟醪中酒精含量不应该与工艺概算的酒精含量有较大差距。现行的生产中，好的生产单位成熟醪酒精含量9%～10.5%，有的则只达到6%～7%的酒精含量，说明发酵工艺技术管理很重要。

（5）酸度的变化 与发酵前醪中酸度相比，好的成熟醪酸度无大的增加，一般不超过0.5～1.0mg/100mL（用0.1mol/L NaOH滴定），酸度增加越多，说明杂菌污染越严重。特别是挥发酸超过1%时，说明有相当严重的杂菌污染。

（三）酒精发酵率

糖化液中加入酒母进行酒精发酵，如果不考虑发酵过程中各个中间反应，可以用以下总方程式表示。

$$C_6H_{12}O_6 \longrightarrow 2C_2H_5OH + 2CO_2$$

$$180 \qquad 2\times46 \qquad 2\times44$$

因此，理论上 1kg 葡萄糖可生产纯酒精 92/180＝0.5111kg。实际上，由于不发酵性糖的存在、酵母菌体的消耗、中间产物的生成、异型发酵产生甘油、杂菌污染、酒精挥发等原因，酒精发酵率一般仅为理论值的 85%～90%。在计算酒精发酵率时应该将酒母中的残糖和酒精含量考虑进去。

$$酒精发酵率 = \frac{成熟醪酒精总量 - 酒母酒精总量}{(投料葡萄糖总量 + 酒母残糖总量)\times0.5111}\times100\%$$

五、 酒精发酵异常现象及应对措施

在酒精发酵过程中，常常发生一些不正常的现象，夏天比冬天更容易发生。常见的异常现象有发酵率过低、迟缓，杂菌污染，发酵醪中温度不稳定，醪液输送困难，发酵时产生泡沫太多等。

（一） 发酵率低

影响酒精发酵率的主要因素如下。

1. 菌种性能的影响

菌种性能与糖化后糖化醪质量的好坏、发酵后成熟醪中酒精含量有重要关系。采用不同性能的菌种，有不同的发酵效率。酵母菌种的好坏直接影响发酵率的高低。生产中所用的酵母菌有的可使成熟醪中酒精体积分数达到 8%～10%，且残糖少；有的最高只能使成熟醪中酒精体积分数达到 7%～8%，而且残糖多。因此，使用优良的菌种可提高发酵效率。

2. 原料的粉碎、 蒸煮的影响

由于原料的粉碎、蒸煮达不到工艺要求，粉碎粒度过大或过小，蒸料过老或过嫩，使酵母利用困难，发酵率低。

3. 酒母质量的影响

发酵过程中，必须投入活性强、繁殖速度快的酒母。酒母的质量好，可使酵母健壮，繁殖快，酵母数多，从而可提高发酵效率。酒母质量低，会使发酵醪的酵母发酵力弱，最后发酵效率就低。当酒母投入发酵醪中时，其酵母细胞数应不低于 $(1.0 \sim 1.2) \times 10^8$ 个/mL，出芽率应不低于 20%。

4. 发酵醪中糖度的影响

发酵醪中糖度过高，渗透压也高，对酵母菌体细胞的生长和代谢有抑制作用，引起酵母细胞变形或损伤，从而使发酵醪中酵母数减少，出芽率低，死亡率高，影响发酵效率。若糖度过低，酵母菌缺乏营养，发酵过早结束，则含酒量低。发酵醪中糖度过高或过低都不能达到好的发酵效率。

5. 发酵醪中 pH 值的影响

发酵醪中的 pH 值对酵母生长、繁殖、代谢有重要的影响，细胞中的酒化酶因 pH 值过低而受到抑制，产酒就少。酵母菌体对营养物质的吸收也受 pH 值的影响，pH 值适宜，吸收营养物质就多，消化也会加快，代谢的酒精就多。酵母菌最适 pH 值一般为 1.5 ～ 5.0，但生产上为了防止杂菌污染，多控制在 3.8 ～ 4.5 之间。

6. 发酵温度的影响

发酵温度对发酵效率有明显的影响，发酵前期温度过高，酵母过早衰亡，使成熟醪中残余糖分多，发酵效率必然会降低。当发酵温度超过 37℃ 时，不但影响酵母菌发酵力，而且还易污染杂菌，导致发酵效率低。但过低的温度会使发酵周期延长，发酵缓慢，影响产量，并降低设备利用率。一般在发酵初期，控制温度不超过 32℃，中期不超过 34℃，后期不低于 30℃ 较为合适。

7. 发酵时间的影响

发酵时间过短，发酵不完全，发酵醪中残留可发酵性物质多，使发酵效率下降；发酵时间过长，成熟醪中的酒精易散失，杂菌侵入，也会降低发酵效率。

8. 发酵设备的影响

所设计的发酵罐加温、冷却装置配套不全，不能满足工艺上的要求；发酵罐直径与高之比不适当，对发酵效率影响甚大。如果设备跑醪、漏醪，不利于排除 CO_2，计量不准，都会使发酵效率降低。

9. 杂菌污染的影响

污染杂菌，可发酵性物质被杂菌利用，酵母菌生长受到抑制，发酵效率就会受到严重影响。

（二）杂菌污染

发酵过程中，发酵醪中污染杂菌是由多种因素引起的。糖化醪或原菌种纯培养阶段培养液和酒母污染；用于发酵的管道、设备灭菌不彻底；卫生条件差；发酵中控制的各种条件不适宜酵母菌的生长繁殖，特别是发酵温度偏高、pH 值偏高等，都可能会引起杂菌污染。

（三）发酵迟缓

发酵迟缓，也就是发酵不旺盛和发酵时间延长。引起发酵迟缓的因素，一般有酒母醪的体积与发酵罐体积之比过小（即接种量太小），发酵温度太低，pH 值太低，发酵醪中糖度太高，发酵醪中营养成分不全或某一成分含量不足，发酵醪中含有毒物和不发酵物质太多，原料蒸煮太嫩、夹生或焦化糖太多，糖化酶麸曲用量太少，杂菌污染，操作失误等，都可引起发酵迟缓。

第三节　醋酸发酵

醋酸发酵是依靠醋酸菌的作用，将酒精氧化生成醋酸。实际上醋酸杆菌不仅能将乙醇氧化成醋酸，而且还能氧化一系列的其他化合物。醋酸菌能氧化醇类和糖类，如把丙醇氧化为丙酮酸，丁醇氧化为丁酸，葡萄糖氧化为葡萄糖酸或葡萄糖酮酸，并再进一步氧化成琥珀酸和乳酸等。脂肪转变成甘油，糖类转变成甘露醇，在醋酸菌作用下生成二酮果糖等。不同醋酸菌的发酵产物不同，除了生成醋酸外，还能生成羟基酸，如羟基乙酸、羟基丙二酸、酒石酸、草酸、琥珀酸、己二酸、庚酸、甘露糖酸和葡萄糖酸等。醇类又与这些酸类发生酯化反应生成不同的酯类，构成食醋中香气的成分。所以有机酸种类越多，其酯类的香味就越浓。

下面介绍一下醋酸的发酵机理。

一、 从乙醇氧化为醋酸

从乙醇到醋酸可分为两个阶段。

① 先由乙醇在乙醇脱氢酶的催化下氧化成乙醛，其反应式如下。

$$CH_3CH_2OH + [O] \xrightarrow{\text{乙醇脱氢酶}} CH_3CHO + H_2O$$

② 再由乙醛通过吸水形成水化乙醛，接着由乙醛脱氢酶氧化成乙酸，反应式如下。

$$CH_3CHO + H_2O \longrightarrow CH_3CH(OH)_2$$

$$CH_3CH(OH)_2 + [O] \xrightarrow{\text{乙醛脱氢酶}} CH_3COOH + H_2O$$

综合上式，整个反应式为

$$CH_3CH_2OH + O_2 \longrightarrow CH_3CH(OH)_2 + H_2O$$

二、 己糖-磷酸途径

木醋杆菌能通过己糖-磷酸途径，利用糖生成醋酸。

己糖-磷酸途径生成的 5-磷酸-核酮糖在 5-磷酸解酮酶的作用下，裂解为 3-磷酸甘油醛和乙酰磷酸，其中乙酰磷酸在乙酸激酶的催化下转变为醋酸，而 3-磷酸甘油醛通过糖酵解途径变成丙酮酸，然后还原成乳酸，反应式如下。

$$CH_2OH-CO-CHOHCH_2OP + H_3PO_4 \xrightarrow{\text{5-磷酸解酮酶}} CHOCHOHCH_2O-P + CH_3COO-P$$

5-磷酸核酮糖   3-磷酸甘油醛   乙酰磷酸

$$CH_3COO-P \xrightarrow[\text{ADP} \quad \text{ATP}]{\text{乙酸激酶}} CH_3COOH$$

乙酰磷酸   乙酸

$$CHOCHOHCH_2O-P \xrightarrow{\text{糖酵解}} CH_3COCOOH \xrightarrow[\text{NADH}_2 \quad \text{NAD}]{} CH_3CHOHCOOH$$

3-磷酸甘油醛   丙酮酸   乳酸

三、 醋酸菌的氧化反应

由于醋酸杆菌含有乙酰辅酶 A 合成酶，因此能氧化醋酸为二氧化碳和水。其反应式为

$$CH_3COOH + O_2 \longrightarrow CO_2 + H_2O$$

所以在食醋生产过程中发现酸度不再上升，酒精氧化将完时，即加入食盐，抑制醋酸杆菌繁殖与发酵，以防醋酸分解。

四、 其他反应

醋酸发酵中主要的细菌是醋酸菌，具有氧化酒精生成醋酸的能力。此外，弱氧化醋酸菌能将 D-葡萄糖氧化成葡萄糖酸、D-5-酮基葡萄糖酸，再经还原生成 D-酒石酸。弱氧化醋酸菌、胶醋酸杆菌、纹膜醋酸杆菌可将酵母菌利用糖分生成的甘油氧化成二羟丙酮。

原料中少量的脂肪成分在霉菌中解脂酶的作用下生成各种脂肪酸和甘油，这些脂肪酸和醇反应生成不同的酯类。原料中的蛋白质经蛋白酶水解成各种氨基酸，如果食醋中含有多种氨基酸，口味就浓醇，也增加了醋酸的香味。

五、 醋酸发酵率（也指酒精转酸率）

酒精溶液中加入醋酸菌进行醋酸发酵，如果不考虑发酵过程的各中间反应，可以用以下总方程式表示。

$$C_2H_5OH+O_2 \longrightarrow CH_3COOH+H_2O$$

46　　32　　　　60　　　　18

按以上方程式计算，每 1kg 酒精理论上能生产 1.304kg 醋酸，但由于发酵期间酒精及醋酸的挥发，醋酸菌繁殖消耗一部分酒精，醋酸进一步氧化成二氧化碳和水，一部分酒精与有机酸结合生成酯类物质以及杂菌污染等原因，酒酸转化率不可能达到理论值。

$$醋酸发酵率 = \frac{成熟醋醅中醋酸总量 - 始发酵醋酸总量}{(发酵醪原料酒精总量 + 醋母中酒精总量) \times 1.304} \times 100\%$$

实际上 1 分子酒精只能生产 1 分子醋酸。

以上仅以酒精产酸计，实际上因醋酸菌种类不同，氧化力也不一样，如有些醋酸菌能使葡萄糖氧化成葡萄糖酸。在此忽略不计。

第四节　陈酿

食醋生产中经常采用陈酿的方法，来弥补发酵过程中风味成分不能充分形成的缺陷。凡优质的酿造醋，一般均需要较长时间的陈酿储存。例如，山西老陈醋发酵完毕时风味一般，而经过夏季日晒、冬季捞冰，长期陈酿后，品质大为改善，色泽黑紫，质地浓稠，酸味醇厚，并具有特殊的醋香味。固体麸曲醋也同样如此，产品经 1~3 个月的储存陈酿后，风味显著提高。

陈酿期包括醋醅陈酿和醋液陈酿。醋醅陈酿，是将加盐后熟的醋醅移入缸内砸实，上盖食盐 1 层，用泥封顶，放置 1 个月，中间倒醅一两次。醋液陈酿是生醋经日晒夜露，浓缩陈酿数月；或者将醋成品灌装后封坛陈酿。在陈酿过程中，食醋发生一系列的化学、物理变化，这些变化多数是非常缓慢的，陈酿期一般为 3~6 个月，有的甚至长达 1 年。实际上在陈酿过程中，醋中的酯香类物质不断增加，乙酸与水分子的缔合度增加使口感柔和，香味浓郁。

食醋在陈酿期间，主要发生以下物理化学变化。

一、 色泽变化

在陈酿过程中，食醋中的各种成分经历了复杂的生化反应过程。美拉德反应就是一种在氨基化合物（通常来源于蛋白质和氨基酸）和羰基化合物（还原糖类，尤其是葡萄糖、果糖、麦芽糖、乳糖）之间发生的一种复杂的反应过程，这一反应产生了一系列产物，包括还原性化合物。美拉德反应在剧烈加热和温和加热条件下均能发生，反应条件和反应原料影响产物的形成、种类及结构。美拉德反应产生类黑精等物质，使食醋色泽加深。一般经过3个月储存后，氨基酸态氮下降2%左右，糖分也下降2%左右，这些成分的减少，与增色有关。色泽深浅程度，因醋的种类而不同，一般糖分（己糖和戊糖）、氨基酸和肽含量较多的醋容易变色。醋固态发酵时配用大量辅料（麸皮、谷糠），食醋成分中的糖和氨基酸较多，因而色泽也比液态发酵醋为深。醋的储存期愈长，储存温度越高，则色泽也变得愈深。此外，食醋在制醋容器中接触了铁锈后，经长期储存并与醋中的醇、酸和醛等成分反应，生成黄色、红棕色。原料中单宁属于多元酚的衍生物，也能被氧化缩合而成黑色素。

二、 风味变化

食醋在储存期间与风味有关的主要变化有以下两类反应。

（一） 氧化反应

例如，酒精氧化生成乙醛。食醋在储存3个月后，乙醛含量由12.8mg/L上升到17.5mg/L。

（二） 酯化反应

食醋中含有多种有机酸，与醇反应后生成各种酯。食醋的陈酿时间越长，形成酯的数量也越多。酯的生成还受温度、醋中前体物质的浓度及界面物质等因素的影响。气温越高，形成酯的速度越快；醋中含醇类成分越多，形成的酯也越多。固态发酵的醋醅中，酯的前体物质浓度比液体醋醪高，因而醋中酯的含量也较液态发酵醋为多。

食醋在储存过程中，水和醇分子间会产生缔合作用，减少了醇分子的活度，使食醋风味变得醇和。为了保证成品醋的质量，新醋需储存一定的时间，不宜立即出厂。储存期的长短由醋的成熟速度决定，一般为1～6个月。

三、 功能成分变化

除有机酸、氨基酸、糖类等，食醋还含有很多功能成分，如具有抗血小板聚集、扩张小动脉、改善微循环和脑血流的作用川芎嗪。经过陈酿后，酿造醋中的川芎嗪含量明显升高，如与新醋相比，6年陈酿镇江香醋中川芎嗪含量能提高20倍，达到697mg/L。

第四章

食醋生产设备

第一节 物料输送设备

一、带式输送机

带式输送机主要用于输送块状、颗粒状（可夹杂少许粉末状）及整件物料，能水平或少量倾斜（谷物不超过 18°）地连续输送。带式输送机输送距离长，生产效率高，构造简单、动力消耗小、无噪声，可随时装料和卸料，易于清理、维护。但在输送粉状物料时粉尘飞扬；不能输送黏、湿物料和高温物料。输送时倾斜角度不能太大，否则物料会顺坡度往下滚，落入滚筒和输送带接触处。若漏入物料应及时清理，否则会严重跑偏。

二、斗氏提升机

对于小颗粒或粉末状物料，从地面（或地坑内）垂直或大倾斜角度（倾斜角大于 70°）输送到高处，一般采用斗氏提升机。斗式提升机作为一种输送设备，主要利用固接于牵引构件上的全部料斗，对粉末状、颗粒状或小块状的物料进行水平输送或垂直提升。斗式提升机在社会中的运用涉及多个行业，比如食品加工行业、机械铸造行业、矿山运输行业、建筑行业等。斗式提升机的类型较多，比如，根据装载特点的不同，有流入式和掏取式之分；根据卸载特点的不同，有混合式、离心式和重力式之分；而根据牵引构件类别的不同，又有环链式、带式和板链式之分。与其他的输送设备对比发现，斗式提升机具有一定的优势。具体来说，斗式提升机横断面的外在尺寸并不大，不会占用太大的地面面积，操作员可以有效地对输送系统进行紧凑的布置；斗式提升机可以将物料提升到较高的高度，通常超过40m，而极限高度约为350m；即使机壳是封闭的，斗式提升机也可以在壳内工作，不会扬起过多灰尘，污染少，环保性较好；物料的密封性较好。但是，斗式提升机也具有一定的缺陷，比如牵引构件比较脆弱，如果过载，很容易损坏料斗。从当前的使用情况来看，斗式提升机的输送能力一般为 $300\sim1600t/h$，最大可达2000t/h。

三、 螺旋输送机

对于物料的输送，还可采用螺旋输送机，又称绞龙，是利用螺旋叶片的旋转，在固定的机壳内使物料沿螺旋导程作水平或倾斜（倾斜角20°以内）输送。螺旋输送机可对物料进行短距离（5～7m）垂直输送。螺旋输送机结构简单、横截面小、制造成本低；可以在任意位置加料、卸料；操作容易、安全方便、密封性好。但动力消耗大；先、后输送物料易混，易破碎损伤；不适用于长距离输送，过载能力低；不易清理。

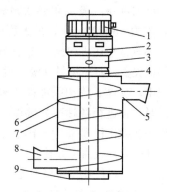

图 4-1　垂直螺旋输送机的结构简图
1—电动机；2—减速器；3—机座；
4—上轴承座；5—出料口；
6—螺旋叶片；7—壳体；
8—进料口；9—下轴承座

垂直螺旋输送机的结构简图如图 4-1 所示，包括电动机、减速器、机座、上轴承座、出料口、壳体、螺旋叶片、进料口、下轴承座等。

物料颗粒由进料口进入螺旋与壳体形成的区域内，电动机带动螺旋旋转，受到离心力、摩擦力、重力等作用。起初物料颗粒依靠自身的惯性，沿螺旋面滑动，并逐渐加速。当受到的离心力大于螺旋面摩擦力时，颗粒向槽壁移动，与槽壁之间的接触压力逐渐增加，摩擦力也逐渐增加。由于该摩擦力的作用，使靠近槽壁的物料减速，物料与螺旋间产生相对运动，使物料颗粒向上运动。最后物料颗粒从出料口流出。

四、 气力输送装置

运用风机（或其他气源）使管道内形成一定速度的气流，达到将散粒物料沿一定的管路从一处输送到另一处，称为气力输送。气力输送装置主要用来输送粉状、颗粒状或小块等散装物料，输送距离 50～100m，最大可达 200m。垂直输送高度可达 300～400m，输送能力 15～250t/h，最大可达 800t/h。

与其他输送机相比，气力输送装置具有许多优点。输送过程密封，物料损失少，避免物料受潮、污损或混入其他杂质，同时降低输送场所灰尘，改善了劳动条件；结构简单，易于布置，装卸、管理方便；可同时配合进行各种工艺过程，如混合、分选、烘干、冷却等，工艺过程的连续化程度高，便于实现自动化操作；可实现将物料由多点集中输往一处，或由一处输往数点；输送生产率较高，尤其利于实现散装物料运输机械化，可极大提高生产率，降低装卸成本。

气力输送也有不足之处：动力消耗较大；管道及其他与被输送物料接触的构件易磨损，尤其是在输送摩擦性较大的物料时；输送物料品种有一定的限制，不宜输送易成团黏结和怕碎的物料。

第二节　原料粉碎设备

在发酵与酿造过程中，为了加速蒸煮、糖化、发酵的反应速度，对于使用的固体原料，常需将其粉碎。

在生产过程中，粉碎的效果好坏，不仅直接反映出粉碎操作的合理性和经济性，而且会间接影响到蒸煮、糖化、发酵的效果。工厂中，均采用某种形式的机械方法，达到固体物料粉碎的目的。

一、 锤式粉碎机

锤式粉碎机是利用快速旋转的锤刀对物料进行冲击粉碎，广泛

用于各种中等硬度物料的中碎与细碎作业，特别适用于抗冲击性较差的各种脆性物料。锤式粉碎机可作粗碎或细碎，具有能量消耗低、体积紧凑、结构简单、生产能力高等特点。但当粉碎较坚硬的物料时，锤刀磨损得较快。

二、 辊式粉碎机

辊式粉碎机广泛应用于粉碎颗粒状物料的中碎或细碎的作业中，主要工作机件是两个直径相同的圆柱状辊筒。两个辊筒以相反的方向旋转，产生挤压力和剪力将物料粉碎。辊筒表面有光面和带波纹的两种，物料从辊筒间的空隙加入。两辊筒间的距离称为开度。凡物料颗粒小于开度的，可经空隙漏出。

三、 磨浆机

采用砂轮磨较为合适，砂轮磨浆机低噪声、高效率，特别对以大米、碎米为原料的生产更佳。使用时原料中如有各类大杂物应事先除去，在磨的浆液排放处可放一磁铁去除小金属物，否则会影响砂轮磨浆机使用寿命。砂轮磨最好安装在调浆及液化罐之上，这样浆液处理物就可以直接进行酶法液化，简化了生产管道，降低了能源消耗。调浆罐、液化罐和糖化罐三罐可混为一体，也就是说，只要一只罐就能进行调浆、液化、糖化的操作。

第三节　液化、糖化设备

制醋工艺中"液化"，通常是指"酶法液化通风回流"和"液态深层制醋"两种工艺中的工序名称。将淀粉浆液加入 α-淀粉酶、氯化钙、碳酸钠、水，搅拌，85~92℃加热，经取样检验、液化完全后，缓加热至100℃灭菌，马上冷却至63℃±2℃的全过程就是液化。"糖化"是将液化后经灭菌、冷却至63℃±2℃的糊化醪，加入麸曲糖化3h，然后待糖化醪冷却到27℃后即完成。液化和糖化罐设备大体相同，可以单用，亦可先液化、后糖化，使用一种设备。

一、液化罐

液化罐的结构如图 4-2 所示,可以用厚度为 3～4mm 的钢板制成,直径 1.5m,高 12m,容积为 21m³,罐内置有搅拌轴,搅拌器以 2.2kW 电动机转动。罐边近底部通入直径为 2.54cm 的蒸汽管至罐的中心部,下边钻两排孔径 4mm 的小孔使蒸汽分布均匀。

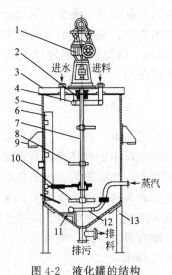

图 4-2 液化罐的结构

1—传动装置;2—填料箱;
3—传动钢架;4—进料环管;
5—罐体;6—挡板;
7—轴;8—半桨搅拌器;
9—罐耳;10—桨式搅拌器;
11—搁脚;12—蒸汽环管;
13—支架

二、糖化罐

与液化罐相比,糖化罐内还安装了一套蛇形冷却管,用直径 2.51cm、长 20m 自来水管制成。糖化罐的结构如图 4-3 所示,它由五部分组成。

(1) 罐体 以 4～6mm 钢板焊制而成;下部采用锥形封底,有 4 个支腿支撑,正中朝下设一放液口;罐上部焊上角铁弯成的罐口;有平板圆盖,盖周围的边部与角铁面有通孔,装若干螺栓将平板圆盖与角铁罐口拧紧;盖中心有搅拌轴穿入圆孔;盖上还有加物料口、进液口、人孔、排气孔等,该罐常压操作。

(2) 搅拌系统 为了使罐内物料均匀混合,通入蒸汽加热均匀,需设计搅拌系统,一般电动机、减速器、联轴器装在平板圆盖上面特制的机架上,搅拌轴由下往上由圆盖中心孔穿出,与联轴器相连接;搅拌器通常是 2～3 挡直线横叶板;搅拌转速 45～90r/min,这样使密度大的物料不沉

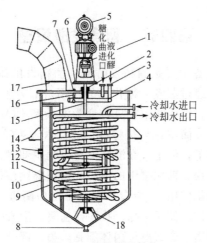

图 4-3　糖化罐的结构

1—传动装置；2—填料密封；3—法兰接管；4—进料环管；
5—电动机；6—传动钢架；7—人孔盖；8—放料管；
9—蛇管支架；10—罐体；11—桨式搅拌器；12—冷却蛇管；
13—温度计插座；14—罐耳；15—轴（搅拌器轴）；
16—钩形螺栓；17—排气管；18—底轴承

底，达到料液在运动中被酶分解的目的。

（3）蒸汽导入管　通入蒸汽是为了加热物料、淀粉液化、糖化及灭菌。蒸汽管从圆柱面底部进罐，喷气管呈圆环状，圆环状管朝下与铅垂线对称，按各 $15°\sim22.5°$ 钻两圈孔，孔径大小及数量视进气管内径尺寸而定。一般钻孔总截面积略大于管内截面积即可，蒸汽喷管这样布置防止了淀粉糊化"抓底"现象，使蒸汽与粉浆接触更均匀。

（4）冷却盘管　一般做成如图 4-3 所示与圆罐同心的双层蛇形螺旋结构，冷水自下而上通过冷却管对罐内物料进行热交换；这样的结构，有降温速率快、降温各部均衡、不污染食品等优点。

（5）温度测量　一般用压力式温度计显示遥测温度，或用玻璃水银温度计，采用图 4-3 所示的与罐壁倾斜焊制的温度计探头插管，进行罐内液体品温测量。

第四节　酒精发酵设备

酒精发酵设备主要是酒精发酵罐。酒精发酵罐又称酒精沉淀罐。淀粉质原料经过蒸煮、糖化酶的作用，部分生成可发酵性糖。在酵母的作用下，糖化醪中糖分转变为酒精和 CO_2。从表面观察，酒精发酵过程十分简单，只是将糖化醪打入发酵罐后，接入酒母，就可以进行发酵了。但是，在酒精发酵过程中却发生着十分复杂的生物化学变化过程。糖化醪中的淀粉和糊精继续被糖化酶水解，生成糖分（即后糖化作用）；蛋白质在曲霉蛋白酶进一步水解下生成低分子含氮化合物，如胨、际、肽和氨基酸。生成的这些物质，有的被酵母吸收利用，合成酵母菌体细胞，另一部分则被发酵，生成酒精、CO_2 及其他副产物。有的工厂在发酵罐底部设置吹泡器，以便搅拌醪液，使发酵均匀。罐顶设有 CO_2 排出管和加热蒸汽管、醪液输入管。但管路设置应尽量简化，做到一管多用，这对减少管道死角，防止杂菌污染有重要作用。大的发酵罐的顶端及侧面还应设有人孔，以便于清洗。水泥制酒精发酵罐系采用钢筋水泥制成，形状可分为圆形或方形两种，可制成密封式或敞口式。因水泥发酵罐有易腐蚀、逃酒和灭菌不彻底等缺点，所以一般厂多不采用。

一、传统酒精发酵罐

传统酒精发酵罐（图 4-4）罐体为圆柱形，底和盖均为碟形封头（底）或锥形结构，由于食品卫生需要，用 4mm 不锈钢材料制成。柱面上有温度计斜插管、取样口、冷却水下进口和上出口，若容积为 $10m^3$ 以上，圆柱面上部还应设置人孔，以利于操作和设备维修；上封头中心有洗涤液入口，上面还设料液和酵母入口、二氧化碳气体排出口、上人孔及压力表安装口；下封头中心为发酵酒精液出口兼洗涤液排放口；罐的支腿对称布置在下封口靠圆周边处。

传统酒精发酵罐采用开式进料方式，存在以下缺点。

① 每次添加营养盐与活性酵母的时候都需要打开沉重的人孔

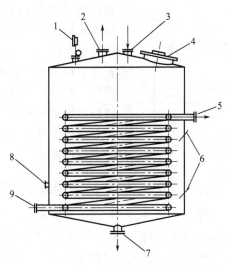

图 4-4 传统酒精发酵罐

1—压力表；2—二氧化碳排气口；3—料液和酒母入口；4—人孔；
5—冷却水出口；6—温度计；7—发酵液和污水排出口；8—取样口；9—冷却水入口

盖才能完成，给操作人员带来极大的不方便。

② 由于人孔盖的打开，造成罐体内腔与外界相通，使空气中的细菌容易进入到发酵罐内，感染酵母，影响发酵效率。

③ 罐内含有酒精成分的二氧化碳气体会从人孔处溢流到大气中，造成产品的浪费，同时也污染工作环境。

因此有报道对酒精发酵装置的进料口结构做了进一步的改进，来解决这一问题。改进后的新型酒精发酵罐的结构见图 4-5。

该种密闭式进料的酒精发酵罐，包括罐体、设置在罐体顶部的发酵气体出口、直通式检修孔、设置在罐体底部的发酵液出口和设置在罐体侧部的无菌压缩空气输入管，在罐体顶部设有一个进料口，该进料口由一根与罐体内腔相通的直管、安装在直管上的开关阀和连接在直管外端的喇叭口所构成。工作时把需要添加到发酵罐内的物料放入到喇叭口内，利用堆积在喇叭口内的物料阻断发酵罐内腔与外界的通路，然后再打开开关阀，待物料利用自身重力作用

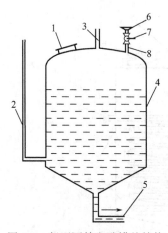

图 4-5　新型酒精发酵罐的结构
1—直通式检修孔；
2—无菌压缩空气输入管；
3—发酵气体出口；4—罐体；
5—发酵液出口；6—喇叭口；
7—开关阀；8—直管

进入到发酵罐内时关闭开关阀。从而实现在添加物料时避免空气中的细菌进入到发酵罐内，避免含有酒精气体的发酵气跑出发酵罐外。喇叭口的设计是为了方便物料的添加与储放。开关阀的作用是保障发酵罐内的发酵气体不会溢出发酵罐。

二、　生物酒精发酵罐

该种发酵罐是为了应对大规模生产需求设计的一种生物酒精发酵罐（CN 104962463A），包括电动机、皮带轮、主轴和罐体，具有结构紧凑，发酵效率高，适合大批量生物酒精发酵的特点。其结构见图 4-6。

在使用时，将原料投入罐体内，启动电动机，通过皮带使皮带轮转动，使主轴带动搅拌机构转动，将原料搅拌均匀。从进气管通入空气，利用排气罩使通入的气体分布均匀，pH 电极能够实时地检测原料的 pH 值，热电偶可进行加热，调节温度，保证发酵正常进行。罐体底部设置支撑座保持罐体结构稳定，轴承座内设置的机械密封保持罐体的密封性。

三、　卧式隔板酒精发酵罐

现有的酒精发酵罐，通常都是立式罐。随着酒精发酵工艺的发展，在连续发酵技术中，特别是大型的连续发酵工艺中，要使用串联的多个发酵罐，每个发酵罐需用连通管分别相连其上下游的发酵罐，每条连通管至少需要有两个阀门作工艺控制使用，设备投资较大，管道死角较多，而且由于罐体实现了大型化，每个发酵罐中的物料容易出现滞流和滑流的现象，从而影响了发酵的效率。为了解决此问题，现有技术往往是给每个发酵罐安装 2~3 个侧搅拌器，这样又要增加搅拌机的设备投资和增加电耗，同时因发酵罐上增设了开孔，增加了被杂质污染的机会。卧式隔板酒精发酵罐就是为了解决连续发酵罐的滑流、滞流的缺点而设计的，减少管道死角，具有较高发酵效率，并且设备投资更省。该设备结构见图 4-7。

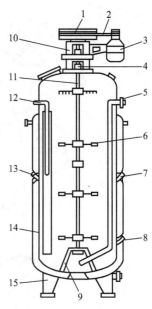

图 4-6   生物酒精发酵罐结构
1—皮带轮；2—皮带；
3—电动机；4—机械密封；
5—进气管；6—搅拌机构；
7—热电偶；8—pH 电极；
9—排气罩；10—轴承座；
11—主轴；12—取样管；
13—温度计；14—罐体；
15—支撑座

卧式隔板酒精发酵罐，罐体的垂直径向长度小于水平轴向长度，其轴向两端分别设有物料入口和物料出口。罐内用多块径向隔板把卧式发酵罐分隔成若干个发酵间隔，每个间隔的容积大小即相当于现有技术的一个发酵罐容积，可以通过调节隔板之间的间距来调节物料在间隔内的流速，从而改善滑流和滞流现象；通过在隔板上开设的缺口取代现有技术中的罐与罐之间的连通管道和阀门，减少了管道的死角，节约了投资。沿物料流动方向，设在所述隔板上部的各缺口面积依次增大，这样可以保证物料有足够的位差向后溢流，使发酵醪能够顺利地从前面的一个间隔流向下一个间隔。设有上部缺口的隔板的下部还设有防止间隔下部物料积存的开口，以防止物料在每个间隔下部形成沉淀物料积存死角。在空罐时，可以全部放空物料；清洗时，不会产生积料、积水。

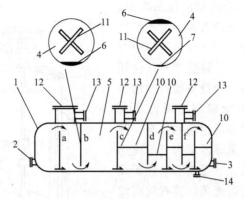

(a) 结构示意图

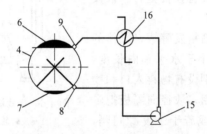

(b) 隔板后方出口管和进口管设置示意图

图 4-7　卧式隔板酒精发酵罐

1—罐体；2—物料入口；3—物料出口；4—隔板；5—间隔；6—缺口；
7—开口；8—出口管；9—进口管；10—定距筋；11—加强筋；12—人孔；
13—CO_2 出口；14—清洗出口；15—循环泵；
16—冷却器；a, b, c, d, e, f 为不同的隔板

第五节　醋酸发酵设备

一、醋酸发酵池

醋酸发酵池外观呈圆柱形，如图 4-8 所示。一级容积为 $30m^3$，高 2.45m，直径 4m。距池底 15～20cm 处设一竹篾假底，把池分成两层，其上装料发酵，假底下盛醋汁，紧靠假底四周设直径

10cm 通风孔 12 个，对称排列于池周围。喷淋管上开小孔，回流液体用泵打入喷淋管，在旋转过程中把醋汁均匀淋浇在醋醅表面；醋酸发酵池可由水泥建造，内壁用白瓷砖砌成或用其他耐酸蚀无毒涂料作涂层，以防腐蚀和保证食醋卫生无污染。

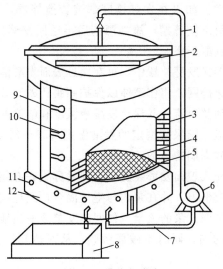

图 4-8　醋酸发酵池

1—回流管；2—喷淋管；3—水泥池壁；4—木架；5—竹篾假底；6—水泵；
7—醋液管；8—储醋池；9—温度计；10—出渣门；11—通风孔；12—醋汁存留处

二、 不同酿醋工艺设备

（一） 表面发酵法制醋设备

表面发酵法是最古老的制醋法，在发酵容器中进行淀粉糖化和酒精发酵，待酒精发酵旺盛期结束再进行醋酸发酵。酵母及醋酸菌来自曲、空气及容器，醋酸菌即在酵液表面结成菌膜，一般需要 6个月才能完成醋酸发酵。由于制醪后一直静置，故称之为静置发酵法。在进行醋酸发酵时，醋酸菌增殖后在酵液表面形成菌膜，完全依靠液面与空气的接触来供氧，因此，为了缩短发酵周期，应尽可能降低发酵容器内发酵液的高度，而增加单位液量的表面积。表面发酵法有多种多样的发酵装置，例如，可以将多个发酵槽串联起来，实现连续表面发酵，使菌膜飘浮于液面，只使醋液流动，添加原料液于第一槽，从最末端的槽流出产品，这样可大大提高表面发酵法的生产效率。如果在发酵槽底部装置搅拌器，并保持菌膜完整，将发酵液引出发酵槽，添加酒精后再送回发酵槽，如此循环，也可提高醋酸发酵产率。

在静置搅拌式发酵装置中，可在接近表面发酵液处安装具有耐酸性能的菌膜保持网，用作载体以保护菌膜；罐底装有搅拌器，以加速醋液的流动及对流，并保持发酵液温度和酸度的均匀；罐内装有蛇管调节液温，以保持恒定的发酵温度（35～37℃），这样就可以达到缩短发酵周期的目的。

在静置循环式表面发酵装置中，在发酵罐底部装有一泵，用来将槽内的发酵液引出，并在泵内与空气混合，经过调温装置后再送回发酵槽，通过调节泵的流量，使回流发酵液适当地流动，以保证温度和酸度的均匀，同时不破坏菌膜，从而达到缩短发酵周期的目的。

（二）速酿法制醋设备

速酿法制醋设备简单，占用厂房面积小，生产易于实现自动化操作，原料出醋率较高，醋酸发酵速度快，生产周期短，产量高，因而被许多生产厂家采用。速酿法所采用的醋酸发酵装置，通常叫速酿塔，多为圆筒状，直径1～1.5m，高2～5m，塔身用碳钢板或用水泥浇注，内涂环氧树脂防腐层，也有用不锈钢板制成。内设假底，假底距塔底约0.5m，能储放相当数量的醋。进风管在醋液上面塔壁上。在假底上放一竹编垫子，其上放置填充料，如榉木刨花、木炭、玉米芯、浮石等，塔顶上安装喷淋管，可以自动回转。

原料池设置在速酿塔的上方，原料液借助于重力作用自流进入喷淋管，再流经填充料。进风管也是出液口，设置在底池上方，保证底池有足够的容积，有利于醋液中的固形物等杂质沉淀在池底，以降低成品过滤难度。

进风管上装有阀门，工作时，阀门打开，醋液经管流出，空气经管进入；需停止工作时，关闭阀门，原料料液浸没填充料，使发酵速度大大减慢。再用时，只需打开阀门，放出料液几小时后便可恢复正常工作，因而不会造成原料和成品的损失，并可防止杂菌污染。填充料上方的壁上开有排除菌膜的出口，每当填充料上长有菌膜时，关闭出液阀门，使原料液浸没填充料，稍搅动，菌膜浮于液面上，经除菌膜口随表面料液一起流出。原料池可以安装液位控制仪，当原料流完后自动启动泵进料，满池时停泵，从而实现自动进料。喷淋管上的进液管上装有流量控制阀，通过测定流出醋液中的含酸量来调节流量的大小，使原料料液通过填充料一次便可完成发酵，不需反复用泵回淋。在塔的上、中、下各部分插入温度计以检查塔内发酵温度。木炭放入塔里之前，应预先用水清洗，再用含醋酸 70g/L 的食醋浸泡后再使用。

（三）深层发酵法制醋设备

深层发酵设备主要有两种类型，一种是在世界上较为普遍采用的福林斯（Frings）醋酸发酵罐，另一种是提升式醋化罐。这两种装置的共同之处是都在发酵罐底部附近装有大功率的搅拌器，利用其高速旋转的搅拌作用，从搅拌器里侧通向罐外的通气孔吸进空气，并将其分散于发酵液中，这种结构可将少量空气均匀地分散于醪液中，同时利用冷却蛇管调节品温。其不同之处主要是提升式醋化罐装有提升筒，以提高搅拌混合效率，同时起到消泡作用；另外，二者的搅拌器形状也有所不同。

Frings醋酸发酵罐又称自吸式醋酸发酵，是深层液态食醋生产常见的关键设备。它的特点是结构紧凑，产酸效率高，连续运转能力强，溶氧均匀，故障率低，噪声小。采用自吸式罐进行液体深层发酵制醋发酵时间较短，功率消耗较低，不用空压机，节约设备，非常适合液态醋生产。

Frings醋酸发酵罐集搅拌和吸风功能于一身。电动机高速运转时带动转子一起转动，这样在转子中心产生一定的真空度，从而通过与之连接的通向发酵罐的风管将空气"吸"入，并经过空气分布器—定子将空气均匀地散布到醪液中，满足醪液中醋酸的代谢需求，生产出食醋的主要成分——乙酸。

1. 自吸式发酵罐的结构

自吸式发酵罐结构如图 4-9 所示，主要分五大部分。

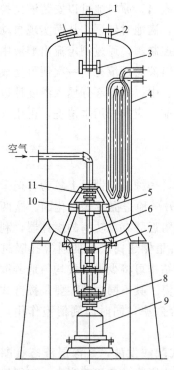

图 4-9　自吸式发酵罐结构图
1—皮带轮；2—排气管；3—消泡器；
4—冷却排管；5—定子；6—轴；
7—双端面轴封；8—联轴器；
9—电动机；10—转子；11—单端面轴封

（1）罐体　罐身为圆柱体，上、下各有椭圆形封头与封底，上封头有排气口、人孔、消泡器轴进口；罐身有进空气口，冷却水进、出口，温度计测量口，取样口等；下封底有罐的支腿、自吸装置传动轴入口。

（2）冷却盘管　采用立式环状分组式冷却管，组数多少据传热面积确定。盘管的传热面积要满足在高峰期发酵液产生的生物热全部由盘管通水换热去掉，保持微生物发酵适应温度。

（3）自吸装置的传动　由电动机、联轴器、轴承架、传动轴、双端面轴封等组成，一般转速为 1450r/min。

（4）自吸装置　自吸装置一般由转子和定子组成，转子由传动轴带动在罐内定子中高速旋转；定子则装在罐下部支架上。转子分 9 叶、6 叶、4

（图中标注）空气

叶、3 叶几种，较大型自吸发酵罐多采用 4 弯叶型转子。4 弯叶型转子的特点是，对液体的剪切作用小、阻力小、消耗功率小、直径小、转速高、吸气量较大、溶氧系数高。

（5）消泡沫装置　消泡沫装置一般装在罐上封头处，在发酵中，肯定要产生泡沫，泡沫多少与搅拌和通风温度有关。更重要的是它和发酵液性质有关，发酵液中含蛋白质量、含糖量、淀粉水解不完全等均产生大量泡沫。一般产生泡沫不多的采用离心式消泡器，利用离心力原理消泡。

2. 自吸式发酵罐工作原理

在转子启动前，先用发酵液将转子浸没，然后启动电动机转子开始在定子内旋转。液体或空气在离心力作用下，被甩向叶轮外缘，在转子中心形成负压。转子的空腔用管子和大气相通，不断被吸入的大气被转子甩向外缘，通过定子的导向板均匀分布甩出。由于转子的搅拌作用，气液在叶轮周围形成强烈的混合流（湍流），使刚甩出的空气立即在不断循环的发酵液中分裂成细微的气泡，并在强烈的湍流中混合、翻腾、扩散到整个罐中，因此自吸式充气装置在搅拌的同时完成了充气作用。又由于被转子吸入的空气形成微小的气泡，使气、液密切均匀地结合接触，气液接触表面不断更新，提高了传质效率，提高了溶氧系数，提高了微生物对氧的利用程度，促进了发酵过程中代谢产物（产品）形成。

深层发酵技术在提高醋酸发酵速度及产品酸度方面取得了很大进展，但由于必须排除大量发酵热能，有时使用一般地下水无法满足生产需要，而要依靠冷却设备，因而增加了动力的消耗。另外，为了提高淀粉原料的利用率和防止污染大气，从发酵罐或发酵室回收逸散的醋酸或酒精，需要增添回收装置，利用这一装置还可以除去车间的酸臭气，净化环境。

（四）全自动圆盘醋酸发酵设备

采用传统陶瓷缸来实现固态醋酸发酵的生产工艺，每天需人工进料、翻缸、倒缸和出料，劳动强度大，操作不方便，人工成本高，生产效率低，产量少且产品质量不稳定。随着社会的不断发展和人们生活水平的不断提高，人们对食醋质量的要求越来越严格，同时食醋产业也逐渐向集约化、规模化发展。关于食醋固态发酵的设备也在不断地研究和改进中。有人设计了一种全自动圆盘醋酸发酵设备以实现醋酸发酵过程中物料的自动摊平、翻醅和出醅，见图 4-10。

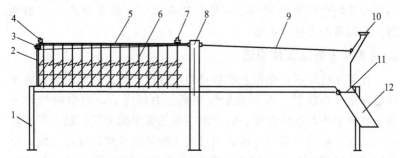

图 4-10　全自动圆盘醋酸发酵设备

1—支架；2—圆盘；3—旋转轨道轮；4—旋转电动机；
5—翻醅犁固定梁；6—翻醅犁；7—翻醅电动机；8—中心固定轴；
9—活动旋转盖；10—进料口；11—出料翻板；12—出料口

工作前，将圆盘、翻醅机构、进料口、出料口等清洗干净，符合食品生产卫生标准后方可开始工作。使用时，首先将出料翻板关闭，防止物料从出料口流出，然后通过进料输送绞龙将物料经圆盘侧壁上端的进料口送入圆盘中，此时物料堆积在圆盘底部一处，在旋转电动机的作用下，翻醅机构绕着中心固定轴不断旋转，同时将翻醅犁调节为正转，一段时间后可将物料摊平。发酵过程中，通过调节翻醅犁的倾斜度以及翻醅机构的旋转来实现不同深度、不同部位物料的翻醅。待发酵结束后，将出料翻板打开，通过翻醅犁的反转将物料送至出料口，物料经出料口流出后进入下一道工序。

（五）密闭固体发酵食醋生产设备

传统的固态发酵醋生产中，规模较大时常采用多个并排的发酵池，规模较小时则采用成排的陶瓷缸。生产中物料的翻搅、"倒缸"

等主要靠人力，用锹、勺或简单的翻醅机来完成。由于固体发酵所用的容器都是敞口容器，在翻倒过程中，物料散发出大量气体，具有强烈的腐蚀性和刺激性，对厂房、设备以及周围的环境亦有一定的负面影响。发酵过程中温度控制比较困难。有人设计了一种不用人工翻倒物料的密闭固体发酵食醋生产设备（图 4-11），具有供气充分、温度可控、避免空气污染、占用场地小的特点。

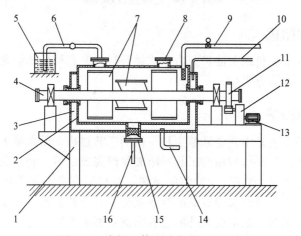

图 4-11　密闭固体发酵食醋生产设备

1—机架；2—罐体；3—空腔；4—转轴；5—气体回收器；6—排气管；
7—搅拌齿；8—进料口；9—充气管；10—进水管；11—传动齿轮；12—变速箱；
13—电动机；14—回水管；15—出料口；16—淋醋管

工作时，把原料从进料口装入罐体，进行发酵。期间，可根据需要，开动电动机，带动转轴及搅拌齿转动，翻搅罐内的物料，以便使物料与空气均匀的接触，有利于好气菌类生长，促使发酵向着既定方向进行。如果罐内空气不足，即可打开气泵，通过充气管向罐内输送清洁空气。在罐内压力超标时可打开排气管，将罐内挥发气体排入气体回收器回收利用。如果需要降低罐内温度，即可通过进水管向双层罐壁的空腔内打入冷水，也可以打开回水管排出空腔里面的水。当然，这里的冷水也可以是冷气或其他流体制冷介质。排出的水可以通过冷凝再次循环，也可以作为温水另作他用。当罐内需要升温时，可以先排出冷水，再使进水管接热水源，使热水进入空腔。当物料发酵成熟后，打开淋醋管，醋液即可排出。当一罐物料加工过程结束时，打开出料口，卸下淋醋的过滤器，即可放出废渣。

第六节　其他设备

一、　制醅机

俗称落曲机或下池机。由斗式提升机（升高机）及绞龙（螺旋拌和器）两部分组成。

二、　熏醅炉

熏醅工艺是山西老陈醋别具一格的工艺过程，而熏醅炉是进行这一工艺过程必须应用的工具。醋酸发酵完成以后，制作老陈醋的特殊工艺就是"熏醅"。醋醅的熏烤，是醋醅在高温的作用下缓慢水解的过程，可以增加成品的有效成分、色泽和焦香味，改善和提高产品的风格，是山西老陈醋色香味的主要来源。

传统熏醅炉分为烟道层和熏醅缸层，烟火直接经过烟道（和熏醅缸层有一层砖泥相隔），经后面的烟囱排出。从熏醅缸底部加热，每天需要翻醅 1 次，以使醋醅温度上下一致。传统老陈醋熏醅 6 天，保持醋醅温度在 $70\sim80℃$，需要烧煤约 $500\mathrm{kg}$。

传统熏醅炉由于结构不合理而存在热效率低、加热不均匀、烧煤用量大以及污染严重等问题，有人为解决此问题设计过新型熏醅炉（图 4-12）。此熏醅炉包括位于地平面以下的炉膛、炉灰坑以及与炉膛连通的烟道腔，炉膛与炉灰坑之间内架设有炉箅，烟道腔内排列有若干烟道，还包含位于地平面以上且位于烟道腔上方的熏醅缸容置腔，熏醅缸容置腔内嵌固有若干熏醅缸，熏醅炉后端设有与熏醅缸容置腔相通的烟囱。烟道腔上开有位于熏醅炉后端的第一烟道口，第一烟道口处连接由熏醅炉后端贯穿至熏醅炉前端，并且出口与熏醅炉前端留有间隙的散热烟道，散热烟道位于熏醅缸容置腔内；熏醅缸容置腔上开有位于熏醅炉后端的第二烟道口，第二烟道口与烟囱连通。炉膛内产生的高温烟气经过熏醅缸底部的烟道，然后从熏醅炉后端的第一烟道口经过散热烟道直接通向熏醅缸容置腔，直至熏醅炉前端，此时大量的烟气由散热烟道流出，并经过各个熏醅缸周围缝隙后直接从熏醅缸容置腔后部的第二烟道口直接通向烟囱排出。

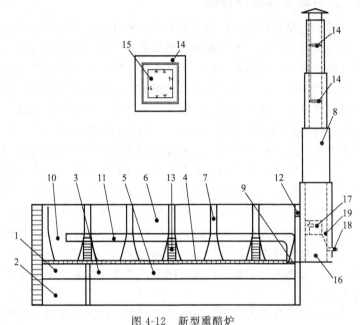

图 4-12 新型熏醅炉

1—炉膛；2—炉灰坑；3—烟道腔；4—炉箅；5—烟道；
6—熏醅缸容置腔；7—熏醅缸；8—烟囱；9—第一烟道口；
10—间隙；11—散热烟道；12—第二烟道口；13—烟道支柱；
14—石灰水喷淋管；15—喷头；16—吸附液收集器；
17—清渣口；18—放液口；19—自动排液装置

散热烟道由耐火材料制成圆筒形烟道，通过固定在烟道腔顶部的烟道支柱架设在熏醅缸容置腔内。烟囱内上方间隔安装有相互连通的石灰水喷淋管，石灰水喷淋管内侧周围安装有喷头，烟囱内下方设有吸附液收集器，吸附液收集器上开有清渣口及放液口，吸附液收集器内装有自动排液装置；炉膛的加料口内周围设有角钢架，对加料口起到加固作用；所有的烟道呈倾斜状，倾斜方向为由熏醅炉前端至熏醅炉后端逐渐升高，这样便于烟道腔内的烟气由熏醅炉前端进入熏醅炉后端，并最终由第一烟道口进入散热烟道内。

三、 全自动立式淋醋设备

淋醋工艺是食醋生产过程中必不可少的环节，在很大程度上影响食醋的质量和产率。通过淋醋可将成熟醋醅中的醋酸等有效成分充分溶解在水中，然后再经过灭菌、调配、包装等工艺得到成品食醋。传统的淋醋工艺一般是将成熟的醋醅放在大的淋醋池中，池子底部铺设平筛板，通过泵将醋液或水打入池中，然后静置浸泡，浸泡完毕后将淋醋池底部的阀门打开，在重力的作用下醋液自行流出。为了保证淋醋时尽可能多地将醋酸等有效成分充分溶解出来，淋醋时的浸泡时间一般长达十多个小时，淋醋时间较长，而且在淋醋的过程中醋醅需要一直浸泡在水中，为了防止醋醅表面出现无水覆盖的现象，淋醋过程中还需根据醋醅上液面的高低由人工随时增加水量，工作量较大。另外，这种传统的淋醋方式进醋醅、出醋糟整个过程完全依靠人工操作，人工劳动时间长、强度大，工作环境恶劣，生产效率低。因此，传统淋醋方式严重制约着食醋产业的升级与工业化。

近年来有关技术人员研制出发酵塔设备，尝试将发酵和淋醋工艺进行一体化处理，但是其仍无法解决淋醋出醋糟困难的问题，并且设备结构复杂，生产成本高，操作不方便，不适于普通食醋的生产。全自动立式淋醋设备（图 4-13）利用刮渣装置旋转搅拌出渣，机械化程度高，实现淋醋工艺的自动化。该设备包括支架，支架上安装罐体；罐体顶部设有进料口、进水/醋液口和人孔；罐体底面向内凹陷呈圆锥体，该圆锥体的顶部安装刮渣装置（刮渣装置包括电机、减速器、斜刮渣板和水平刮渣板）；斜刮渣板和水平刮渣板构成旋转刮叶，电动机和减速器置于淋醋罐罐体外部，减速器输出轴驱动旋转刮叶转动。罐体底部侧面设有排渣门，排渣门通过液压系统来控制开启和关闭。罐体的内底面上铺设筛网，斜刮渣板沿底面上的筛网面运动；罐体底面与出醋管联通。

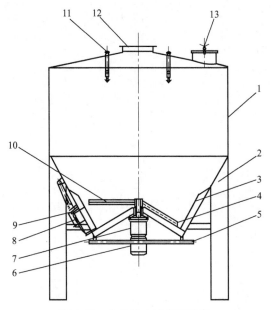

图 4-13　全自动立式淋醋设备

1—罐体；2—支架；3—筛网；4—斜刮渣板；5—出醋管；6—电动机；7—减速器；8—排渣门；9—液压系统；10—水平刮渣板；11—进水/醋液口；12—进料口；13—人孔

　　进料时，通过进料输送绞龙将固态醋酸发酵/熏醅后的醋醅经罐顶的进料口送入淋醋罐内，再加入水（或醋液），然后开始浸泡；浸泡完毕后，淋出的醋液通过罐底的出醋管流出，遗留在筛网上的醋糟通过刮渣装置机械搅拌出罐，再通过链板输送机排出。

四、　自动化包装设备

　　随着啤酒、饮料包装自动化的发展，食醋包装自动化也取得了很大发展，有的流水线还配有整线联动自动控制系统。工艺流程及所需设备大致如下所示。

洗瓶（洗瓶机）→检验（灯检装置）→压盖（压盖机）→套标（套标机）→热缩（热收缩机）→检验（验瓶机）→贴标（贴标机）→喷码（喷码机）→装箱（装箱机）→封箱（封箱机）→成品。

第五章
食醋生产质量控制

第一节　食醋质量标准

　　合格的食醋产品应具有正常酿造食醋的色泽、气味和香气，不涩，无其他不良气味和异味（如霉臭气味），不浑浊，无悬浮物，无霉花，无浮膜等。醋的种类不同，颜色也不同，从深褐色到白色都有，所以仅从颜色方面很难判断食醋的优劣。但不同品种的醋有其特征的颜色，如红醋应为琥珀色，陈醋应为褐色，白醋应该无色透明等。在辨别食醋的色泽时，可以取出少量醋放在无色透明的容器中，静置观察。优质醋应无沉淀、无悬浮物，溶液澄清透明。如果用鼻去嗅，应当闻到本品种醋特有的浓郁香气，而无任何异常气味。品尝时，优质醋酸味浓郁、柔和适口，回味时间长。较次的食醋，体态稍微浑浊，香气不足，酸味不柔和可口或者略有异味。市售白醋有的是用醋酸调配的产品，没有酿造醋的风味，只有醋酸的味道，酸味较刺激。而化学醋（冰醋酸勾兑而成），因不含上述营养成分，故入口即酸，刺激性强，一酸即过，留下淡水味和苦味。长期食用冰醋酸勾兑的醋对人体，特别是对胃非常有害。

　　食醋的质量因原料的种类、配比、制造方法等不同而有差别，一般依靠理化分析、卫生检验及感官鉴定来判定食醋的质量。食醋的质量标准包括感官指标、理化指标和卫生指标三部分。理化指标和卫生指标是执行标准中质量监督、产品评比和纠纷仲裁的重要依据。

一、　酿造食醋国家标准

　　目前《酿造食醋》国家标准仍主要参照 GB 18187—2000 进行检

测。GB 18187—2000 酿造食醋感官指标见表 5-1、理化指标见表 5-2。

表 5-1　酿造食醋感官指标

项目	要求	
	固态发酵醋	液态发酵醋
色泽	琥珀色或红棕色	具有该品种固有的色泽
香气	具有固态发酵食醋特有的香味	具有该品种特有的香气
滋味	酸味柔和,回味绵长,无异味	酸味柔和,无异味
体态	澄清	

表 5-2　酿造食醋理化指标

项目	指标	
	固态发酵醋	液态发酵醋
总酸含量(以乙酸计)/(g/100mL)	≥3.50	
不挥发酸含量(以乳酸计)/(g/100mL)	≥0.50	—
可溶性无盐固形物/(g/100mL)	≥1.00	≥0.50

注:以酒精为原料的液态发酵食醋不要求可溶性无盐固形物。

　　虽然关于酿造食醋的国家标准几经纷争,未曾修改定案,但各地方品牌食醋对其标准纷纷进行了一定的调整,以更突出其特征。山西老陈醋国家推荐标准 GB/T 19777—2013《地理标志产品山西老陈醋》在 2014 年 10 月 1 日起开始实施,代替了之前强制执行的 GB 19777—2005《原产地域产品山西老陈醋》。山西老陈醋感官特性见表 5-3,理化指标变化见表 5-4,与旧标准相比,新的山西老陈醋国家标准对山西老陈醋提出了更高要求。总酸度由原来的 4.5g/100mL 调整为 6g/100mL 及以上,并取消了保质期。增加 5 项指标到 10 项,特别是新增加的 pH 值规定为 3.6～3.9,氨基酸态氮不小于 0.2g/100mL,食盐不大于 2.5g/100mL,四甲基吡嗪不小于 30mg/L,总黄酮不小于 60mg/100mL。

　　山西老陈醋新国标中将四甲基吡嗪和总黄酮作为特征指标,将其提升为具有保健功效的食品。特别规定了山西老陈醋的酿造工艺为最传统的"蒸、酵、熏、淋、陈"的工艺过程,并且夏伏晒、冬捞冰的陈酿时间达到 12 个月以上,否则很难达到理化指标的要求。

表 5-3　山西老陈醋感官特性

项目	特性
色泽	深褐色或红棕色,有光泽
香气	以熏香为主体的特殊芳香、酯香、陈香复合,和谐,香气持久,空杯留香
滋味	食而绵酸,口感醇厚,滋味柔和,酸甜适口,味鲜,余香绵长
体态	体态均一,较浓稠,澄清,允许有少量沉淀

表 5-4　山西老陈醋新旧国标理化指标对比表

序号	指标	GB 19777—2005				GB/T 19777—2013
1	总酸(以乙酸计)/(g/100mL)	≥4.50	≥5.00	≥5.50	≥6.00	≥6.00
2	不挥发酸(以乳酸计)/(g/100mL)	≥0.70	≥1.00	≥1.30	≥1.50	≥2.00
3	可溶性无盐固形物/(g/100mL)	≥6.00	≥7.00	≥8.00	≥9.00	≥9.00
4	还原糖(以葡萄糖计)/(g/100mL)	≥0.80	≥1.00	≥1.20	≥1.40	≥2.00
5	总酯(以乙酸乙酯计)/(g/100mL)	≥1.80	≥2.00	≥2.20	≥2.40	≥2.50
6	氨基酸态氮(以氮计)/(g/100mL)					≥0.20
7	pH 值					3.60~3.90
8	食盐/(g/100mL)					≤2.50
9	四甲基吡嗪/(mg/L)					≥30
10	总黄酮/(mg/100g)					≥60

　　镇江香醋中含有乙酸、乳酸、琥珀酸和焦谷氨酸四种特征有机酸。其中乙酸含量不高于上述有机酸总含量的 10%。其中乙酸含量不高于上述有机酸总含量的 65%,乳酸含量不低于上述有机酸含量的 10%。GB/T 18623—2011 中规定镇江香醋的感官特性应符合表 5-5 规定,理化指标应符合表 5-6 规定。镇江香醋对其标准修订主要包括三方面:增加了特酿级镇江香醋;适当降低了还原糖指标;取消了原标准中总酸上限。

表 5-5　镇江香醋感官特性

项目	特性
色泽	深褐色或红棕色,有光泽
香气	具有米醋香、炒米焦香,香气浓郁
滋味	酸而不涩,香而微甜,口感醇厚、柔和
体态	无悬浮物,无杂质,允许有微量沉淀

表 5-6　镇江香醋理化指标

指标	二级	一级	优级	特级
总酸(以乙酸计)/(g/100mL)	4.50~4.99	5.00~5.49	5.50~5.99	6.00
不挥发酸(以乳酸计)/(g/100mL)≥	1.00	1.20	1.40	1.60
氨基酸态氮(以氮计)/(g/100mL)≥	0.10	0.12	0.15	0.18
还原糖(以葡萄糖计)/(g/100mL)≥	2.00	2.20	2.30	2.50
可溶性无盐固形物/(g/100mL)≥	4.50	5.00	5.50	6.00

二、　配制食醋行业标准

中华人民共和国《配制食醋》行业标准 SB/T 1033—2012，于 2012 年 9 月 19 日发布，2012 年 12 月 01 日实施，替代标准 SB 10337—2000。标准属性由强制性行业标准改为推荐性行业标准。配制食醋感官指标见表 5-7，理化指标见表 5-8。配制食醋中酿造食醋的比例（以乙酸计）不得少于 50%。

表 5-7　配制食醋感官指标

项目	要求	项目	要求
色泽	具有产品应有的色泽	滋味	酸味柔和,无异味
香气	具有产品特有的香气	体态	澄清

表 5-8　配制食醋理化指标

项目	指标
总酸(以乙酸计)/(g/100mL)	≥2.50
可溶性无盐固形物/(g/100mL)	≥0.50

注：使用以酒精为原料的酿造食醋配制而成的食醋不要求可溶性无盐固形物。

三、　食醋卫生国家标准

酿造食醋和配制食醋的卫生标准按中华人民共和国《食醋卫生标准》（GB 2719—2003）执行。感官要求具有正常食醋的色泽、气味和滋味，不涩，无其他不良气味与异味，无浮物，不混浊，无沉淀，无异物，无醋鳗、醋虱。具体的理化指标见表 5-9，微生物指标见表 5-10。食醋的微生物国家标准主要包括菌落总数、大肠菌群和致病菌。这三项微生物指标中，菌落总数是食品被细菌污染程度即清洁状态的标志，同时可用来预测食品耐存放程度或期限。食醋中致病菌是指以沙门菌为代表的肠道致病菌，该指标规定不得检出。大肠菌群是指一群能够在 37℃ 条件下能够发酵乳糖产酸产气，需氧或兼性厌氧，不形成芽孢的革兰阴性杆菌。

大肠菌群是评价食品卫生质量的重要指标之一，现已被国内外广泛用于食品卫生工作中。大肠菌群名称并非细菌分类学命名，而是卫生领域的用语，它不代表某一个或某一属的细菌，而是指具有某种特性的一组与粪便污染有关的细菌，这些细菌在血清学及生化方面并非完全一致。一般认为该群细菌包括大肠埃希菌、柠檬酸杆菌、产气克雷伯菌和阴沟肠杆菌。大肠菌群来自于人和温血动物的肠道，因此被作为食品粪便污染的指示菌。在食醋中的限量标准为不超过 3MPN/100mL。

表 5-9   理化指标

项目	指标
游离矿酸	不得检出
总砷(以 As 计)/(mg/L)	≤0.5
铅(Pb)/(mg/L)	≤1
黄曲霉毒素 B_1/(μg/L)	≤5

表 5-10   微生物指标

项目	指标
菌落总数	≤10000
大肠菌群/(MPN/100mL)	≤3
致病菌(沙门菌、志贺菌、金黄色葡萄球菌)	不得检出

第二节   食醋成分及其检测

不管用哪种原料、哪种方法酿造的食醋，其成分除水以外，主要化学成分为醋酸。醋酸的化学名称为乙酸（CH_3COOH），是一种有刺激性气味的无色液体，属有机酸。当温度低于 16.6℃ 时，乙酸就凝结成像冰一样的晶体，故 96％ 以上的醋酸通常称冰醋酸。醋酸能以任意比例与水混溶，也易溶于其他溶剂中。在有机酸中，醋酸属羧酸类，羧基是羧酸的特征官能团，由羰基和羟基组成，它们之间相互联系、相互制约，受 p-π 共轭影响，使羧基上氢氧键（—OH）中的电子密度更靠近氧原子，致使氢容易电离为 H^+，从而表现出了明显的酸性。食醋中除醋酸外，其他主要成分包括有机酸、糖类、醇类、各种氨基酸等，此外还有醛类、酮类、酯类、酚类、维生素、微量元素等微量成分。据有关资料报道，食醋中能检测出一百多种微量成分。这些微量成分的高低及相互之间的比例关系，都会直接影响到食醋的质量。

一、 食醋成分组成

（一） 我国食醋的常规成分

传统酿造食醋，虽然品种繁多，所用原料不同，发酵状态有固态和液态之分，但是生产工艺都具有多菌种混合发酵的特点，成分复杂。以固态发酵食醋为例，食醋含有 4％～10％ 的总酸，pH 值为 2.8～3.9，其成分主要是有机酸，除乙酸外还有乳酸、苹果酸、琥珀酸、葡萄糖酸、柠檬酸、丙酮酸、2-酮戊二酸、酒石酸、甲酸、丙酸、丁酸等。其中，以乙酸为主的挥发酸约占总酸含量的 70％～80％。而不挥发酸含量较少，以乳酸为主，其含量约占不挥发酸总量的 72％。含有 2％ 以上的蛋白质，多种碳水化合物和少量乙醇。还含有糖类、钙、磷、镁、铁、维生素 B_1、维生素 B_2 等多种营养物质。

食醋中的有机酸、糖分、氨基酸等主要成分对醋的质量起主导作用。食醋的种类不同，各种成分的含量也不同，所以通常对醋进行一般主要成分的检测就可以鉴定食醋质量的优劣。我国几种名醋的一般成分组成检测结果如表 5-11 所示。

表 5-11　我国几种名醋的一般成分

分析项目与品种	相对密度	pH 值	总酸	还原糖	总糖	无盐固形物	食盐	全氮	灰分
常德香醋	1.09	3.68	5.88	2.79	3.45	12.5	3.86	0.71	5.03
吉林米醋	1.07	3.65	5.13	2.02	3.91	12.79	0.02	0.32	1.14
彰德陈醋	1.13	3.69	8.85	3.3	3.81	19.74	4.65	0.97	6.62
北京熏醋	1.06	3.87	6.15	0.63	0.83	9.73	0.84	0.64	1.87
北京江米香醋	1.09	3.74	6.82	2.59	2.79	13.77	1.59	0.79	2.91
镇江香醋	1.09	3.73	6.82	1.5	1.84	11.91	3.18	0.69	4.39
福建白米醋	1.01	2.87	6.33	0.17	0.18	0.25	0.006	0.007	0.003
山西熏醋	1.14	3.82	7.99	8.51	8.73	21.39	3.97	0.86	6.65
山西老陈醋	1.19	3.87	10.88	11.25	12.82	30.47	3.35	1.22	9.42
天津浙醋	1.06	3.61	3.62	2.48	3.66	6.95	3.06	0.18	3.56
四川三汇特醋	1.11	3.83	7.18	4.5	7.32	21.37	1.47	1.25	3.39

注：总酸、还原糖、总糖、无盐固形物、食盐、全氮、灰分单位为 g/100mL。

由于地域的不同、原料的不同、生产工艺的不同、醋的种类不同，虽然都是我国的名醋，但各种醋的化学组成也不同。如山西老陈醋由于采取夏日晒、冬捞冰，陈酿时间长，所以相对密度最大，总酸最高，无盐固形物、还原糖均居首位，虽然总酸度含量高达 10.38%，pH3.87，但毫无刺激感觉，确实是酸而不烈、柔和。再如北京江米香醋和镇江香醋两种原料相同，但由于操作方法不甚相同，所以除相对密度、pH 值、总酸基本相同外，江米醋的还原糖、总糖、无盐固形物、全氮含量都偏高，其风味质量不亚于镇江香醋，很受北京地区消费者的青睐。

（二）　食醋中的游离氨基酸

食醋中存在 18 种以上的游离氨基酸，其中有 8 种为人体必需氨基酸，不同氨基酸能产生不同的味觉，即鲜、甜、苦、酸味，分别构成食醋的滋味，也有些是无味的，这些氨基酸来源于原料和微生物菌体蛋白质，经蛋白质的降解作用而成。一般来讲，原料中的蛋白质含量高，醋中氨基酸的含量也高。酿造原料不同，氨基酸类别也不同。蛋白质在糖化过程中被蛋白酶分解成氨基酸和低分子肽类，一部分在酵母和醋酸菌生长繁殖时被消耗，部分发生反应生成酮类、类黑素等，剩余的便留在醋中。食醋的氨基酸能使食醋鲜味柔和，并增进色泽，调和香气，各种氨基酸呈味不同，能使产品滋味调和，增加色泽和香气，改善产品特性。

1. 游离氨基酸含量

我国食醋中游离氨基酸的含量见表5-12。

表 5-12　我国食醋中游离氨基酸的含量

单位：mg/100mL

种类	常德香醋	吉林米醋	彰德陈醋	北京熏醋	北京江米香醋	镇江香醋	福建白米醋	山西熏醋	山西老陈醋	天津浙醋	四川三汇特醋
色氨酸	—	—	7.2	—	6.2	2.1	—	8.8	26.1	1.9	2.4
赖氨酸	193.5	62.7	210.7	115.9	210.0	121.8	0.1	144.5	180.4	40.2	356.5
组氨酸	40.5	4.1	46.9	8.2	22.5	8.8	0.2	23.2	25.5	6.4	32.4
精氨酸	149.9	16.6	65.0	5.7	25.8	71.1	0.2	148.2	158.5	15.3	95.5
天冬氨酸	134.2	23.0	134.8	62.3	150.7	94.6	0.2	141.2	171.4	33.3	163.3
苏氨酸	57.6	30.9	84.0	64.8	74.7	41.8	+	60.8	76.3	15.7	98.7
丝氨酸	92.2	38.2	124.8	96.2	100.3	69.0	0.1	92.1	107.1	23.1	148.6
谷氨酸	249.4	67.4	408.7	118.6	274.0	85.3	0.1	273.0	283.1	79.0	296.6
脯氨酸	28.3	10.6	31.0	24.7	31.0	12.4	—	45.0	51.1	8.6	33.2
甘氨酸	74.4	36.7	105.9	104.4	96.0	45.1	+	76.7	87.0	20.5	128.5
丙氨酸	204.3	152.5	371.5	364.9	323.5	160.1	0.1	291.4	376.0	59.2	444.4
胱氨酸	—	—	7.3								
缬氨酸	133.5	56.3	187.0	153.9	174.6	92.2	0.2	137.8	185.2	34.5	212.9
蛋氨酸	56.3	19.5	56.3	47.8	59.3	27.2	0.2	46.2	53.8	5.8	66.5
异亮氨酸	80.4	42.0	136.4	99.7	110.3	62.0	0.2	84.0	119.1	20.7	130.3
亮氨酸	192.5	74.5	239.5	199.5	215.6	150.2	0.2	200.3	236.0	42.2	273.0
酪氨酸	51.0	22.3	60.2	16.2	37.7	32.1	0.2	53.8	57.8	14.8	39.7
苯丙氨酸	81.9	16.9	54.5	64.1	77.0	41.0	0.2	67.3	76.3	14.2	75.1

不同种类的醋各种氨基酸的含量也不同。例如，北京江米醋丙氨酸最多，占氨基酸含量的16.3%，谷氨酸次之占13.8%，色氨酸最少只占0.3%；而常德香醋则谷氨酸含量最多占13.7%，丙氨酸次之占11.2%，而色氨酸无；镇江香醋丙氨酸含量最多占

14.3%，异亮氨酸次之占 13.4%。

由于各种食醋在原料的种类、制曲条件、糖化酒精发酵条件、醋酸发酵阶段有差异，因此氨基酸的种类及含量也各不相同。

2. 食醋中氨基酸与呈味关系

氨基酸在食醋中是一种呈味成分，不同氨基酸所显示的味道也不同，影响着醋的风味。各种 L-氨基酸及其盐的呈味情况见表 5-13。

表 5-13　L-氨基酸及其盐的呈味特性

氨基酸	刺激阈值/(mg/100mL)	咸味	酸味	甜味	苦味	鲜味
L-丙氨酸	60			+++		
L-天冬氨酸	3			+++		+
L-天冬氨酸钠	100	++				++
甘氨酸	110			+++		
L-谷氨酸	5		+++			
L-谷氨酸钠	30	+		+		+++
L-谷氨酰胺	250			+		+
L-组氨酸	20				++	
L-组氨酸盐酸盐	5	+	+++		+	
L-异亮氨酸	90					
L-赖氨酸盐酸盐	50			++	++	
L-蛋氨酸	30				+++	+
L-苯丙氨酸	150				+++	
L-苏氨酸	260			+++	+	
L-色氨酸	90				+++	
L-缬氨酸	150			+	+++	
L-精氨酸	10				+++	
L-脯氨酸	300			+++	+++	
L-丝氨酸	150			+++		+
L-亮氨酸	380				+++	

注："＋"代表呈味强度。"＋"表示呈味性低、"＋＋"表示呈味性中等、"＋＋＋"表示呈味性强。

（三）食醋中的有机酸

食醋中的有机酸大部分是原料中的蛋白质、淀粉和脂肪等经微生物作用转化而来，一小部分来自原料。

在发酵的过程中，常因工艺和技术管理的合理与否，而使有机酸的种类和量产生很大差异，最终会影响产品风味。食醋中的有机酸可分为挥发性及不挥发性酸两类。挥发酸一般是指以醋酸为主的酸，约占有机酸总量的90％；不挥发酸以乳酸为主，约占10％。

1. 有机酸种类和含量

不同种类的醋，有机酸的含量也不同。我国几种名特产醋，如山西老陈醋，采取熏醅、陈酿以降低挥发酸含量，镇江香醋用陈酿煮沸以提高不挥发酸含量。有关部门对我国传统食醋抽取11个样品进行常规测定分析，其结果见表5-14。

表5-14　有机酸种类和含量

样品	醋酸	乳酸	丙酮酸	甲酸	苹果酸	柠檬酸	琥珀酸	α-酮戊二酸
常德香醋	5.88	491.5	29.5	15.4	6.5	8.7	20.5	12.2
吉林米醋	5.13	479.5	84.0	42.5	14.5	11.7	40.3	16.3
彰德米醋	8.85	420.6	66.8	34.7	19.7	8.7	33.0	11.9
山西熏醋	6.15	430.6	55.2	32.7	12.0	6.0	30.2	5.6
北京江米香醋	6.82	277.2	42.8	18.7	8.5	11.2	23.9	13.6
镇江香醋	6.82	411.8	42.5	27.9	11.9	28.6	23.4	5.6
福建白米醋	6.33	12.0	—	—	2.4		2.2	
山西熏醋	7.99	516.8	62.8	49.8	20.5	16.0	48.3	17.7
山西老陈醋	10.38	474.2	59.9	84.9	26.8	17.9	78.9	23.6
天津浙醋	3.62	116.3	11.0	11.2	2.3	1.7	9.3	10.9
四川三汇特醋	7.18	427.9	52.9	28.9	11.2	18.2	37.9	13.3

注：醋酸含量单位为％，其他有机酸含量单位为mg/100mL。

从表5-14的结果可以看出，食醋中有机酸大部分是醋酸，其他都是微量的。不挥发酸含量高的食醋刺激性小，味柔和。

2. 食醋有机酸呈味

食醋中多种有机酸类的存在，使食醋酸味复杂化，并赋予各种醋以特色的酸味。

有机酸既是呈味物质又有特殊气味，如乙酸带有愉快的酸香，己酸有窖泥香，乳酸有微弱的香气。从丙酸开始有异臭味出现，丁酸过浓呈汗臭味，而戊酸、乙酸、庚酸亦有强烈的汗臭，但这种气味随着碳原子数的增加又会逐渐减弱，反成弱香，8个以上碳原子的酸类，其酸气较淡，并且微有脂肪气味。

有机酸的呈味与构成有机酸分子中的—OH基、—COOH基的位置及数量有关。—OH基多的有机酸其酸味浓郁。食醋中挥发酸只有—COOH基，酸味刺激性大；食醋中不挥发酸既有—OH又有—COOH，相对来说酸味柔和，刺激性小。固态食醋和液态食醋有机酸含量比较见表5-15。

表5-15　固态食醋和液态食醋有机酸含量比较

单位：mg/100mL

名称	总酸(以乙酸计)/(g/100mL)	乳酸	丙酮酸	甲酸	苹果酸	柠檬酸	琥珀酸	α-酮戊二酸
固态发酵香醋	6.82	411.8	42.5	27.9	11.9	28.6	23.4	5.6
液态发酵白米醋	6.33	12	—	—	2.4	—	2.2	—

从表5-15可见，固态发酵食醋不挥发酸含量比液态食醋要高得多，不挥发酸中乳酸含量占整个不挥发酸含量的75%左右。在液醋生产过程中，酵母发酵时接入乳酸菌，则在无氧条件下，葡萄糖发酵过程中间产物丙酮酸，在乳酸脱氢酶作用下生成乳酸，这是提高液醋中乳酸含量的有效措施。

单纯的醋酸具有刺激性气味，具有回味不长及调味差等缺点，只有乳酸、柠檬酸、琥珀酸和苹果酸等不挥发酸存在，才能使食醋酸味绵长、柔和可口。食醋中有机酸的种类及其含量对醋的风味质量影响很大，如琥珀酸是贝类的呈味成分，有特有的鲜味，使醋具有美味。苹果酸及葡萄糖酸能提高食醋的缓冲能力，使酸味柔和。

根据表5-15固态食醋和液态食醋有机酸比较，可以采用添加各类酸度调节剂来调整提高液醋不挥发有机酸含量，使液醋酸味柔和、回味绵长。比较酸味的强弱通常采用柠檬酸为标准，将柠檬酸的酸度定为100，其他酸味剂在其相同浓度条件下比较，酸味强于柠檬酸则其相对酸度超过 100，反之则低于 100。各种酸会产生不同的口感。各种食用酸的酸味和酸味强度见表 5-16。

表 5-16　各种食用酸的酸味和酸味强度

品种	pH 值	相当酸度	酸味特征
柠檬酸	2.80	100	温暖、爽快,有新鲜感
醋酸	3.35	72～87	带刺激性
乳酸	2.87	104～110	稍有涩感
琥珀酸	3.20	86～89	有鲜味
苹果酸	2.91	73～78	爽快、稍苦
酒石酸	2.80	67～71	酸味强烈,稍有涩感
葡萄糖酸	2.82	282～341	温和爽快、圆滑柔和
抗坏血酸	3.11	208～217	温和爽快

（四）　食醋中的糖类

食醋的品质要求是酸甜适口，而糖分产生的甜味能使醋味柔和。淀粉原料通过糖化、酒精发酵、醋酸发酵过程变成醋，但总有一部分残糖留在产品中成为醋的主要成分之一。

食醋中的糖类部分来自原料，一般还原糖含量在 0.1％～3％之间。其中葡萄糖、麦芽糖最多，淀粉质原料进行糖化，变成可发酵性糖，很多被醋酸菌所代谢。醋酸菌的糖代谢途径有两个，一个是将葡萄糖氧化生成葡萄糖酸，另一个是通过六碳糖磷酸途径而进行糖降解。食醋的糖分对调和风味、提高醋质中的骨子（稠厚度）有重要关系。此外糖分高低对醋的色泽也有一定影响，一般糖分高时色泽易于变深。

1. 不同食醋中的糖分组成

食醋中糖分最多的是葡萄糖，其次是果糖。此外还有甘露糖、阿拉伯糖、核糖、木糖、棉子糖、纤维二糖、糊精、蔗糖等。这些糖类的甜度不同，所占比例甚少，但都构成了食醋的甜味。我国不同食醋中的糖分组成如表 5-17 所示。

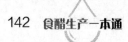

表 5-17　我国不同食醋中的糖分组成

单位：mg/100mL

种类	常德香醋	吉林米醋	彰德陈醋	北京熏醋	北京江米香醋	镇江香醋	福建白米醋	山西熏醋	山西老陈醋	天津浙醋	四川三汇特醋
鼠李糖	34.5	26.7	22.9	+	22.3	—	—	27.1	76.9	7.3	117.1
果糖	327.8	588.1	386.6	148.6	683.6	518.9	78.3	759.5	1012.8	161.0	636.8
α-葡萄糖	662.8	347.5	518.2	9.1	407.3	204.2	33.8	2330.9	3192.2	761.3	1098.0
β-葡萄糖	1142.0	356.4	803.9	16.6	365.9	277.8	39.1	3160.3	4910.1	1109.0	1442.0
蔗糖	555.5	7186.8	22.9	—	8.4	3.7	5.2	—	+	47.6	+
α-麦芽糖	—	—	95.3	—	—	—	—	—	+	84.2	893.0
β-麦芽糖	34.5	—	118.1	—	2.8	—	—	—	—	186.7	1039.4
α-异麦芽糖	—	—	—	—	—	—	—	—	—	47.6	+
β-异麦芽糖	—	—	—	—	—	—	—	+	+	47.6	+
棉子糖	—	—	—	—	2.8	—	—	—	51.3	7.3	—
未知糖	696.9	401.8	1840.2	655.7	1202.5	835.4	23.4	2453.1	3576.8	1200.5	2093.5

注：表中的"+"号表示有一定的含量，但数据不详；"—"表示未检出。

食醋中糖分的组成同样与生产原料、工艺操作、醋的种类有关。从表 5-17 可看出不同食醋中糖的含量及组成各异。总糖含量最高的达 12.82mg/100mL，最低的不足 1mg/100mL，相差悬殊。以食醋糖分中最多的葡萄糖看也各有不同，山西老陈醋为 8.10mg/100mL，山西熏醋为 5.49mg/100mL，三汇特醋为 2.54mg/100mL，浙醋为 1.87mg/100mL。

2. 液醋甜味调和技术

食醋的甜味来自食醋中的糖类，食醋的糖分对调和风味有重要关系，液醋糖类含量低于固态法食醋，一般添加蔗糖加以调节。食醋甜味调和技术一般应用于一些特色食醋的开发上，特色食醋以酸为主，带有一定甜度，其糖酸比要合理。一般醋酸含量 35g/L 的食醋其甜度按各地不同口味要求而不同，北方不能太甜，广东要求甜一点，江浙一带要求甜度适中，在甜味剂应用上考虑蔗糖、葡萄糖、麦芽糖、复合甜味剂，使甜味更醇厚。

（五） 食醋中的香气成分

食醋的香气成分比呈味成分能更好地表现出食醋的特征，对评价醋的品质起着重要作用。原料相同而生产工艺不同，其产品香气成分的种类无大差别，但在香气的量上差异很大。固体发酵要比深层发酵醋风味好得多。同一工艺下发酵，因操作不同，其产品香气成分也有很大差别。

食醋的香气成分来源于酿醋原料及发酵过程中产生的各种酯类以及人工添加的各种香剂。由于发酵工艺不同，其产品香气成分及感官鉴定结果就截然不同。酯类以乙酸乙酯为主，另外，还有乙酸异戊酯、乙酸丁酯、异戊酸乙酯、乳酸乙酯、琥珀酸乙酯等也比较重要。由于酯化反应速度较慢，而酿醋的新工艺生产发酵周期短，故酯含量低，香气不足；老法酿醋生产发酵周期长，故醋的香气浓郁，陈醋更胜一筹。我国制醋历史悠久，风味多样，在世界上独树一帜，老陈醋的酯香、熏醋的独特焦香，令人神往。不过在酿醋过程中，如生成的丁二酮和 3-羟基-2-丁酮含量过大时，就会有馊饭味。但这两者却是发酵乳制品的主要香气成分。

据报道，已确认的食醋中的香气成分有醇类、酯类、醛类、酸、内酯、酚类和双乙酰 7 大类 103 种成分。它们在醋中的含量极少，但在恰当的配比下，能赋予食醋特殊的芳香，各种醋的香气特征是它们的香气成分量的平衡表现。

1. 酯类

酯类具有果香气味，是形成食醋特有香气的重要成分，一般在名醋中含量较高。酯类中以乙酸丁酯最多，其次为乙酸乙酯、乙酸异戊酯、乙酸丙酯、乙酸甲酯、乙酸丁酯、乙酸异丁酯、乙酸戊酯、乙酸辛酯、丙酸异戊酯、丁酸乙酯、己酸乙酯和乳酸乙酯等。

2. 醇类

乙醇是醋酸发酵前阶段的成分，是各种食醋的共同成分，除乙醇外，还有甲醇、丙醇、异丙醇、丁醇、异丁醇、仲丁醇、戊醇、

异戊醇、正戊醇、己醇、庚醇、辛醇、2,3-丁二醇和苯乙醇等，但过量的高级醇会引起苦涩的感觉。

3. 醛类

醛类包括乙醛、异戊醛、乙缩醛、甘油醛、香草醛等。醛的含量过多，则辛辣味太重，刺激较大，且对人体有毒害，极微量的乙醛所形成的辣味，对五味调和有一定的作用。凡采用熏醅工艺的醋，一般醛含量都较高。

4. 酚酸类

4-乙基愈创木酚含量在 $1\sim2mg/L$ 就能呈现香气。丁香酚、香草酸、阿魏酸、酪酸、水杨酸等都能起到呈香作用和助香作用。

5. 双乙酰、酮类

酮类主要有丁二酮和 3-羟基-2-丁酮、3-羟基丁酮等。双乙酰和 3-羟基丁酮这类物质含量少时给予蜂蜜样气味，含量多时呈酸奶臭，或饭馊气味。双乙酰只有 $0.2mg/L$ 时就可以察觉，双乙酰和 3-羟基丁酮被认为是由酮酸转变而来的，乙酰乳酸是它们的前体物质，也是缬氨酸的前体物。适量的双乙酰、3-羟基丁酮和其他成分的均衡存在构成酿造食醋特征的香气成分。

对多种食醋挥发成分的分析表明，食醋的香气成分主要包括醇类和杂环类等化合物，它们协同作用形成了醋特有的香气，酯类和吡嗪类对醋的香气有重要的影响，可能是其特征香气成分。香气成分不同量的平衡表现赋予了食醋不同的香气特征。这种成分与数量上的差异性是造成醋的风味与质量差异的主要因素之一。因而，可以考虑将成分分析工作与风味评定相联系，食醋的香气是反映其质量的重要指标，食醋香气成分的检测分析有利于食醋品质的鉴定和质量的控制。

不同产地醋样中所含挥发性风味成分之间存在着较大的差异性，这种差异性既体现在物质种类水平上，也表现在相同物质成分的含量水平上。正是由于这些风味物质种类的差异及含量的差异，赋予了不同食醋的特殊风味与质量上的差异。

二、 食醋中的相关成分及指标的测定

（一） 食醋中总酸的检测

1. 原理

食醋中的主要成分是乙酸，含有少量有机酸，用氢氧化钠标准溶液滴定，以酸度计测定 pH8.2 终点，结果以乙酸表示。

2. 试剂

氢氧化钠标准溶液 0.050mol/L。

3. 仪器

酸度计、磁力搅拌器、10mL 微量滴定管。

4. 操作方法

吸取 10.0mL 醋样置于 100mL 容量瓶中，加水至刻度，混匀。吸取 20.0mL，置于 200mL 烧杯中，加 60mL 水，开动磁力搅拌器，用氢氧化钠标准溶液滴定至酸度计 pH8.2，记下消耗用的 0.05mol/L NaOH 标准滴定液的毫升数，可计算总酸含量。同时做试剂空白试验。

日常测试中，也可采用指示剂法，即在测试时加入 1～2 滴酚酞指示剂，摇匀，用已标定的 NaOH 标准溶液滴定至溶液呈微红色，30s 内不褪色，即为终点。

5. 计算

$$X = \frac{c \times (V_1 - V_2) \times 0.060}{V \times 10/100} \times 100$$

式中　X——试样中总酸（以乙酸计），g/100mL；

　　　V_1——测定用试样稀释液消耗 NaOH 标准滴定液的体积，mL；

　　　V_2——试剂空白消耗 NaOH 标准滴定液的体积，mL；

　　　c——NaOH 标准溶液浓度，mol/L；

　0.060——与 1.00mL 氢氧化钠标准溶液（$c_{NaOH} = 1.000$mol/L）相当的以克表示的乙酸的质量；

V——试样体积，mL。

6. 精密度

在重复条件下获得的两次独立测定结果的绝对差值不得超过算术平均值的 10%。

（二） 游离矿酸

游离矿酸（硫酸、硝酸、盐酸等）存在时，氢离子浓度增大，可改变指示剂颜色。

1. 试剂

百里草酚蓝试纸：取 0.10g 百里草酚蓝，溶于 50mL 乙醇中，再加 6mL 氢氧化钠溶液（4g/L），加水至 100mL。将滤纸浸透此液后晾干、储存备用。

甲基紫试纸：称取 0.10g 甲基紫，溶于 100mL 水中，将滤纸浸于此液中，取出晾干、储存备用。

2. 分析步骤

用毛细管或玻璃棒蘸少许试样，点在百里草酚蓝试纸上，观察其变化情况。若试纸变为紫色斑点或紫色环（中心淡紫色），表示有游离矿酸存在，最低检出量为 5μg。不同浓度的乙酸、冰乙酸在百里草酚蓝试纸上呈现橘黄色环、中心淡黄色或无色。

用甲基紫试纸蘸少许试样，若试纸变为蓝色、绿色，表示有游离矿酸存在。

（三） 食醋中不挥发酸的检测

1. 酸度计法

经蒸馏除去样品中挥发性酸，用氢氧化钠溶液滴定残留液，测得不挥发酸含量（以乳酸计）。

（1）仪器 酸度计(附磁力搅拌器)，单沸式蒸馏装置（图 5-1）。25mL 碱滴管，2mL 大肚吸管，250mL 锥形瓶，20mL 烧杯，10mL 刻度吸管，300～500W 电炉。

（2）试剂 同总酸测定。

（3）操作 将样品摇匀后，准确吸取 2.00mL 放入蒸馏管中，

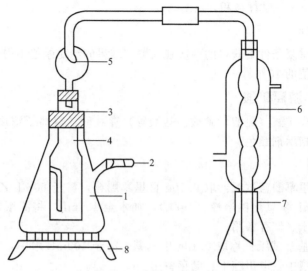

图 5-1　单沸式蒸馏装置
1—广口蒸馏瓶；2—排气管；3—橡皮塞；4—蒸馏管
5—氮球；6—冷凝管；7—锥形瓶；8—电炉（500W）

加入中性蒸馏水 80mL 后摇匀，然后将蒸馏管插入装有中性蒸馏水（其液面应高于蒸馏液面而低于排气口）的蒸馏瓶中，连接蒸馏器和冷水器，并将冷凝器下端的导管插入 250mL 锥形瓶内的 10mL 中性蒸馏水中。

　　操作时，先打开排气口，待加热至烧瓶中的水沸腾 2min 后，关闭排气口进行蒸馏。在蒸馏过程中，如蒸馏管内产生大量泡沫影响测定时，可重新取样，加 1 滴精制植物油或少量单宁再蒸馏。待馏出液达 180mL 时，先打开排气口，然后切断电源，以防蒸馏瓶造成真空。然后，将残余的蒸馏液倒入 200mL 烧杯中，用中性蒸馏水反复冲洗蒸馏管及管上的进气孔，洗液一并倒入烧杯，再补加中性蒸馏水至溶液总量约为 120mL，开动磁力搅拌器，用 0.1000mol/L 氢氧化钠标准溶液滴定至停止搅动后，酸度计指示 pH8.20，记录耗用的氢氧化钠溶液毫升数。同时做空白试验。

（4）计算

$$X_2 = \frac{(V-V_0) \times c_{NaOH} \times 0.09}{2} \times 100$$

式中　X_2——样品中不挥发酸的含量（以乳酸计），g/100mL；

　　　　V——滴定残留样品中耗用氢氧化钠标准溶液的体积，mL；

　　　　V_0——空白试验耗用氢氧化钠标准溶液的体积，mL；

　　　　c_{NaOH}——氢氧化钠标准溶液之物质的量浓度，mol/L；

　　　　0.09——与1.00mL氢氧化钠标准溶液（$c_{NaOH}=1.000mol/L$）相当的以克表示的乳酸的质量。

2. 滴定法

不挥发酸等于总酸与挥发酸之差。

（1）仪器　同酸度计法（酸度计除外）。

（2）试剂　1%酚酞酒精溶液，0.1000mol/L氢氧化钠标准溶液，中性蒸馏水。

（3）操作

挥发性酸的测定：操作同上述的酸度计法。待流出液达180mL时，打开排气口，切断电源后，用少量中性蒸馏水冲洗冷凝器，洗液一并倒入接收瓶内，加酚酞指示剂2滴，用0.1000mol/L氢氧化钠标准溶液滴定至显微红色，30s内不褪色为终点。记录耗用氢氧化钠标准溶液毫升数。同时做空白试验。

（4）计算

$$X_3 = \frac{(V-V_0) \times c_{NaOH} \times 0.06}{2} \times 100$$

$$X_2 = (X_1 - X_3) \times 1.5$$

式中　X_1——样品中总酸的含量（以乙酸计），g/100mL；

　　　　X_2——样品中不挥发酸的含量（以乳酸计），g/100mL；

　　　　X_3——样品中挥发酸的含量（以乙酸计），g/100mL；

V——滴定样品耗用氢氧化钠标准溶液的体积，mL；

V_0——空白试验耗用氢氧化钠标准溶液的体积，mL；

c_{NaOH}——氢氧化钠标准溶液之物质的量浓度，mol/L；

0.06——与1.00mL氢氧化钠标准溶液（$c_{NaOH}=1.000$mol/L）相当的以克表示的乙酸的质量；

1.5——乙酸折算为乳酸的折算系数。

允许误差0.04g/100mL。酸度计为仲裁检验方法。

（四）食醋中挥发酸的检测

总酸包括挥发酸与不挥发酸两部分。挥发酸一般是指以醋酸为主的酸。

1. 仪器

挥发酸蒸馏装置，25mL滴定管，吸管。

2. 试剂

0.1mol/L氢氧化钠标准溶液，1％酚酞指示剂。

3. 操作方法

（1）蒸馏

单沸式：精确吸取食醋样品2mL，蒸馏水8mL，注入蒸馏管中，然后将此容器插入烧瓶内。在此烧瓶内预先装入蒸馏水，水量应高出蒸馏管中液面的水平。安装就绪后，先打开排气管，再加热至沸腾1min左右，立即关闭排气管，进行蒸馏，待蒸出液达到150mL时停止（三角瓶外壁150mL处先做一个标记）。最后打开排气管，再移去三角瓶。

双沸式（图5-2）：精确吸取10％食醋样品的稀释液20mL，注入小蒸馏瓶中。在大蒸馏瓶内装入经煮沸并冷却的蒸馏水，安装就绪后，先打开大蒸馏瓶排气管，再加热至蒸馏水沸腾1min左右，立即关闭排气管，使发生蒸汽通入小蒸馏瓶中，小蒸馏瓶也同时加热，用三角瓶收集蒸出液达到150～200mL时停止。在蒸馏过程中小蒸馏瓶内应经常保持溶液200mL左右，大蒸馏瓶内蒸馏水不足时由漏斗中添加。

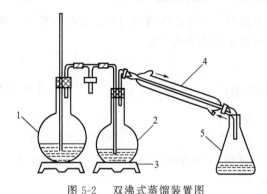

图 5-2　双沸式蒸馏装置图

1—水蒸气发生器；2—样品瓶；3—电炉；4—冷凝管；5—接收瓶

（2）滴定　蒸出液中加入 2～3 滴酚酞指示剂，用 0.1mol/L 氢氧化钠标准溶液滴定至呈微红色即达终点，记下耗用的毫升数（V）。

4. 计算

$$挥发酸（g/100mL）＝c×V×0.06×100/2$$

式中　c——氢氧化钠的浓度，mol/L；

　　　V——耗用氢氧化钠标准溶液的体积，mL；

　　0.06——醋酸的毫摩尔质量，g/mmol；

　　　2——吸取食醋样品的体积，mL。

5. 注意事项

① 使用的蒸馏水一般先经煮沸，冷却后再用。

② 蒸馏过程中，如果蒸馏瓶（管）内产生大量泡沫影响测定，在蒸馏前加入一滴植物油，以消除泡沫。

③ 蒸馏结束时，应先打开安全开关，然后再停止加热，以防倒吸。

④ 食醋样品蒸馏时间一般为 15～20min，收集蒸出液 150～200mL 为宜。

（五）食醋中还原糖含量的检测

在碱性溶液中，还原糖能将高价铜还原为低价铜，根据其被还原的数量，可求得还原糖的含量。

1. 仪器

25mL 糖滴管，50mL 锥形瓶，5mL、2mL 胖肚吸管，300～500W 电炉。

2. 试剂

（1）费林甲液　称取硫酸铜 15g 及次甲基蓝 0.05g 溶解于 1000mL 蒸馏水中。

（2）费林乙液　称取酒石酸钾钠 50g、氢氧化钠 54g 及亚铁氰化钾 4g 溶解于 1000mL 蒸馏水中。

（3）葡萄糖标准溶液（0.1%）　准确称取在 100℃烘箱中烘至恒重的无水葡萄糖 1.0000g 放于 100mL 烧杯中，用蒸馏水反复冲洗烧杯，洗液一并倒入容量瓶，加浓盐酸 5mL，用蒸馏水稀释至刻度。

3. 操作

（1）空白滴定　取费林甲、乙液各 5.00mL 于 50mL 锥形瓶中，用糖滴管加入 9mL 左右葡萄糖标准溶液，摇匀后加热（电炉应预热 15min 后使用），使其在 2min 内沸腾。沸腾 30s 后，以 4～5s 一滴（空白滴定、预备滴定、正式滴定的速度均应保持一致）的速度匀速滴入葡萄糖液，至蓝紫色消失即为终点。溶液沸腾后标准糖液的耗用量应控制在 0.5～1mL 之间，否则返工重做。记录沸腾前后共耗用标准糖液的毫升数。

（2）醋样取样法　用亚铁氰化钾法测定还原糖，测定时，吸取醋样有直接吸取与稀释后吸取两种。

① 直接吸取　精确吸取醋样 0.5mL 放入 150mL 三角瓶中，加入 0.1mol/L 氢氧化钠溶液 3.5mL 左右，中和其中的酸度，再用移液管精确吸取费林甲、乙液各 5.00mL，加蒸馏水 7mL。

② 稀释后吸取 取醋样 5mL，放入 50mL 烧杯中，加蒸馏水 20mL，以 10％氢氧化钠溶液中和至 pH6.0～7.0，再加蒸馏水定容至 100mL。测定时精确吸取 10mL 左右（视含糖量而定），再用移液管精确吸取费林甲、乙液各 5mL。

食醋中含还原糖约 1％，因而吸取上述量的醋样即可，如果含糖量较高，则以吸取稀释醋样 2mL 进行测定为宜。

③ 预备滴定 按上述方法吸取醋样和费林甲、乙液后，根据样品含糖量的高低（估计数），用糖滴管加入不定量的葡萄糖液，至蓝紫色消失即为终点。记录沸腾前后共耗用标准糖液毫升数。

④ 正式滴定 按上述方法吸取醋样和费林甲、乙液后，再用糖滴管加入比预备滴定耗用量少 0.5mL 左右的葡萄糖标准液，摇匀后加热，沸腾 30s 后，以 4～5s 一滴的速度匀速滴入葡萄糖标准液，至蓝紫色消失即为终点。样品稀释液沸腾后，标准糖液的耗用量必须控制在 0.5～1mL 之间，否则返工重做。记录沸腾前后共耗用标准糖液的毫升数。

4. 计算

$$X_1 = \frac{(V_a - V_b) \times c}{V} \times 100$$

式中 X_1——样品中还原糖含量，g/100mL；

V_a——空白滴定耗用 0.1％葡萄糖标准溶液的体积，mL；

V_b——正式滴定耗用 0.1％葡萄糖标准溶液的体积，mL；

c——1mL 0.1％葡萄糖标准溶液含葡萄糖量，0.001g；

V——吸取醋样的体积数，mL。

5. 注意事项

① 允许误差 0.05 g/100mL。

② 检验方法中，所用试剂除特别注明外，均为分析纯。

③ 以上每个测定项目，同一样品应做平行试验，两次测定值之差，不得大于允许误差，取其平均值作为分析结果。

（六） 食醋中氨基酸态氮的测定

1. 原理

利用氨基酸的两性作用，加入甲醛以固定氨基的碱性，使羧基显示酸性，用氢氧化钠标准溶液滴定后定量，以酸度计测定终点。

2. 试剂

36％～38％甲醛溶液，分析纯，0.0500（或0.1000）mol/L氢氧化钠标准溶液。

3. 仪器

酸度计、磁力搅拌器等。

4. 操作方法

吸取10.0mL样品于100mL容量瓶中，加水至刻度，混匀。吸取20.0mL，置于200mL烧杯中，加60mL水，开动磁力搅拌器，用0.0500mol/L氢氧化钠标准溶液滴定至酸度计指示pH8.2（记下消耗0.0500mol/L氢氧化钠标准溶液的毫升数，可计算总酸的含量）。

加入10.0mL甲醛溶液，混匀。再用0.05000mol/L氢氧化钠标准溶液继续滴定至pH9.2，记下消耗0.0500mol/L氢氧化钠标准溶液的毫升数。

同时取80mL水，先用0.05000mol/L氢氧化钠标准溶液调节至pH为8.2，再加入10.0mL甲醛溶液，用0.0500mol/L氢氧化钠标准溶液滴定至pH9.2，做试剂空白试验。

5. 计算

$$X_1 = \frac{(V_0 - V) \times c_{NaOH} \times 0.014}{l} \times 100$$

式中 X_1——样品中氨基态氮的含量，g/100mL；

V——加入甲醛后耗用0.0500mol/L氢氧化钠标准溶液的体积数，mL；

V_0——空白滴定耗用0.0500mol/L氢氧化钠标准溶液的体

积数，mL；

c_{NaOH}——氢氧化钠标准溶液浓度，mol/L；

0.014——1mL 氢氧化钠标准溶液（$c_{NaOH}=1.000mol/L$）相
当于氮的克数；

l——吸收醋样的体积数，mL。

第三节　食醋生产常见问题

一、液体深层发酵醋的通风量计算

醋酸发酵是属好氧性发酵之一，其化学反应式为

$$CH_3CH_2OH+O_2\longrightarrow CH_3COOH+H_2O$$

即理论值为 46g 酒精可得到 60g 醋酸。以上生化反应，是由能
氧化酒精生成醋酸的醋酸菌的发酵作用完成的。醋酸菌是一种好氧
性细菌，一般均在接触空气的培养基表面生长繁殖，液体深层发酵
法是全面发酵法，发酵效率比表面发酵法快 10～20 倍之多，但全
面发酵法必须进行通氧。通风量计算方法：

① 氧的需要量=生酸速度$\times\dfrac{22.4}{60}\times\dfrac{1000}{100}\times$发酵液。例如，1L
发酵液每小时生酸速度为 0.1g/h，则 0.1×3.73×1L，即 1L 发酵
液每小时需要氧气为 0.373L。

② 空气需要量（空气中含氧为 21%）=0.373L/0.21=1.78L 空气。

③ 每分钟需要空气量=1.78L/60min=0.0297L/min。

④ 实际通风量=0.0297L/min×2.8=0.083L/min。即单位时
间（min）发酵液与空气之比为 1：0.083，其中 2.8 为实际空气利
用系数。

二、原料成分中单宁的影响及去除方法

（一）单宁的影响

1. 引起食醋的非生物性混浊

食醋中的单宁主要来源于原料；食醋中的铁离子主要来源于铁

制管道、工具、酿造用水及原料；氧化酶则来源于微生物。醋中所含的铁离子与单宁结合生成单宁铁，就会导致食醋出现黑色的胶体混浊，使食醋变黑。如果食醋中单宁含量过多，则变黑速度更快，在储存过程中有时还会产生沉淀，影响食醋质量。

2. 与食醋色素的形成有关

原料中含有的单宁等多酚类物质在酶的作用下氧化成醌类物质，进一步形成羟醌，最后聚合成黑色素。此外，麸皮中含有20%左右的多醛戊糖能促进美德拉反应，最终生成棕红色的类黑素而完成非酶褐变反应。

3. 引起陈酿期食醋色泽变化

在储存期间，由于醋中的糖分与氨基酸结合产生类黑色素等物质，使醋色泽加深。一般经 3 个月储存，食醋中的氨基酸态氮下降2.2%，糖分下降 2.1%左右，这些成分的减少与色素成分的增加有关。食醋变色程度因醋的种类不同而异。一般含糖分（己糖、戊糖）、氨基酸、肽等多的食醋容易变色。如固态发酵的醋增色比较容易，因固态发酵的醋醅用大量辅料（麸皮、谷糠），食醋成分中糖与氨基酸含量较高，故色泽比液态发酵醋深。醋的储存时间越长，储存温度越高，色泽也越深。此外在制醋容器中如有铁锈，经长时间储存与醋中醇、酸、醛发生反应，生成黄色、红棕色物质，也会使醋的色泽加深。原料中的单宁属于多元酚的衍生物，被氧化缩合而成黑色素，这种色素不太稳定，随品温的变化而产生混浊现象。因此，最好不要用铁质容器作为储罐与食醋直接接触。

如山西老陈醋和喀左陈醋，以高粱为主料，高粱内含有对发酵有害的单宁。单宁易溶于水，使发酵醅中的蛋白质发生凝固沉淀和变性，生产中单宁达到一定浓度时，就会在铁器的边沿产生黑色的醪液，影响酵母繁殖，从而引起糖化酶及酵母菌中的蛋白质硬化而失活，使发酵率下降。故原料中如果存在过量单宁，就会影响酒醋生产，但是利用高粱酿造的白酒具有浓厚的糟香味，别具一番特色。老陈醋口味清香，酸味醇厚也与高粱原料有关。此外，单宁具有涩味和收敛性，对氧化则有一定的还原性。

（二） 去除过多单宁的方法

1. 增加曲子及酒母的用量，采用对单宁具有抵抗力的酵母

由于单宁对酒精发酵有阻碍作用，在含单宁较多的原料中适当增加酒母用量能使酒精发酵更为彻底，提高原料出品率。适当增加黑曲霉的用量，可减少单宁对酵母的不良影响。因为用黑曲霉作糖化剂，能分解过多的单宁，为酒精发酵扫除障碍。

2. 温水浸泡原料

酿造食醋大多采用谷物类原料（高粱、玉米、大米）或植物果实（苹果、柿子），其中单宁主要存在于果实的果皮及谷物的种皮中，如高粱粒中含有 3％ 左右单宁，苹果柿子中单宁含量为 0.2％～0.27％。单宁易溶于热水中，部分溶于凉水中生成胶体溶液。将上述原料浸于 40℃ 左右温水中 3～5h，可减少一部分单宁。

3. 除去原料的皮壳

皮壳在发酵过程中会降低设备利用率，堵塞管路，而皮壳本身不能为微生物所利用，单宁又往往集中在皮壳中，故常在粉碎前将原料的皮壳去净。谷物类原料常采用机械脱皮机进行脱皮；果蔬类原料一般采用热力去皮及化学去皮法进行去皮，从而消除过多的单宁。化学去皮必须掌握好去皮溶液的浓度、温度和时间。生产中原料如果不去皮就直接粉碎使用，应采用混合原料发酵，以冲淡单宁的浓度，使发酵正常进行。

4. 对原料加热蒸煮并适当延长加热蒸煮时间

目前生料制醋的风味往往不及熟料好，其中一个原因就是通过对原料加热蒸煮能使部分单宁分解并形成香草醛、丁香酸等芳香成分的前体物质，这些前体物质能赋予食醋特殊的芳香。适当延长加热蒸煮时间能使单宁分解得更彻底，对食醋风味的提高会更有利。

5. 使用对单宁分解力较强的曲霉菌

如宇佐美曲霉（*Asp. usamii*），属黑曲霉群，从黑曲霉中选育

出来，菌丛黑色至褐黑色，小梗二层，分生孢子平滑或粗糙。此菌含有较多的糖化型淀粉酶，耐酸度高（pH4～5），并含有较多的单宁酶，能分解单宁为没食子酸及葡萄糖，它对制曲原料适应性强，轻研2号、东酒1号均由此菌选育而得。另外，甘薯曲霉也含有分解单宁的单宁酶。

三、 醋鳗、 醋虱和醋蝇对食醋的影响及防治

（一）醋鳗

醋鳗是醋酸发酵时病害之一，又名醋线虫，属于线虫类，灰白色，细如线状。它们在食醋中像鳗鱼一样游来游去，生存期约为1年，对人体无毒害。在老法自然酿酒醋醪中常有发现，一般多在表面活动，好气性，能在淡酒精及淡醋中生长，能抵抗冷热，温度在55℃以下不致死亡。

醋醪中长有醋鳗时，醋鳗会不断地生长繁殖，大量消耗醋中养分，致使醋酸发酵失败，对食醋生产的危害极大；它们吞食醋酸菌，不断在醋液中运动，阻碍菌膜的形成。污染醋鳗以后，成品醋会产生异臭味，使食醋的品质下降。醋鳗的入侵途径大多是以昆虫为媒介，从酿造用水及陈旧的木桶中带来。为了防止醋鳗污染，要加强酿造用水的化验，必要时进行热处理；生产中使用的容器要经常日光暴晒，或用热水洗净后再用硫黄熏蒸。发酵缸池要经常清洗，保持整洁卫生。一旦发现醋鳗后，将醋液加温至70℃移入清洁器中，冷却后重新接入10%醋母继续发酵。对已经污染醋鳗的食醋，可用超声波杀虫或加热杀虫。醋鳗的最适生长温度为27～29℃，最高34℃左右，在37～40℃下加温5min，它们即成麻痹状态，44℃下1min便死亡，杀虫后应过滤除去尸体。

（二）醋蝇

醋蝇常在热天发现，它们是传播病菌的媒介。醋蝇繁殖会影响环境及食品卫生。防治方法是保持环境清洁卫生，一切器具操作完毕皆彻底清洗，池边地面不溅醋液，则醋蝇不致生

长。酿醋车间应安装纱门及纱窗，防止醋蝇飞入，当有醋蝇飞入时，应及时驱灭。

（三） 醋虱

醋虱有两种，一种体形较大容易生长在发酵塔内木质填充料上部或发酵槽盖里面；另一种身体较小，经常生长在木桶里或发酵塔潮湿的外侧。醋虱吞食醋酸菌，妨碍醋酸发酵正常进行，使食醋酸度下降，产生不良气味。醋虱本身无甚妨碍，但繁殖太多，最后死于罐底或醋醅中，产生腐败作用的气味，影响食醋风味及产品的卫生。去除方法：周围环境及发酵容器用热水清洗，室内用硫黄熏之，可以全部杀死。为了防止醋虱污染，要加强卫生管理，容器需经常刷洗，使用前要晒干或灭菌，在发酵塔的通气孔处，涂上萜烯类药剂，可起预防作用。

四、 食醋色素的形成原因

（一） 食醋色素成因

食醋的色素并不是由单一成分组成的，是酿造过程中由于原料中蛋白质、淀粉等分解成不同产物，经过一系列的化学变化产生的。归纳来讲，食醋中的色素主要来源于以下几个方面。

1. 原料本身的色素成分带入醋中

原料本身带有的色素如高粱原料表皮的褐色、麸皮表皮的黄色等，这些因素都会影响到食醋色素的形成。这些原辅料中除了含有适量的碳水化合物外，还含有较多的蛋白质和戊糖、半纤维素等成分，有利于产品色、香、味、体的形成。

2. 原料预处理时发生化学反应而产生的有色物质进入食醋

原料中含有单宁等多酚类物质在酶的作用下氧化成醌类物质，进一步形成羟醌，最后聚合成黑色素。此外，麸皮中含有20％左右的多醛戊糖能促进美德拉反应，最终生成棕红色的类黑素而完成非酶褐变反应。原料的热加工处理会促进其中成分发生化学反应，生成有色物质。

3. 发酵过程中的化学反应、酶促反应而生成的色素

如麸皮中含有酚类结构的蛋白质，在发酵过程中被多酚氧化酶氧化褐变，进而形成黑色素。

4. 微生物菌体本身带色素或是其代谢产物

自然界中存在许多微生物，其中有一部分可以产生各种颜色的色素。如红曲霉可以产生红色素，米曲霉产生黄绿色素，黑曲霉产生呈黑色素；黏质沙雷菌可以产生红色素，单胞菌属、黄杆菌属中的细菌可以产生黑色素；葡萄球菌产生白色、柠檬色、金黄色素。在自然发酵时，这些细菌生长繁殖后，会使食醋产生色素，其中主要以红曲霉的色素为主。

我国南方制作玫瑰醋，将大米蒸熟，放入坛内让其自然发霉，其中一部分为红曲霉。红曲色素由红曲霉分泌，大致可分为两类，一类是醇溶性色素。另一类是水溶性色素。红曲色素大致可以分为理化性质相似的红、紫、黄三个类型，大部分是醇溶性色素，易溶于乙醇、丙二醇、醋酸、氯仿等有机溶剂，但几乎不溶于水和油。

色素的呈色效果受到溶液 pH 值的影响，具体如表 5-18 所示。当色素处在 pH3.5～8.0 条件下，均能呈色，但在 pH4.0～6.5 时呈色效果更好。同时，食醋中的色素随着酸度升高（pH 值下降）由红变黄，稳定性也越差。

表 5-18　不同 pH 值对色相的影响

pH 值	≤3.0	3.1～4.0	1.0～1.5	6.5～8.0	≤8.2
色相	黄	橘黄	大红	紫红	暗紫
澄清度	沉淀	清	清	清	清
稳定性	差	较好	好	好	差

此外，红曲色素对日光敏感性较强，易于褪色，受光时间越长，褪色程度越大。在室内反射光照射下样品逐渐褪色，色素溶液经 2 个月保存，一般失色率为 20％～30％。

  食醋生产一本通

5. 熏醋时产生的色素以及进行配置时人工添加的色素

酿醋过程中的美拉德反应是形成食醋色素的主要途径。熏醋时主要产生的为焦糖色素，是多种糖经脱水缩合后的混合物，能溶于水，呈褐色或者红褐色。食醋中添加的炒米色，其中的色素物质也是焦糖色素。

（二）食醋加工过程中导致色素形成的主要化学反应

食醋加工过程中导致色素形成的化学反应主要有酶褐变和非酶褐变，其中非酶褐变主要有美拉德反应和焦化反应。

1. 美拉德反应（氨基-羰基反应）

羰氨反应是指具有羰基的化合物如糖、醛、酮等，与具有氨基的化合物（如胺类、氨基酸、蛋白质等）发生一系列复杂的反应，最终形成类黑素的过程。在食品中羰氨反应主要发生在还原糖与氨基酸或蛋白质之间，脂肪受热氧化产生的醛也可以参与此反应。食醋原料中的淀粉经曲霉菌淀粉酶水解为葡萄糖以后，在发酵过程中葡萄糖的第二个碳原子的羰基与氨基置换，产生复杂的化学反应，该反应的最终产物为类黑素。在发酵过程中五碳糖较六碳糖更易发生该反应。固态发酵制醋原料中麸皮用量较多，因而色深褐。

2. 酶褐变反应

酶褐变是色素形成的另一重要途径，主要是由于酪氨酸被氧化生成。酶褐变反应需要有酪氨酸、酚羟基酶、多酚氧化酶和氧同时存在，缺一不可。因此，现实生产中要控制酶褐变反应形成的色素可以从这几个方面加以控制，如加热钝化酶的活性，调节 pH 值减弱 PPO（多酚氧化酶）活性，隔绝、去除氧气，去除酚类物质等方法。

3. 棕黄反应

食醋在消毒加温过程中，由于糖分的存在，也会产生种种色素，这种反应属于棕黄反应的范畴。主要可以分为两个类型。

（1）美拉德反应　由食醋中醛酮还原糖和氨基酸、肽的氨基羰基反应形成。

（2）焦糖化反应　在加温过程中，糖类尤其是单糖在无氨基化合物的条件下，会因发生脱水、降解等过程而发生褐变称为焦糖化反应。焦糖化反应有两种反应方向，一是经脱水得到焦糖（糖色）等产物；二是经裂解得到挥发性的醛类、酮类物质，这些物质还可以进一步缩合、聚合，最终也得到一些深色物质。焦糖化产物呈棕黄偏红色。

4. 氧化还原反应

日本黑野氏研究报道，在酿造发酵时，氨基酸与甲基戊糖共同存在，氨基酸夺取了戊糖分子内的氧而受氧化作用构成色素，我国有些名优产品，色泽呈酱褐色，香气浓郁，与酱油发酵有相似之处，这种色素一般比较稳定。

（三）　陈酿期食醋色泽变化

在储存期间，由于醋中的糖分与氨基酸结合产生类黑素等物质，使醋色泽加深。一般经 3 个月储存，食醋中的氨基酸态氮下降 2.2%，糖分下降 2.1% 左右，这些成分的减少与色素成分的增加有关。食醋变色程度因醋的种类不同而异。一般含糖分（己糖、戊糖）、氨基酸、肽等多的食醋容易变色。如固态发酵的醋增色比较容易，因固态发酵的醋醅用大量辅料（麸皮、谷糠），食醋成分中糖与氨基酸含量较高，故色泽比液态发酵醋深。醋的储存时间越长，储存温度越高，色泽也越深。此外在制醋容器中如有铁锈，经长时间储存与醋中醇、酸、醛发生反应，生成黄色、红棕色物质，也会使醋的色泽加深。原料中的单宁属于多元酚的衍生物，被氧化缩合而成黑色素，这种色素不太稳定，随品温的变化而产生混浊现象。因此，最好不要用铁质容器作为储罐与食醋直接接触。

五、　食醋生产中成品混浊的原因及防治

混浊已成为酿醋行业十分棘手的问题，混浊现象非常复杂，可分为生物性混浊和非生物性混浊。生物性混浊通常由再次发酵，或

微生物污染引起。而非生物性混浊则可能是由生产过程中各种各样的原因引起。以下就食醋行业经常出现的生物性混浊及非生物性混浊及其防治措施进行分述。

（一）生物性混浊

1. 再次发酵引起的生物性混浊及其防治措施

生醋未经加热灭菌直接储存、销售，很容易引起再次发酵，特别是醋酸含量 3.5％ 左右的醋。因为在酿醋厂周围空气中经常有许多野生醋酸菌，如木状醋杆菌和木醋杆菌。当食醋装入容器时可由空气或容器壁带入这两类醋酸菌。而且这两类醋酸菌均为好氧性菌，能在醋表层生长繁殖产生厚厚的皮膜，而且越长越厚，以后受自重而下沉，又重新产生皮膜，使食醋酸度显著下降，随后其他细菌也一起生长繁殖，致使食醋混浊变质。

防治措施：一是生醋经过 80℃ 加温灭菌，趁热装入容器并加封口。二是在食醋中添加质量分数 0.5％～0.8％ 食盐及 0.2％ CaO，再经加热灭菌，可抑制杂菌繁殖。三是有人进行小型试验，将食醋流过已接上电流的两块银电极，当醋液中含有 0.5～1.0mg/L 银离子时，可抑制细菌生长繁殖。

2. 杂菌污染引起生物性混浊及其防治

（1）周围环境引起的杂菌污染及其防治 在食醋生产车间的地面、墙壁、周围空气、设备及工具中含有各种各样微生物，因此在食醋酿造过程中不可避免会有许多有害的杂菌侵入，特别是一些耐酸性细菌侵入成曲及醋醅中，如果不加控制，此类耐酸性细菌会大量繁殖，导致醋酸发酵不正常。此类醋醅淋出的食醋每毫升细菌数多得不可计数，食醋澄清度自然就会降低，醋体混浊不清。

防治措施：用 0.1％ 新洁尔灭液、或 70％ 酒精溶液、或 5％ 甲醛水溶液或漂白粉水溶液喷洒设备、场地等。如发现芽孢杆菌，则可以加些广谱抗生素，以抑制杂菌生长繁殖。

（2）制曲过程中杂菌的污染及其防治 在制曲过程中，由于所用麸皮含有蛋白质、淀粉等有机营养成分，而且制曲是在敞口接触空气、有一定温湿度的情况下进行，因此容易污染各种杂菌，尤其是当种曲质量欠佳（含有杂菌较多）的情况下，更容易导致杂菌增长，引起成曲质量下降，酶活力不高。同时，杂菌的菌体及其代谢产物转移到酒醪、醋醪（醅）中后，不仅会影响酒精生成率及出醋率，而且还会造成食醋醋体混浊，使食醋质量明显下降。综合许多实地检验结果，在敞口制曲设备中制曲时，曲料虽然蒸煮灭菌后进入曲池，但入池后每克曲料就含有杂菌数百个，经堆积翻曲后，每克曲料的杂菌数会增加到数十万、数百万个，到出曲时将增至 $10^8 \sim 10^9$ 个/g。这些杂菌，有的产酸，有的产氨，若任其过量繁殖，会影响曲霉菌的生长繁殖，因此在敞口制曲设备中制曲时要严格控制杂菌的干扰。

在麸曲制作过程中常见的杂菌有霉菌、酵母菌和细菌，尤以细菌最多。一般正常生产的麸曲含细菌数在 $(2 \sim 3) \times 10^9$ 个/g，而污染严重的麸曲杂菌数可高达 $(1 \sim 2) \times 10^{10}$ 个/g。常见的杂菌中有许多对食醋生产有害的杂菌，每克成曲中高达 $10^6 \sim 10^7$ 个之多。

防治措施：首先要提高种曲纯度，尽量少含杂菌，要求菌丝健壮，发芽率高。要掌握好接种温度，一般不超过 45℃，接种量 0.3％，接种要力求均匀。原料要蒸熟，达到彻底灭菌目的。迅速冷却，尽量减少空气接触，以免杂菌侵入。加强制曲过程的管理工作，保持曲料适当的水分，掌握好温度、湿度、通风条件等，使曲霉菌尽量在适宜环境下生长。保持曲室、工具、环境的清洁卫生，以防感染杂菌。通风管道必须定期用蒸汽或甲醛灭菌，并定期拆洗。

（3）生产工艺不当引起杂菌污染导致的生物性污染及其防治

① 原料中含有许多杂质，一定要加热处理以杀灭附在原料表面的微生物。

② 采用生料制醋工艺的工厂，除原材料选用要求较高外，更要注意成曲质量。制醅发酵后，要放入洁净的发酵池及发酵坛中，周围场地、工具要经常灭菌。

③ 制醋用酒母种子要求细胞数为 10^7 个/mL 左右，酸度保持在 0.3%左右，出芽率 20%以上，死亡率 2%以下，酒精发酵的品温保持在 30~34℃之间。

④ 固态醋醅发酵温度要保持在 42℃以下，液态深层发酵温度保持在 30~35℃之间，过高会抑制醋酸菌的正常发酵，使杂菌容易繁殖。

⑤ 生醋必须经 80℃灭菌，并要求趁热装入洁净坛子（或缸）内并加盖封存，尽量少接触空气，以免杂菌侵入，引起再度发酵而使食醋由清变浑。

⑥ 灭菌后，要视食醋总酸含量及季节而决定是否加防腐剂。如果总酸在 3.5g/100mL 左右，可以加些苯甲酸钠作防腐剂，含总酸 5g/100mL 以上的食醋一般可免加防腐剂。

3. 醋鳗、醋蝇和醋虱引起的混浊及其防治

醋鳗、醋蝇或醋虱也可导致食醋混浊，具体防治措施可参见本节"三、醋鳗、醋虱和醋蝇对食醋的影响及防治"。

（二）食醋的非生物性混浊

食醋的混浊影响食醋的色、香、味、体。据分析，造成食醋非生物性混浊的主要原因有原料分解不彻底即原料发酵不彻底；原料淀粉利用率不高；由铁离子、氧化性蛋白引起；由单宁、铁离子或氧化酶引起；由醋醪、醋醅过滤淋醋时操作不当引起等。以下就食醋生产中的非生物性混浊及其防治措施进行详细介绍。

1. 发酵不彻底引起混浊及预防

按工艺要求不同，制醋原料可分为四大类：主料、辅料、填充料、添加剂。主料包括淀粉质原料、糖类原料。传统的固态发酵法酿醋需要大量辅料和填充料，其作用是调节淀粉浓度，保持醋醅疏松，容有大量空气，提供微生物活动所需要的营养物质，使发酵作用正常进行，增加食醋中糖分和氨基酸含量。常用的辅料及填充料有麸皮、谷糠、小米壳、高粱壳以及粉碎的玉米秸、玉米芯、高粱秸、花生皮、甘薯蔓等。添加剂的作用主要是增进食醋的色泽和风味，防止食醋霉变，改善食醋的体态。用于食醋中的添加剂主要有

食盐、砂糖、芝麻、炒米色、防腐剂等。

在酿造食醋中，有时候也会因为工艺不够完善或者不够成熟而导致发酵不彻底，从而引起食醋的混浊。目前我国的酿醋工艺基本上可分为传统酿造（老法）工艺，如山西老陈醋、镇江香醋、四川保宁醋、福建红曲老醋、江浙玫瑰醋等；新型酿醋工艺，如酶法液化通风回流法、生料制醋、淋浇法制醋、液态深层发酵醋等。

传统酿造法生产的食醋具有色、香、味、体俱全，沉淀少，澄清度高等特点。但传统工艺的主要问题是发酵时间长，原料出醋率低，劳动强度高。新型工艺酿醋能大大缩短生产周期，提高设备利用率和原料出醋率，但食醋质量不如传统酿造食醋，风味上有不足之处。特别是有些地区，由于设备不足、供不应求等原因，上市销售的食醋色泽呈棕黄色，混浊不清，瓶装样品沉淀较多。那么新型酿醋工艺生产的食醋沉淀较多的原因究竟何在呢？可能是某些生产过程中原料分解不彻底、发酵不完全所致。如原料中淀粉、蛋白质、纤维素、半纤维素、脂肪、果胶、木质素等，如果降解不好，就会影响食醋的澄清度；如固态发酵醋醅中蛋白质含量较高，当麸曲或大曲内蛋白酶活力较低时，那么酿造过程中蛋白质会水解为大量的肽和少量的氨基酸，这样醋醅中就会含有多量的肽和没有被分解的蛋白质类大分子化合物，再加上新工艺后熟期短，有的根本没有后熟工段，残存的大分子化合物得不到分解，虽然经淋醋或过滤处理，生醋仍旧混浊不清，有的当时澄清度尚可，过几天之后，又会产生混浊沉淀。这些混浊现象的产生都与前期发酵不彻底有关。尤其在生料制醋工艺中，当麸曲中蛋白酶活力低时，原料中的蛋白质降解不彻底，会残留大量的肽、胨；糖化不完全，会残留大量的糊精、麦芽糖等大分子化合物。残存的大分子化合物得不到降解，虽然经过淋醋或过滤处理，随着放置时间的延长仍会产生混浊。此类型的非生物性混浊，可通过添加复合澄清剂进行处理。

防治措施如下。

① 凡前期发酵不彻底的生醋，可再加入耐酸性的麸曲，继续保持 45～50℃，经 24～48h 再分解，所得食醋刺激性小、口感柔

和、色泽鲜艳，对提高食醋的澄清度有较显著的效果。

② 可以通过改变工艺参数，降低原料的淀粉含量，添加高活性的糖化酶制剂等方法来控制食醋的质量。

③ 有的企业采用多菌种制备麸曲的办法来提高麸曲中的蛋白酶活力，或在发酵过程中添加酸性蛋白酶的方式，充分降解原料，同时增加了食醋中的氨基酸态氮，提高了食醋的质量。

2. 铁离子引起的混浊及其防治

储存在醋坛中的食醋，常常会因气温变化发生混浊，将此混浊醋加温到 65～80℃之间，食醋由混浊变为澄清，再冷至 10℃左右又重新出现混浊，如食醋中含铁 30mg/kg 以上，混浊情况就更为严重。在某食醋酿造厂曾碰到这样的情况：当气候突然转冷，大批堆存的食醋立即变成混浊，经仔细分析研究发现是因醋车间使用工具和管道为铁制，导致食醋中铁离子与食醋中的氧化性蛋白结合而引起的混浊现象。

防治措施如下。

① 将混浊食醋加温至 50℃，加入酸性蛋白酶 40U/mL（醋），保持 50℃作用 24h，食醋就会澄清，即使将此醋放入冰箱，也不再有返混现象。

② 找出含铁离子的原因，将酿醋车间的铁管换成塑料管及不锈钢管，操作工具也改换不锈钢并加防腐漆。调换铁制的泵、容器等，也可相应控制由于铁离子引起的混浊。在选择制备食醋储存罐时，首先应考虑储存罐的材料是否耐酸腐蚀，再者要考虑其规格。目前储存罐的材料以不锈钢、玻璃钢为好。切忌使用铁罐长时间储存食醋。因为将一批食醋置于铁罐储存 50 天以上，会使储存的食醋产生较明显的铁锈味，并且还会在食醋表面产生一种带亮光的物质，若将其装入瓶中，醋的表面就会出现类似于油状物的斑点，给产品销售带来不利。食醋储存罐的规格最好是高径比稍大一点。切忌使用底面积很大、容量小的容器存放食醋。因为在食醋的储存过程中，食醋中较大分子的物质，如多肽类、小分子糊精等物质随着时间的延长会发生聚合反应，逐渐在食醋中析出，进而形成沉淀

物。这部分沉淀物随着时间的推移由食醋的上层缓慢向下沉降。采用高而底面积小的储存罐可大大缩短食醋沉淀期。而且在较短时间内沉淀物便会沉降到高位阀门以下（高位阀门离底面 60cm）。如生产中、低档食醋产品，则可由高位阀门抽取散醋直接包装销售。这段沉淀期一般控制在两个月左右为宜。

③ 经常化验酿造用水中的铁离子含量，如果水中铁离子含量过高则需采取除铁措施。根据日本酿造业规定，果醋铁含量在 8mg/kg 以下，其他灌装食醋在 3mg/kg 以下，如果发现食醋中铁离子含量较高，最为有效的除铁剂是植酸钙、肌醇三磷酸钙。例如，含 25～30mg/kg 铁离子的食醋 1000kg，添加 126 植酸钙，加温 82.2℃，冷却后放置 14 天能除去 90％左右的铁离子。用此法除铁对食醋色、香、味无任何不良影响。我国食醋液态发酵法生产的铁离子含量低些，固态发酵法生产的食醋铁离子含量一般在 16～42mg/L，这可能也是导致我国食醋在存放过程中产生大量沉淀的原因。

3. 由单宁或氧化酶引起的食醋混浊及其防治

食醋中的单宁主要来源于原料；氧化酶则来源于微生物。醋中所含的铁离子与单宁结合生成单宁铁，就会导致食醋出现黑色的胶体混浊，使食醋产生变黑现象。如果食醋中单宁含量过多，则变黑速度更快，黑色更深，影响食醋质量。

防治措施如下。

① 一般采用加热使酶失活的办法，当品温升到 70℃，氧化酶就会失活。

② 发现食醋已混浊变黑，可充分通入空气，搅拌后，加入适量硅藻土作助滤剂，经过滤除去沉淀物即可。

③ 使用含有单宁的原料时，可利用单宁酶分解单宁。采用对单宁具有很强分解力的曲霉菌作为糖化酶菌，将溶解在醪液中的单宁水解成没食子酸和葡萄糖，增加醪液中的有效成分葡萄糖，减少有害物单宁。

④ 生产量较小时，可采用温水浸泡原料，除去单宁。用 65～70℃温水浸泡原料，单宁含量降低到 0.1％左右。但是在浸泡时，

会使原料中的部分糖损失，不宜用于生产量大的厂。

⑤ 单宁大都存在于原料皮壳中，在生产前去除皮壳可减少单宁的影响。

⑥ 含有单宁的原料在蒸煮时，可适当延长蒸煮时间，促使单宁分解，但需注意防止蒸煮后的醪液糊化率偏高、糖分焦化等现象。将含有单宁的原料和含有丰富营养而不含单宁的原料混合蒸煮、混合糖化和发酵，降低原料中的单宁所占的比例。

（三） 操作不当引起的混浊及其防治

1. 压滤时操作不当

采用液体深层发酵工艺及淋浇工艺生产食醋，分为带渣发酵和去渣发酵两种情形。前者用酒醪直接发酵；后者先将酒醪压滤进行醋酸发酵，当醋醪发酵成熟后进行压滤。压滤的操作方法对澄清度有很大影响，一定要待板框压滤机内滤层形成后才能施加压力。有的工厂一开始就采用加压过滤，这样操作过滤速度快，但食醋澄清度差。对于去渣发酵醋醪过滤，最好加入少量硅藻土作助滤剂，使流出的醋液澄清度更好。

2. 淋醋时操作不当

固态发酵醋醅淋醋时，一定要让滤层形成后，流出的醋液为澄清食醋时再作为生醋收集。开始流出的醋液一般较混浊，应该返回再过滤。但是许多食醋厂由于日产量大，淋醋设备周转困难，因此只讲流速快、产量多，不讲质量，致使食醋出现混浊沉淀，影响食醋质量。

防治措施：加强管理、严格把关，如发现生醋混浊不清，必须重新过滤。

（四） 食醋的季节性混浊

食醋生产进入夏季高温期，食醋尤其是软包装的食醋容易出现黏条形沉淀物较多的现象。这种夏季易出现的混浊，既有生物性混浊的原因，又有非生物性混浊的原因。夏季气温高，食醋酿造各个工序都容易染菌。如酒化和发酵等中间工序污染杂菌，造成酒精发酵、醋酸发酵不彻底，以致原醋汁中酒精及醋酸含量低等现象。更为重要的是，由于酒精及醋酸含量低，原醋汁中的杂菌含量也会相应增多，尤其是一些耐高温的芽孢杆菌会相应增加。因此，夏季食醋酿造的各工序要尤其注意避免杂菌污染，否则会造成微生物污染、发酵异常现象。这种黏条形沉淀物较多的主要原因是原醋汁中淀粉、糖、蛋白质等营养物质利用不完全，使醋品呈混浊状态，在仓库的高温环境中易产生二次发酵现象。如果中间工序遭杂菌污染，微生物和大分子物质相互缠绕，则更易导致黏条形沉淀物形成。

总之，夏季食醋容易发生混浊的原因可以归结为以下几点。

1. 原料利用不彻底

① 原醋汁中还原糖、淀粉含量高，为杂菌的生存繁殖创造了条件，使成品醋甜味较浓，色泽较深。

② 在煎醋过程中，未被充分分解、利用的大分子物质对微生物起到了保护作用，使其不易被杀灭，提高了杂菌的致死温度，导致灭菌困难、不彻底。

2. 二次发酵

夏季仓库中的堆积温度高达 30～40℃，这种情形特别容易引起食醋中耐温、耐酸、耐高糖含量的杂菌生长，产生二次发酵现象，导致食醋产生黏条形沉淀物。

防治措施如下。

（1）减少淀粉质原料的配比用量　食醋原料大米、麸皮中的淀粉没有完全被利用是导致夏季高温食醋沉淀较多的主要原因。高温环境易感染杂菌，不利于酒化、醋化等工序中有益微生物的生长。因此，食醋酿造企业在夏季应尽量减少淀粉质原料的配比用量，一般春、秋、冬季醋醅中淀粉浓度为 16％～18％，夏季则降至14％～16％，使原料中的淀粉恰好被利用完而不至于浪费。同时不使食醋产生混浊、沉淀，利于过滤，不利于杂菌感染。因此，在工艺技术上，夏季就要降低原料中大米、麸皮的含量，以达到最佳的生物利用。此外，在糖化过程中要降低麸曲的用量而添加高活性的糖化酶制剂，以补充麸曲中的糖化酶活力，使原料中的淀粉彻底糖化，以便微生物利用，使酒化、醋化工艺顺利进行。

（2）加强质检　为了控制夏季酿造食醋产生沉淀，除从工艺上降低原料的淀粉含量以及添加高活力的糖化型酶制剂外，各工序的质检也显得尤为重要。因此，质检人员要对食醋酿造的各道工序把好关。原辅料是否霉变，原料淀粉含量的高低；液化是否彻底；糖化、酒化工序要检测还原糖含量、酒精、总酸含量的高低；通过检测是否感染杂菌，来判断酒化发酵是否顺利；并要掌握好入罐温度及发酵温度等。醋酸发酵工序中要检测醋醅中的淀粉含量，总酸高低的变化，还原糖、酒精含量的高低，以及发酵温度的高低，通过这些参数的检测来确定醋酸发酵是否正常。通过检测车间及设备周围环境是否污染等来判断生产工序中环境卫生是否达到目标要求。成品醋的检测，尤其是软包装成品醋的检测，除了要做好理化卫生检查外，感官检查也得跟上，通过色泽、气味、混浊度等指标来判断食醋的质量是否合格。

（3）食醋的过滤设备及过滤操作方面的原因　发酵正常的情况下，用硅藻土过滤机较好。如果增加原醋汁的沉淀时间，一般为10～15天，有助于提高过滤效果。成品库通风设施要良好，保持成品库达到常温状态。

总之，在夏季要彻底解决食醋中沉淀物的产生，就得从杜绝杂菌的污染、改善环境条件、适当改变工艺参数、加强质量检测等多方面来进行。

（五）目前常用的食醋澄清方法

1. 传统自然沉降法

目前许多食醋酿造企业还选用传统的自然沉降法澄清食醋，该法主要依赖于食醋中胶体物质相互聚合、沉淀而达到澄清，但此法处理时间一般较长，其效果不令人满意，且往往易导致货架期出现一次沉淀现象，影响产品的质量以及大众的消费心理，已不适应食醋的快速发展需要。

2. 超滤法（膜分离技术）

超滤是一种膜分离技术，当被处理料液流经表面具有微小孔径的不对称结构超滤膜时，可实现不同分子尺寸物质的分离。在超滤分离过程中不添加任何物质，无相变化，属于简单的物理分离过程。采用超滤过滤食醋，除去产生混浊物的大分子，同时保留小分子有效成分，是实现食醋澄清，提高产品档次的一个有效途径。

目前在液态发酵醋生产中采用有关膜分离技术澄清食醋的研究，大多数都是单独滤膜澄清食醋，配合反冲和清洗技术以控制和消除膜污染。解决食醋的质量问题是一项综合工艺，应根据食醋特性和污染机理从各工序如预处理研究、膜筛选、操作条件优化、膜污染的控制及清洗工艺优化各方面进行研究。由于超滤设备的中空超滤组件属于易损件，因此进行超滤的成本相对较高，常用于部分中高档产品。

3. 复合澄清剂澄清

一般采取的方法在食醋内添加一种有机或无机的不溶性成分，与醋液中的胶体物质发生絮凝反应，将本来浮在醋液中的大部分悬浮物，包括一些有害微生物，一起固定在胶体沉淀上，下沉至容器底部，然后过滤掉。常用的澄清剂有壳聚糖、蛋清液、明胶、硅溶胶、蛋白酶、淀粉酶等，实际应用中常与一些吸附剂组合，澄清效果较好。

4. 吸附剂吸附法

利用多孔性固体吸附剂吸附醋液中的各种悬浮物，去除食醋不稳定因素，达到澄清食醋的目的，常用的吸附剂如活性炭、硅藻土、天然沸石等。但经吸附剂吸附后食醋易被脱色，风味也稍有变化。

此外，还有过滤法、离心法、加沉淀剂法等，这些方法中，有的处理时间较长，有的不能达到现有的标准，有的操作复杂。如加

沉淀剂法处理会影响食醋风味；石英砂过滤虽方便、经济，但去除率较低；板框过滤法处理对设备、动力和人力均有较高要求；离心分离法不易工业化等。解决食醋的质量问题是一项综合工艺，在生产中为提高产品的稳定性，得到符合生产要求的食醋产品，往往要将几种澄清方法结合起来使用。另外，由于不同工艺方法酿制的食醋产生混浊的原因不完全相同，这要求酿造者根据各种工艺方法的差别分析混浊原因，选择相应合适的澄清处理方式。

六、 液态深层发酵醋产生泡沫及喷罐的原因及防治

液态深层发酵制醋工艺是当前世界上应用较广的一种先进酿醋工艺。机械化程度高，生产周期短，食品卫生好，原料出醋多，但在醋酸发酵过程中醪液极易发生气泡喷罐现象，从而造成直接的物料损失。

（一） 产生泡沫及喷罐的原因

液体物料在充入不溶性气体的条件下，会产生由醪液液膜包容气体组成的气泡，而料液的组成成分及每种成分的性质将决定着液膜的牢固性和表面张力。由简单液体组成的醪液中，气泡到达醪液表面便轻松破裂，放出气体。当醪液中含有胶体物质或其他大分子物质，使醪液形成胶体溶液具有较大黏度时，气泡膜的牢固性高且表面张力有利于气泡的缩小，这样当气泡到达料液表面时，就会较难破裂而形成泡沫，如果堆积起来就会造成喷罐现象。

在液醋生产的两步发酵过程中，都有气体的存在，即酒精发酵中的代谢气体二氧化碳和醋酸发酵中通入的空气。因此，在醪液中形成气泡是不可避免的，醪液起泡是引起喷罐的原因。

1. 酒精发酵醪黏度大

淀粉质原料（大米、小米）在进行浸泡、磨浆、调浆、液化、糖化工序中处理不正常，造成酒精发酵醪的黏度大。这样当酵母呼吸产生二氧化碳时，特别是在酵母旺盛生长期，二氧化碳大量产生，不能及时破裂的泡沫就会形成喷罐现象。

2. 蛋白分解不彻底

原料蛋白质分解不够，变性程度低，溶于醪液中会产生大量泡沫。

3. 酵母生长不正常

酒精酵母生长不正常，当酵母在进入醪液后，吸收营养，生长繁殖。正常条件下酵母在发酵前 24h 的生长应是十分健康的，但当酵母营养不足、培养温度过高、污染杂菌等时，会造成酵母菌早衰死亡的现象。菌体产生自溶，在醪液中形成大量蛋白质的初步水解物，造成气泡大量产生，最后造成喷罐现象，严重影响发酵效果。

4. 醋酸菌生长不正常

在醋酸发酵工序中醋酸菌活力的控制相当困难，因为好氧菌的生长期本身就很短，遇到二级种质量有问题、通风不当、料液营养成分欠佳以及分割不及时等，醋酸菌就会大量死亡。由此产生的菌体自溶蛋白质中间体便会产生大量泡沫，从而造成喷罐现象。

（二）泡沫及喷罐现象的防治措施

1. 加强原料的处理

液醋生产的原料多数为大米，含有较多的淀粉，在液化过程中一定要做到认真配料（如加入 α-淀粉酶量，调节 pH 值，加入氯化钙等），稍有疏忽就会影响液化效果，造成料液黏度增加。液化后，一定要经过升温烧浆，使大米中蛋白质能受热变性，在发酵过程中容易分解，对抑制泡沫产生有一定作用。

2. 严格控制酒精发酵操作要点

合理使用酵母菌。目前液醋生产，许多厂使用酒精活性干酵母，这种酵母产品在生产的过程中细胞体受到了一定的损伤，因此，如果直接投放到制备好的糖化液中，料液中还原糖等可溶性物质会产生渗透压，使酵母菌内部的细胞物质渗漏出来，造成部分酵母死亡。据生产实践证明，使用干酵母接种，发酵 12h 后酵母菌的死亡率可达3%～5%，这样转入醋酸发酵工序后就会造成醪液起泡、喷罐。如果将干酵母先行活化后再接入，这样在酒精发酵过程中，酒精酵母死亡率会大大降低，自溶率减少。料液中泡沫就会被抑制。

酒精发酵品温要求控制在28～33℃之间，超过工艺规定品温，就要降温，否则会影响出酒率及菌体自溶产生泡沫。发酵品温过低，要适当延长发酵期。

3. 保持醋酸菌的生理活性

在醋酸发酵过程中，醋酸菌的生理活性不仅影响着醋酸的生成率，而且菌体自溶也同样会造成起泡和喷罐。

醋酸菌是好氧性微生物，在液态发酵过程中，一旦停止通气，几分钟就会造成大量醋酸菌体死亡。要求醋酸菌种子要纯，通气供氧不停，温度均匀（一般为29～31℃）。待酒精体积分数降低到0.3%以下时及时分割取醋，起泡就会得到抑制。

4. 消泡技术

在产气发酵和通风发酵中，气泡的存在是必然的。有时虽然有泡沫，但不影响生产；有时虽然经过一定的工艺调控，但仍有大量的泡沫产生，此时就要有一定的补救措施来消除泡沫。在味精工业生产中可用化学消泡法，效果良好，但用于醋酸发酵效果较差。

米曲霉孢子含有大量油脂，可起消泡作用，米曲霉种曲含有大量蛋白酶，可以分解料液蛋白质的中间物质，起到消泡防喷的作用。采用添加2%的米曲霉孢子于酒精发酵液中，效果良好。有些酒醪起泡可加土耳其红油消泡。

机械消泡法靠机械强烈振动，压力变化，促使气泡破裂，或借机械力将排出气体后的液体加以分离回收。机械消泡法有两种。一种是在发酵罐内将泡沫消除；另一种是将泡沫引出发酵罐外，泡沫消除后，液体再返回发酵罐内。

七、 食醋苦味形成的原因及防治

滋味是决定食品品质的一个重要因素。在酿造食醋生产过程中，由于受到环境、季节、原料、工艺操作等因素影响，有时会发生苦味，严重影响酿造食醋品质甚至安全。酿造食醋生产过程中，苦味物质产生的原因比较复杂。

（一）食醋苦味形成的原因

根据酿造食醋的生产工艺，有些工艺过程可能引发食醋产生苦味。现对其工艺过程中可能产生苦味的诸因素进行分析，详细情况见表5-19。此外，受环境和季节的影响也会导致食醋产生苦味。经验证明，新建厂区由于厂区微生物环境不稳定等多种因素易导致所生产的食醋产生苦味；而每年6～9月由于温度以及湿度等原因也易导致所生产的食醋发生苦味。因此，对食醋的生产应加强季节性监控。

表5-19 酿造食醋苦味成因工艺分析表

主要工艺流程	本流程引入苦味的潜在因素	可采取的防御措施
原辅料（糯米、麸皮、稻壳、麦曲、水等）	致病菌、杂菌和霉菌污染，农残、化学污染	拒收无合格证明原辅料，加强对原辅料的监督检测
酒母制备、酒精发酵	致病菌、杂菌污染	严格控制发酵温度，抑制杂菌生长
接种醋母固态、分层醋酸发酵	发酵池不卫生，水分、温度、空气等管理不当，杂菌生长，醋醅表面"长白头"	车间、发酵池清洗灭菌，加强工艺控制措施
封醅	不及时封醅抑制醋酸菌活动，或密封不严造成杂菌污染，导致醋醅进一步氧化	加强工艺控制措施，GMP控制
淋醋（加米色）	炒米色炭化严重，导致苦味；淋醋池渗漏造成不洁，地下水污染	加强炒米色温度时间控制；淋醋池防漏措施
煎醋灭菌	煎醋锅壁长时间不清理，炭化物结垢	及时清理煎醋锅结垢
沉淀储存（陈酿）	储存罐（尤其是新的树脂类储罐）清洗不够干净	彻底清洗，清洁储存罐

（二） 防止食醋苦味形成的措施

以下是预防酿造食醋生产过程中产生苦味的若干控制措施，以供参考。

1. 加强原辅料把关

原辅料是保证酿造食醋质量安全的首要因素。生产中应拒收无安全合格证明的原辅料，投料前对原辅料进行检测并留样，做好检验记录。

2. 保证食醋生产环境及生产资源的充分提供

生产环境也是一个重要因素。尤其是新建厂房车间合理选址，确保环境清洁卫生，无污染源，通风透气，水源安全卫生，淋醋车间建造要有防渗漏安全措施，避免不洁地下水污染。

3. 加强生产全过程的监控

对每道工序进行规范的操作，对技术人员和操作人员进行培训，严格执行良好操作规范（GMP）和卫生标准操作程序（SSOP），强化各道工序的检测，除了应有的理化分析外，同样不能忽视感官检验。应传承传统食醋酿造中"眼看、口尝、鼻子嗅"的经典做法，及时发现生产过程中的潜在质量危害，采取预防措施，制订并实施危害分析关键控制点（HACCP）计划，以确保酿造食醋的质量安全。

八、 影响食醋品质稳定性的因素

食醋具有一定的杀菌能力，可以说是一种稳定性良好的调味品。在我国，早就知道食醋越陈越香，人们把食醋赞誉为"陈醋"。尽管如此，食醋出厂，在保存期内随着时间推移，仍会发生变化。这些变化主要是受光照、温度等因素的影响，食醋中的成分起化学反应而引起。因此，保管不当，仍将会影响食醋的风味及货架寿命。

（一） 时间的影响

食醋和其他调味品不同，以醋酸为主，呈强烈的酸性，pH 值也较低，不易受微生物污染，因此，即使长时间存放，仍然较稳定。采用玻璃瓶等密闭性良好的容器包装食醋，除了发生褐变着色、产生沉淀物及香味损失外，一般不会发生其他变化。日本学者为了研究食醋在保存期内成分发生变化的情况，曾经做过食醋保藏试验。发现瓶装食醋在保藏中，酸度、酒精、糖及氮变化不大，但色泽、浊度会发生变化，并产生沉淀物。食醋保存2年后，其香味也发生若干变化。树脂容器比玻璃瓶更易着色，而且，香气也易散失。原因是食醋中的水分散逸，带走挥发性成分，从而失去香味。若树脂容器具有氧气穿透性，则会同糖、氨基酸产生美拉德反应，同时产生氧化反应，导致褐变。这是食醋包装容器大多数采用玻璃容器的原因。

（二）温度的影响

食醋成分的变化是由化学反应引起的，因此温度的影响很大。特别是45℃以上，会使着色度显著增加。尽管商店等场所的温度不会这样高，但仍应注意。另外，温度也会促进沉淀和混浊物产生。在60℃以上，食醋在很短的时间内，就会产生沉淀物。

（三）光照的影响

瓶装食醋陈列在店铺或在运输途中，若被直射阳光照射，则会产生日光臭。该日光臭是由食醋中的维生素 B_2 和蛋氨酸发生光化学反应而生成的甲硫氨酰以及硫化氢等成分而引起的。采用茶色、翠绿色玻璃瓶或用包装纸包围玻璃瓶，既能避免日光臭产生，又增加了商品的可视性和装饰性。

（四）影响食醋品质劣化的内因

1. 食醋有机酸

食醋主要呈味成分是醋酸，还含有不挥发性有机酸，如葡萄糖酸、焦谷氨酸、乳酸、苹果酸、柠檬酸及琥珀酸等。在原料处理工序，若发生乳酸菌污染，则会使乳酸增加，导致食醋中的不良气味增多。在醋酸发酵工序中，每道工序都离不开微生物，必须加强管理，否则，杂菌污染，产生异味、异臭，导致终产品劣化。现已查明，在原料处理过程中，在干酪乳杆菌干酪亚种的作用下，会生成乳酸；在发酵工序，在巴氏醋酸杆菌的作用下，部分乳酸转变成3-羟-2-丁酮，部分3-羟-2-丁酮自动氧化成双乙酰，产生异臭。在球形芽孢杆菌作用下，易生成异酪酸、异缬草酸及3-羟-2-丁酮，使产品具有马草气味，成为劣质产品。另外，在熟成工序，若被胶膜醋酸杆菌污染，产品中的酒精、醋酸、醋酸酯及乙醛等成分会减少，生成异酪酸、异缬草酸及丙酸，产生过氧化臭，严重影响食醋香味。

2. 关于糖类

糖分和氨基酸一样，是食醋重要呈味成分。食醋原料中的淀粉经发酵，一部分变成酒精，一部分变成糖分。糖分以葡萄糖为主，还有果糖、蔗糖、麦芽糖、核糖、甘露糖、阿拉伯糖、棉子糖、半乳糖及山梨糖等。消费者不太喜欢酸刺激性强的食醋，喜欢风味温和的食醋。因此，市场上大部分食醋含糖分较高，要防止由美拉德反应而引起的褐变及沉淀物产生。

3. 关于沉淀物

食醋装瓶后，随着时间的推移而产生混浊物和沉淀物。关于混浊物和沉淀物的组成及生成机理，目前尚不清楚。可用加温皂土吸附和用分离分子量在13000Da的超滤膜处理。选择灰分较少的原料及充分糖化也是十分重要的，这也是从根本上解决食醋混浊的重要措施之一。

4. 酿醋用水

食醋中的大部分成分是水。因此，水质也是食醋品质稳定化的重要因素之一。但是，关于食醋酿造用水的研究非常少，国内外文献资料报道也很少。一般认为，软水比硬水更适宜酿醋，在重金属中，铁离子越多，食醋越容易着色，沉淀物也越多。水中的铁离子最好在1mg/kg以下，成品醋中的铁离子最好控制在3mg/kg以下据悉，酿醋用水中的铅含量大于 10mg/kg，铜含量大于 15mg/kg，锌含量大于 100mg/kg 以上，将会影响醋酸的生成。

5. 其他因素

食醋 pH2.5 左右，呈强烈的醋酸酸性，一般微生物很难繁殖。但在成品醋中，会混入醋酸菌、不良醋酸菌及特殊的耐酸性凝聚性酵母、耐酸性乳酸菌等，因此，需加热灭菌。

6. 食醋品质稳定化措施

保持食醋品质稳定化的措施，最常用的方法是采用活性炭处理，不仅能除去产生的着色物质及沉淀物，还能吸附维生素，防止耐酸性乳酸菌繁殖。表 5-20 列出食醋品质稳定化措施。

表 5-20　食醋品质稳定化措施

工序	措施	主要效果
原料处理	1. 水质	防止沉淀物产生及着色
	2. 采用低灰分原料	防止沉淀物产生
	3. 充分糖化	防止沉淀物产生
	4. 防止微生物污染	防止各种臭味产生
发酵成熟	1. 妥善储藏保管	防止各种臭味产生
	2. 充分澄清过滤	防止沉淀物产生
	3. 活性炭处理	防止沉淀物臭味产生
	4. 灭菌	防止微生物污染
流通	1. 运输时遮光	防止日光臭
	2. 采用深色瓶	防止日光臭
	3. 按进货顺序销售	防止产品积压
	4. 置于低温处,避免直射阳光照射	防止高温引起的变化

Chapter 6

第六章

各类食醋的生产

第一节　固态发酵工艺

一、 我国食醋生产工艺路线

目前我国食醋生产工艺，传统酿醋工艺与现代工艺并存，固态、液态、固液结合发酵工艺并存。

（一）传统酿醋工艺

传统酿醋工艺是采用特定原辅料，利用微生物体系丰富的曲，或经长时间发酵形成众多微生物，通过这些微生物的代谢活动产生丰富的醇、醛、酮、酸和氨基酸等，使食醋香味浓郁、滋味柔和。

（二）纯种固态食醋生产技术的建立

从 20 世纪 50 年代开始，我国就开始了纯种固态法生产食醋的尝试。济南酿造厂使用纯种人工培养的曲霉和酵母成功进行了固态酒精发酵，但仍采用传统工艺发酵食醋。使用此法生产的食醋，在相当程度上保持了老法固态发酵工艺食醋的风味，提高了出醋率，但它没有应用人工培养的醋酸菌，也没有解决人工翻醅的问题。1967 年，上海酿造实验工厂与上海醋厂协作，创造了酶法液化自然通风回流的固体发酵工艺，分别使用了纯种培养的曲霉菌、酵母菌、醋酸菌作为发酵剂进行液化、糖化、酒精发酵、醋酸发酵的食醋生产。以自然通风解决了传统食醋生产过程中的人工倒醅问题，缩短了发酵周期，提高了食醋出品率，使每千克主粮的出醋率由 3.8kg 提高到 8kg 以上（以 50g/L 乙酸计），且产品在一定程度上保持了传统食醋的风味。安阳、青岛和福州等地区采用酶液化回流法生产食醋。这条工艺路线与前者基本相同，不同点是，酒醪经过滤去渣后，将酒精循环浇淋（回流）在玉米芯上，然后经醋酸菌作用氧化成醋酸。

1971年，山西长治市副食品厂试产生料制醋获得成功，先后被北京、天津及河北等地区采用。该工艺主辅料全部采用生料，但麸曲用量较大，多达主粮的50％（质量分数）。这是一条全新的纯种固态制醋工艺，主要的技术难题是防止杂菌污染与提高原料利用率。通过大量加入高活力的酿醋功能微生物，使之形成优势菌群，并配合适当的技术管理，这些问题基本得到解决，目前已被多个企业采用。

纯种固态制醋新技术的建立，优化了菌种，简化了工艺，缩短了发酵周期，提高了原料利用率和食醋出品率，打破了季节限制。目前，纯种固态制醋企业不断增多，已成为我国制醋工业发展的一个新的增长点，但其风味不及老法，产品质量还有待提高。

（三）纯种液态食醋生产技术的建立

纯种液态发酵制醋是借鉴抗生素、氨基酸等其他发酵工业的经验，应用现代发酵工程、细胞工程和酶工程技术建立起来的一类先进的新型制醋生产技术，包括自吸式发酵罐液态制醋、固定化细胞发酵制醋和酶制剂发酵制醋三种工艺。

自吸式发酵罐液态制醋是当今世界上最流行的制醋方法，盛行于德国、美国、日本等国。其特点是发酵菌种简单明确，液态营养传质均匀，原料利用率与醇酸转化率高，发酵周期短，机械化程度高，厂房占地面积小，容易实现生产规模大型化和生产管理自动化，经济效益好。

1972年起，石家庄市副食品厂、山东济南酿造厂引进国外液体深层发酵制醋工艺，并获5000L标准罐试产成功。上海市酿造科学研究所与上海醋厂协作，进行了自吸式发酵罐流体制醋的研究，于1978年在上海醋厂正式投产，年产量达到4000t。这是我国近代食醋工业上的一项重大技术发展，使我国食醋生产进入国际先进行列。其工艺特点是设备新颖、工艺合理、机械化程度高、发酵周期短、劳动生产率高、厂房占地面积少、原料利用率高，而且不用麸皮、砻糠等辅料。20 世纪 90 年代初，河北省调味品研究所对"高浓度醋酸发酵的研究"获得成功，应用自吸式发酵罐，采用深层发酵法，使食醋产酸浓度达 11％以上，并已大量投入生产。液态制醋的生产厂家迅速增加，一些企业，如石家庄珍极酿造集团，引进国外先进生产工艺而成为液态发酵制醋的后起之秀。

分析固、液发酵法的食醋产品，其质量差别主要表现在液态发酵法生产的食醋中酯的含量较少。食醋中的主要酯类是乙酸乙酯和乳酸乙酯等，液态发酵法生产的食醋中，酯的含量普遍较低，特别是乳酸乙酯的含量极低；除此之外，不挥发性有机酸的含量也较少，而不挥发酸的含量直接影响食醋酸味的柔和；液态发酵法生产的食醋中，风味成分的种类也少于固态法食醋，其中主要体现在酯、酸、醇、醛和酚的种类上。

纯种液态制醋工艺，虽然食醋风味较差，但由于菌种优良、工艺合理、设备先进，易于实现生产管理自动化和生产规模大型化，是提高我国食醋总产量的主要依靠工艺。液态发酵食醋的最大技术难题是增加产品的风味。可以借鉴传统酿醋工艺的优点，选育性能优良的霉菌、酵母菌及醋酸菌等多种微生物，进行人工纯培养后按液态法酿醋工艺的要求进行多种微生物的混合共酵，利用不同微生物间的协同作用产生丰富的风味物质，酿成高产优质的食醋。

在传统酿醋工艺基础上发展起来的纯种固态制醋工艺，其产品风味和技术水平介于传统酿醋工艺与纯种液态制醋工艺之间，也有着自身发展的优势。但由于纯种固态食醋发酵起步较晚，因此实现生产规模大型化与生产设备自动化要比液态发酵制醋难度大些。

二、 国外食醋生产工艺

世界上几乎每一个国家都生产食醋，制作方法大体可分为静置发酵法自吸式液态深层发酵法、固膜式滴下发酵法和固态发酵法四种。利弊互见，都不是尽善尽美。

（一）静置发酵法

　　醪和空气仅在表面接触，故能酿出香、味优良的醋。国外不少著名的食醋，如西欧的葡萄醋、麦酒醋都是采用液体平面发酵法制成的。但是占地面积大，产量极低，不能实现速酿，是静置发酵法的致命缺点。

（二）自吸式液态深层发酵法

　　将酒醪液放入密闭型发酵罐内，接种醋酸杆菌后，开动搅拌器自动吸入空气搅拌，因而比表面发酵的静置法，有提高单位面积生产能力和实现速酿的明显优势，机械化程度高，但罐内醪同气泡混合接触，使醪中良好的酒香容易损失，不必要的氧化反应还能产生不良气味，因而难以酿出高品质食醋。

（三）固膜式滴下发酵法

　　筒型发酵塔内，充填着生产醋酸杆菌的载体，在充填层中醪和空气接触。因此可实现速酿，但与上述液内通气搅拌类似，不能酿出高品质食醋。还因充填层密度不均匀，酒醪通过时同空气接触不匀，在某些部位接触通过过多，使载体粒子表面着生的醋酸杆菌皮膜层受破坏流失，对发酵形成明显障碍，另外一些部位却因很少甚至没有酒醪接触通过而难以保持发酵力旺盛，从而在总体上效率不高。但发酵速度比静置发酵法快得多。

（四）固态发酵法

　　以粮食为原料，加入酒药、块曲、麸曲、酒母等为发酵剂，再加入稻壳为疏松剂酿造食醋。此法在国外已很少采用，逐步向液态发酵法改革。这个方法的缺点是工艺繁杂，食品卫生条件差，劳动强度大，醋酸挥发多等。

三、 酿醋酒精发酵工艺

　　目前酿醋过程中的酒精发酵阶段，从发酵的体态上看包括有液态法、固态法和半固态法；从用曲种类看有大曲法、小曲法等；从

原料处理方面包括生料法、熟料法。

（一）液态法

将糖化醪冷却到 27～30℃后，接入 10％的酒母（按醪计）混合均匀后，控温 30～33℃经 60～70h 发酵，即成熟。有的厂采用分次添加法，此法一般适用于糖化罐容量小，而发酵罐容量大的工厂。生产操作时，先打入发酵缸容积 1/3 左右的糖化醪，接入 10％酒母进行发酵，再隔 2～3h 后，加入第 2 次糖化醪，再隔 2～3h，加第 3 次糖化醪。每次约加发酵缸容积的 20％～30％。如此，直至加到发酵罐容积的 90％为止。但要求加满时间最好不超过 8h，如拖延时间太长会降低淀粉产酒率。酒精发酵醪成熟指标：酒精含量 6％左右（主料与水 1∶6）；表观糖度 0.5°Bx 以下；残糖 0.3％以下；总酸 0.6g/100mL 以下。

（二）固态法

固态发酵生产特点是采用比较低的温度，让糖化作用和酒精发酵作用同时进行，即采用边糖化边发酵工艺。淀粉酿成酒必须经过糖化与发酵过程。固态酒精发酵，开始发酵比较缓慢些，发酵时间要适当延长。由于高粱、大米颗粒组织紧密，糖化较为困难，淀粉不容易被充分利用，故残余淀粉较多，淀粉出酒率比液态法低，但最大优点是固态醅具有较多的气-固、液-固界面，它与液态发酵会有所不同。以曲汁为基础，添加玻璃丝为界面剂，以形成无极性的固液界面进行酒精发酵对比试验，其结果是酸、酯都有所增加，酒精含量略为降低。

（三）小曲法

小曲法是镇江香醋的酒精发酵工艺，可保证用曲量少而糖化率较高。保持了"先培菌糖化后发酵"与"边糖化边发酵"的传统工艺特点。它的特色是饭粒下缸，固态培菌。糖化后即转为半固态半液态，然后"投水发酵"，这一操作实质上是根霉与酵母在固体饭粒扩大培养并合成酶系的过程，随着根霉与酵母的繁殖，糖化酶、酒化酶活力的增长，同时进行糖化和发酵甚至边糖化边发酵。小曲发酵一般可分作两个阶段，第一阶段为培菌糖化，饭粒下缸要求控温度32～34℃，时间为24h左右，固体培养根霉时，属无性繁殖，酶系丰富多样，糖化型淀粉酶活力较高；第二阶段"投水发酵"使酒醅从固态转为液态进行发酵，有利于发酵率的提高。因固态培菌糖化后酒醅中渗透压较高，发酵基质与酶的扩散速度势必减慢，影响酶的催化速度，最终导致发酵效率降低，"投水发酵"能相应地降低渗透压，这样不仅有利于发酵基质葡萄糖的扩散，并通过菌体的细胞质膜，也就有利于边糖化边发酵的进行，使成熟酒醅获得较高的酒精浓度，而且残糖也较低。

（四） 生料法

传统酿醋工艺中，原料往往需要经过蒸煮处理，从而会消耗大量的蒸汽、电、劳动力。生料制醋是淀粉质原料（玉米、高粱、大米等）不经过蒸煮，直接粉碎，经曲霉、根霉等糖化剂糖化，酵母菌的酒化和醋酸菌的醋化等一系列生物化学反应，形成一种以复式发酵为主的制醋工艺。其优点是简化生产工艺、降低劳动强度、节约能源、降低生产成本。因此，该工艺现已逐步为大多数中小企业所采用。

四、 固态发酵制醋工艺流程

固态发酵法制醋，是我国生产食醋的传统工艺。目前除山西老陈醋、镇江香醋、四川麸醋等名特产品，仍保留其独特的生产工艺外，一般固态发酵的生产方法，自20世纪50年代起进行了一系列的改革。改革后的固态发酵法具有出醋率较高、生产成本较低、生产周期较短的优点，全国大、中、小企业普遍采用。

（一） 生产工艺流程

固态发酵法制醋生产工艺流程见图6-1。

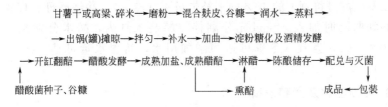

甘薯干或高粱、碎米→磨粉→混合麸皮、谷糠→润水→蒸料→

→出锅(罐)摊晾→拌匀→补水→加曲→淀粉糖化及酒精发酵

→开缸翻醅→醋酸发酵→成熟加盐、成熟醋醅→淋醋→陈酿储存→配兑与灭菌

↑　　　　　　　　　　　　　　　　　　　　　↓　　　　　　↓
醋酸菌种子、谷糠　　　　　　　　　　　　→熏醅　　　成品←包装

图 6-1　固态发酵制醋生产工艺流程

（二）原料配比

甘薯干（或高粱、碎米）100kg，酒母 40kg，谷糠 80kg（润水蒸料前加入），食盐 7.5～10kg（夏天多用），麸皮 120kg，谷糠 50kg（转醋酸发酵加入）。蒸前原料润水 275kg，醋酸菌种子醅 40kg，蒸后熟料加水 180kg，麸曲 50kg。

（三）操作要点

1. 原料处理

（1）粉碎　甘薯干或高粱、碎米等原料，用前均需粉碎。将粉碎好的原料（主料）和麸皮、谷糠，在拌料场上均匀翻拌混合。混合好的主料，通过机械加水润料，加水量为总水量的 60%，如人工拌水要进行充分翻拌，使生料吸水均匀一致。

（2）蒸料　将润水后的生料装锅（罐），注意疏松，防止压实。采用常压设备蒸料，从蒸汽全部冒出后开始记录时间，蒸 1.5～2h 关汽，再焖 1h 出锅。采取加压设备蒸料，待罐内蒸汽压达到 0.1MPa 时关汽，打开排气阀，将罐空气排出，然后再开汽蒸料，罐内蒸汽压达 0.15MPa 时开始记录时间，蒸 1h，焖 15min 出料。

（3）出锅（罐）摊晾　生料经过蒸熟呈现结块现象，出锅时需经过机械打碎、摊晾在清洁的专用操作场地，迅速翻拌冷却或采取机械降温。

2. 补水、加曲

熟料降温要求夏季降温越低越好，一般在 30℃，冬季在 40℃

以下，方可将剩下的 40％的水补加进去（冷水），并将酒母和打碎的麸曲同时加入。经过充分翻拌将醅装入缸内，醅水分含量以 60％～62％为宜（冬季可适当增加用水，醅含水量可达 64％左右）。

3. 淀粉糖化及酒精发酵

① 醅入缸要填满压实，检查醅温。夏季 24℃左右，冬季 28℃左右，缸口加草盖，室温保持在 28℃左右。

② 醅入缸的第 2 天，品温升高到 38～40℃时，翻醅（也称倒缸）1 次，调节温度和水分，翻完后将醅摊平压实，刷净缸内壁，加盖塑料薄膜和草缸盖，封闭，进行双边发酵（即淀粉糖化和酒精发酵）。

③ 糖化和酒精发酵，醅温在 35℃以下为好，最好不超过 37℃。发酵时间自入缸算起 5 天，冬季可延长到 7 天，双边发酵即可基本结束。开缸转醋酸发酵，此时必须检测醅中的酒精浓度，等量抽取各缸醅中的酒液进行蒸馏，发酵正常的酒醅一般酒精含量为 7％～8％（夏季因环境高温影响醅中酒精含量在 6％左右）。

4. 醋酸发酵（缸容量 250kg）

醋醅入缸第 6 天转入醋酸发酵阶段，每缸拌入谷糠 10kg 和醋酸菌种子（固体醅）8kg，通过翻醅使其接种混合均匀。醋酸发酵属于氧化发酵，醋醅内需容纳足够的空气，每天需翻醅 1 次，通风供氧和调转品温。醋酸发酵温度不宜过高，掌握在 38～41℃比较稳妥，如发现 42℃以上高温，要尽量在 2～3 天内控制下来，不能维持时间过长，否则造成高温烧醅，产量、质量均受影响。

醋酸发酵接近结束时（俗称醋酸成熟），品温会自然下降到 35℃左右，此时要加强检测，每天化验醋酸增长情况，掌握及时加盐翻醅，防止醋醅过氧化现象的产生。由于配料粗细度、醋酸酒精浓度的高低、翻醅方法和设备（缸池）大小的不同，使醋酸成熟快慢各有差异，一般醋酸发酵周期 10～20 天。

5. 淋醋

淋醋设备，小型厂用缸，大型厂用耐酸池。淋醋采用三循环法，甲组醋缸，放入成熟醋醅，用二套醋浸泡 20～24h，淋出的醋称头醋（即半成品），乙组缸内的醋渣是淋过头醋的渣子，用三套醋浸泡，淋出的醋，称二套醋；丙组醋缸的醋渣，是淋过二醋的二渣，用清水浸泡，淋出的醋称三醋。淋完丙组缸的醋渣，残酸仅存 0.1%，可用作饲料。

6. 熏醅

取发酵成熟的醋醅，置于熏醅缸内，缸口加盖，用文火加热，维持 70～80℃，每隔 24h，倒缸 1 次，共熏 4～7 天出缸为熏醅，具有特有的香气，色泽棕色有光泽，酸味柔和，不涩不苦。

根据各地区习惯，有的单独浸淋，有的和成熟醋醅按比例混合浸淋。

7. 陈酿

（1）醋醅陈酿　将加盐后熟醋含量 7% 以上的醋醅移入院中缸内砸实，上盖食盐一层（有的还用泥封）加盖，放置 15～20 天。倒（翻）醅 1 次再行封缸，陈酿数月后淋醋。

（2）醋液陈酿（半成品）　时间根据成品醋的具体要求确定。如果醋酸含量低于 5%，容易变质，不宜采用。经陈酿的食醋质量有显著提高，色泽鲜艳，香味醇厚，澄清透明。

8. 配兑与灭菌

陈酿醋或新淋出的头醋通称为半成品。出厂前需按质量标准进行配兑，除总酸含量 5% 以上的高档食醋不需添加防腐剂外，一般食醋常在加热时加入 6mg/100mL 的苯甲酸钠作为防腐剂。灭菌应用蛇管热交换加热器，灭菌温度为 80℃ 以上。最后定量包装，即为成品。

（四）注意事项

1. 严格控制醋的淀粉含量

原料的合理配比是整个生产工艺的基础，它直接关系到生产全过程能否顺利进行，采用固态发酵工艺制醋，醋醅的淀粉含量一般控制在 16%～18%之间，过高或过低都会影响产品质量和出品率。

2. 认真掌握醋醅水分含量

原料加水是否适当，对原料熟度和淀粉糊化有很大的关系，如果加水量少，部分淀粉粒未能润水膨胀，糊化困难，因而不易被淀粉酶所作用。加水量过大蒸料时局部料层极易产生压住蒸汽的现象，使原料熟度不均，发酵过程中醋醅发黏，影响出品率。所以蒸料前后采用两次加水的办法。

按 100kg 主料的配方计，醅量应为 800～850kg，醅水分含量在 60%～62%，在发酵过程中，如发现水分不足，酒精偏高，可适当补加水。

3. 严格控制各阶段的温度

熟料出锅摊晾，加入麸曲、酒母时控制品温很重要。特别是夏季，一般低于室内温度 1～2℃时，再补加自来水（或新井水），入缸的品温 25℃左右为宜。糖化与酒精发酵要控制在 33～35℃，超过 37℃醅的酒精浓度偏低影响出醋率。醋酸发酵期间的醅温最好控制在 38～41℃，超过 42℃以上高温，常会烧醅并有异味产生。

4. 高温季节预防出醋率下降的措施

固态发酵制醋工艺，虽进行了一系列改革，但是仍属老法生产。老法属双边或三边发酵，生化反应不能严格区分，故不能按照各阶段生化变化的适宜条件去控制。各地从生产实践中总结了一些高温季节保证生产有序进行的一些措施。

① 调整原料配方。一般夏季配料要细，增加麸皮或细糠用量，减少粗糠用量，这样调整后醅吸水性能增加，同时醅的空气容纳量减少，醅升温减慢。

② 夏季高温醅水分不宜过大，醅含水量控制在 60%为好。水分大醅浓度低容易污染杂菌，醅升温过猛不易控制，给操作带来困难。

③ 控制低温发酵，采用塑料布封缸，是较成功的经验，特别

是醋酸发酵，效果更加明显。

④ 翻醅操作要做到严格认真，不准走过场。翻醅时将上部高温醋醅倒在另一个缸的底部，做到分层翻倒完毕后，将表面摊平，压实时不能成丘形，减少其表面积，可缓和升温速度。

⑤ 严格选用优质的麸曲、酒母、醋酸菌种子，不合格品不能投入生产使用，如将不合格品采取加大用量的办法，会给生产造成严重后果。

⑥ 醋醅的后熟，虽只有短短2～3天，但不可忽视，因后熟的作用可以把没有变成醋酸的酒精及其中间产物进一步氧化为醋酸，同时还能进行酯化，对增进食醋香气、色泽和澄清度有极大好处。

第二节　液态发酵工艺

一、全酶法液态深层发酵

全酶法液态深层发酵制醋是以碎米为原料，添加液化酶、糖化酶、酸性蛋白酶等各类酶制剂和酵母菌、醋酸菌等发酵剂，按液态深层发酵工艺规程进行制醋，能减少麸曲制造和醋酸菌扩大培养工序。由于酶制剂、发酵剂均采购质量可靠的产品，可稳定原辅料质量，便于生产线建立 GMP 控制和 HACCP 管理，使食醋安全卫生得到进一步保证。

（一）全酶法液态深层发酵制醋工艺流程

见图 6-2。

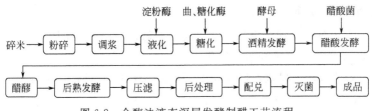

图 6-2　全酶法液态深层发酵制醋工艺流程

（二）原料配比

原料配比如表 6-1 所示。

表 6-1　原料配比

原料名称	质量/kg	原料名称	质量/kg
碎米	800	酸性蛋白酶	2.08
氯化钙	1.6	酵母菌	0.8
碳酸钠	0.8	水	4000
中温 α-淀粉酶	2	活性炭	48
糖化酶	2.6	焦糖色	10
醋酸菌	14.4	食盐	72

（三）设备配置

设备配置见表 6-2。

表 6-2　设备配置

主要设备名称	数量/只	规格	主要设备名称	数量/只	规格
调浆罐	1	2.2m³	后熟发酵罐	3	10m³
液化罐	1	1.5m³	混醋罐	1	6m³
糖化罐	1	3m³	脱色罐	1	6m³
酒精发酵罐	4	6m³	压滤机	2	40m³、20m³
种子罐	1	100m³	板式热交换器	1	2t/h
种子罐	1	1000m³	配兑罐	2	6m³
醋酸发酵罐	1	13m³	白醋储存罐	按生产需要	
冷却塔	1	20t/h	米醋储存罐	按生产需要	

（四）工艺操作

1. 粉碎、调浆

工艺参数：加水浸米 2h，用 0.2％氯化钙调节 pH 值，加 α-淀粉酶 0.25％（酶活力 2000U/g）。

技术要求：细度＜50 目，浓度 18～20°Bé，pH6.2～6.4。

2. 液化

大米淀粉液化方法有一段液化、多段液化；有罐内液化、喷射

液化等。此生产线中采用一次加酶，流加调浆液于罐内间歇液化方法，即在液化罐内放入底水开足蒸汽，流加加酶调浆液，液化温度85~90℃，维持10min，升温煮沸10min。

技术要求：液化液具有香味，呈渣水分离状，碘反应呈棕黄色，DE值20%~25%。

3. 糖化

糖化酶是一类外切酶，具有从外向里逐步水解淀粉链特性。通过调整添加方式、糖化酶用量和糖化反应时间可控制糖化程度。食醋生产线是液态发酵工艺，粮食原料边糖化边酒精发酵，直到生成的还原糖大部分变成酒精，酒精发酵结束。在酒精发酵中，糖化酶后期糖化力不足会影响酒精发酵效率。食醋生产中糖化酶一般一次加入，温度64℃时加糖化酶100U/g，糖化温度60~62℃，糖化时间30min。

由于在60~62℃糖化对糖化酶有一定影响，保持糖化酶后期糖化力可采取2次添加糖化酶方法，即在糖化醪冷却后再次加入糖化酶。

技术要求：糖化液淡橙黄色，DE值35%~40%，酸度0.2%。

4. 酒精发酵

酸性蛋白酶能在pH2.5~4.0、30~50℃的条件下，将蛋白质转化为多肽和氨基酸。在酒精发酵过程中添加酸性蛋白酶，有利于原料中蛋白质水解，增加发酵醪中酵母可吸收氮，促进酵母生长繁殖，提高生成酒精速率和出酒率。

原料液化、糖化后添加酵母菌0.1%，进入双边发酵时添加0.01%酸性蛋白酶（60U/g），24h后再添加糖化酶。接种温度28~30℃，发酵温度30~37℃，最适发酵温度32~33℃，发酵时间60~68h。

技术要求：酒精体积分数7.5%~8.0%，酸度3~4g/L，总醪量为原料5~6倍。

5. 醋酸发酵

空罐灭菌：种子罐、发酵罐及管道、阀门用0.1MPa蒸气灭菌 30min。

在液态深层发酵制醋工艺中，醋酸发酵一般采用逐级扩大三角瓶摇瓶种子接入种子罐，生产工序多，控制难度大，全酶法生产中采用活性醋酸菌接入种子罐，其接种量为 0.3%～0.5%。由于活性醋酸菌有很多固体载体，并有一定数量的杂菌，为此在种子罐培养中酒液需添加冰醋酸，以提高培养液底酸，根据初步试验种子罐底酸需在 1.5% 以上，才能抑制杂菌。

工艺参数：活性醋酸菌接种量 0.3%，种子罐种子接种量 10%，通风量 $0.1m^3/(m^3 \cdot min)$，32～35℃，培养 24h。

培养的技术要求：酒液酒精体积分数 4%～5%，活性醋酸菌酸度 15～20g/L。

醋酸发酵工艺参数：接种温度 28～30℃，发酵温度 32～34℃，最高不超过 36℃，通风量 $0.07～0.1m^3/(m^3 \cdot min)$。

醋酸发酵的技术要求：发酵液初始酒精体积分数 5%～6%，发酵终止酸度 50～55g/L。

6. 后熟发酵

醋酸发酵后，由于微生物发酵工艺条件控制差异，造成原料中蛋白质、淀粉分解不够彻底，容易造成成品食醋混浊沉淀，或者返混现象；液态发酵食醋色泽、风味较差。为此添加麸曲进行后熟发酵能促进未分解蛋白质、淀粉进一步水解，提高食醋氨基酸、糖分含量，同时消除大分子物质聚集造成返混的隐患。液态发酵食醋后熟发酵可调和口感，增加色素，提高液醋风味。

全酶法液态深层发酵工艺不用麸曲而应用糖化酶、酸性蛋白酶，如恒定其添加量能取得较好效果。

工艺参数：糖化酶添加 60U/g，酸性蛋白酶添加 100U/g，后熟发酵温度 45～55℃，时间 48h。

技术要求：醋液澄清，有醋香和酯香，不挥发酸含量＞5g/L。

7. 压滤

工艺参数：发酵醪预处理 55℃维持 24～48h；压头醋时二

醋用泵输送，泵压 $2 \times 98kPa$，压净为止，压清醋用高位槽自流。

技术要求：滤渣水分 $\leqslant 70\%$，酸度 $\leqslant 2g/L$。

8. 后处理技术

全酶法液态深层发酵生产线主要生产两类产品，一类是米醋，另一类是白醋。这两类产品对发酵液营养要求不一样，全酶法酒精发酵添加酸性蛋白酶，酒液作为醋酸发酵培养液，C、N 源含量完全适应米醋发酵、但在白醋生产中，C、N 含量太高，为了控制白醋色泽，保存时不易变色，醋酸发酵培养液不仅要控制 C、N 源总含量，还要控制 C/N 在合适范围内。

（1）米醋生产　在米醋生产中后熟发酵结束，可用食品添加剂来调整色度和柔和酸味，增加鲜味，具体操作视企业产品质量要求而定。

（2）白醋生产　后熟发酵后经压滤制取米醋，再用活性炭脱色法制取酿造白醋，活性炭 80% 脱色 30min，能有效脱去生醋中有色物质，同时生醋中一部分低沸点物质挥发，有利于提高酿造白醋风味。

工艺参数：1% 粉末活性炭，80℃ 保温 30min 后压滤，高位槽自流，必要时加硅藻土。

技术要求：无色透明，透光率 $\geqslant 98\%$。

9. 配兑、灭菌

工艺参数：灭菌温度 80℃，维持适当时间，苯甲酸钠添加量为 $0.06\% \sim 0.1\%$。

技术要求：灭菌后成品醋酸 $\geqslant 35g/L$，配制食醋需加 50% 以上酿造食醋，醋液红褐色，无混浊，无沉淀，无异味，细菌总数 $\leqslant$ 5000 个/mL。

全酶法液态深层发酵制醋时，应用液化酶、糖化酶、酸性蛋白酶后，酒精发酵率达到 85.02%，酒精转酸率 91.94%，生酸速度达到 0.91g/L。

二、 自吸式液态深层发酵醋

液态深层发酵制醋是一项先进的新工艺，其特点是发酵周期短，劳动生产率高，占地面积小，不用砻糠等填充料。液态深层发酵新工艺的出现，使我国古老的酿醋行业朝着机械化、管道化生产前进了一大步。其缺点是由于酿醋周期太短，风味上尚有不足之处。现以自吸式20000L发酵罐生产为例，介绍如下。

（一） 工艺流程

见图 6-3。

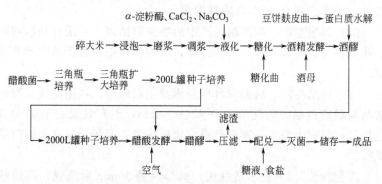

图 6-3　自吸式液态深层发酵醋工艺流程

（二） 主要设备

自吸式不锈钢种子罐（200L、2000L、20000L）；折叠式空气过滤器 $1m^3$ 及 $6m^3$ 各 1 只；转子流量计 3 支；板框压滤机 2 台（过滤面积 $662m^2$）；酒精发酵设备 1 套；储醋容器。

（三） 操作方法

1. 碎大米的液化、 糖化及酒精发酵

参阅本节"三、酶法液化通风回流制醋工艺"相关内容。

2. 醋酸发酵

（1）空气与管道消毒　首先将发酵罐洗净，同时检查发酵罐和

一切阀门是否渗漏。将折叠式过滤器用甲醛灭菌关闭，然后开蒸汽进行空罐常压消毒1h。

（2）进料　将酒醪和蛋白水解醪混合液用泵送入发酵罐，定容至14000L，开动搅拌器搅拌通风，保持温度32℃，然后接种。

（3）接种　按10％接种量逐级扩大，一级种子罐200L，二级种子罐2000L，培养液均用酒液，通风量0.1m³/（m³·min），培养前期酌情还可小些，培养温度32～35℃，时间24h左右。

（4）发酵　发酵温度应控制在32～35℃，前期通风量0.07m³/（m³·min），后期通风量0.1m³/（m³·min），每小时记录罐温、通风量1次。如罐温过高，应加强冷却降温，后期每隔1～2h测1次总酸。待酒精氧化完毕，酸度不再上升，即发酵完成。一般发酵时间为65～72h。

液体深层发酵制醋，也可采用分割法取醋，当醋酸发酵成熟，即可放去醋醪1/3量，同时加入1/3酒醪，继续进行醋酸发酵。这样每隔20～22h可取醋1次。如醋酸发酵正常，一直可连续进行下去。当发现菌种老化、生酸速度慢等现象时，应及时换种。采用分割法半连续发酵，可省去醋酸菌的培养工作。由于醋酸发酵液呈酸性，能防止杂菌污染。同时，因发酵罐中菌种已驯化，对提高原料利用率和质量，加快发酵速度均有好处。目前生产上多采用这种方法，采用分割法酿醋，在取醋和补充酒液的同时，必须不间断搅拌通风。醋酸菌是好气性菌，稍一中断通风则醋酸菌受严重影响，甚至死亡，造成产量大幅度下降。

（5）压滤　醋酸发酵结束，为了提高食醋糖分，在醋醪里加入一定数量的糖液，以达到出厂标准，混合均匀后，送至板框过滤机进行压滤。

（6）配兑　醋液压滤后，取样测成品。加盐配兑合格后，通过立管式热交换器加热至75～80℃灭菌，然后输入成品储存罐。

储存的过程，实际上也是陈酿的过程。速酿食醋往往风味不够理想，陈酿有利于促进食醋中香气和色素的形成。糖、醇、有机酸、甘油、氨基酸等成分缓慢反应，对于提高食醋风味是有一定好处的。经过陈酿的食醋，一般来说均较陈酿前入口和顺，无杂味，有香气，色深而澄清。凡有条件者，都应适当延长储存期。

一般 1kg 大米能出 5g/100mL 的食醋 6.8~6.9kg。

三、 酶法液化通风回流制醋工艺

酶法液化通风回流制醋新工艺，利用自然通风和醋汁回流代替倒醅，在发酵池靠近底层处设假底，并开设通风洞，让空气自然进入，运用固态醋醅的疏松度使全部醋醅都能均匀发酵。该工艺利用醋汁与醋醅的温度差，调节发酵温度，保证发酵正常进行，同时运用酶法将原料液化处理，以提高原料利用率。

（一）工艺流程

见图 6-4。

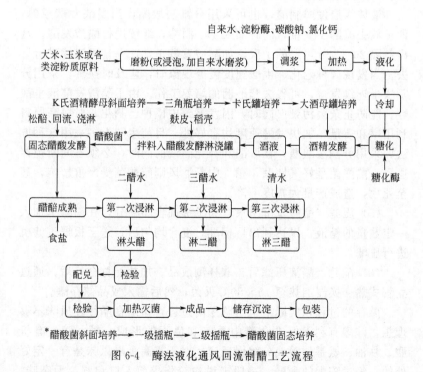

图 6-4 酶法液化通风回流制醋工艺流程

食醋生产一本通

（二）工艺操作

1. 淀粉液化、糖化

（1）磨粉 原料筛选去杂后磨粉，细度要求控制在 60～80 目，用手摸基本没有颗粒感觉。或将原料如大米浸泡 4～8h，浸泡时间应根据不同季节确定，一般夏季短些，冬季则长些。然后加 2.5 倍原料量的水与大米混合送入砂轮磨浆机，磨成通过 70 目以上细度、浓度为 18～20°Bé 的粉浆。

（2）调浆 在调浆池内先加入一定比例的清水，原料：水＝1：（2.5～3.0），开动搅拌机，将粉状原料或粉浆倒入调浆池内，使其与水充分混合，调其浓度为 12～13°Bé。调好浓度后，加入 Na_2CO_3 调 pH 值至 6.2～6.4，具体用量大小随不同季节，按 pH 值来计算确定，一般为主料质量的 1.5‰～3‰。

添加主料质量 1.5‰的 $CaCl_2$。钙离子可增强酶的热稳定性，在高达 92℃的情况下仍具有活性。

添加主料质量 3‰的 α-淀粉酶（2000U/g）。

添加上述三种物质时，最好分装在三只塑料桶内，加水溶解后使用，也可弄成干粉一点一点地撒入。不论哪种方法，均需搅拌均匀，不得有块状物出现。

（3）淀粉液化 在 90℃时，作用 10～15min 即可完成。

操作要求：先检查仪表、阀门、搅拌器等是否正常，将罐内冲洗消毒。罐内加水至浸没罐底部蒸汽管口，然后开蒸汽加热使水温升到 70～90℃，向糖化罐内打浆，使调好的浆徐徐进入罐内，保持进入的浆液在 90℃左右，并开动搅拌器，不停地搅拌。如温度过低，可降低浆液进罐速度。待浆液打完后，保持液化温度在 92℃左右。并开始计时，到 15min 时，测定浆液。以液化醪遇碘液反应呈棕黄色即表示液化完全。液化好后应呈匀浆状态，待液化完全，再升温至 100℃煮沸灭酶，即停蒸汽，开冷却管降温至 65℃。

（4）淀粉糖化 α-淀粉酶不能将淀粉分解为还原糖。淀粉液化后，需再添加一定量的糖化酶，将液化产物糊精进一步水解为葡萄糖等可发酵性糖类。

操作要求：液化完成之后，开自来水通过罐内蛇形管进行冷却降温。待罐内浆液温度降至约 62～65℃时，按原料 2.0‰～2.2‰的比例加 $5 \times 10^4 U/g$ 的糖化酶。1200kg 玉米，可出糖液 4500kg以上，糖化需要 6h 完成，料温由 65℃逐渐下降至 34℃。具体要求如表 6-3 所示。

表 6-3　不同糖化时间料温

糖化时间/h	料温/℃	糖化时间/h	料温/℃
1～2	65～60	5	55～45
3～4	60～55	6	45～34

糖化液的质量要求：糖度 21～22°Bx；浓度 10～12°Bé；还原糖 120g/L 以上；总酸（以乳酸计）3g/L 以上。

在淀粉液化、糖化时，注意要认真做好时间、质量标准、酶的用量、温度等方面的记录；搅拌效果要好，使液化彻底；在整个液、糖化过程中搞好卫生，在打浆前开蒸汽灭菌。

2. 酒精发酵

将培养成熟的酵母种子液接入可发酵的糖液中，在无氧条件下，经过细胞内的酒化酶作用，使葡萄糖无氧降解而生成酒精和二氧化碳，这一过程称为酒精发酵，同时放出一定热量。

（1）操作要求

① 空罐消毒　在使用酒精发酵罐前，用水冲洗罐内各个部分，然后上紧罐体入孔螺丝，开蒸汽消毒 15min，压力为 98.07kPa，以减少杂菌污染。消毒后，打开入孔和下部排污阀，排除罐内的水和脏物。

② 配料　将完成糖化的糖化液约 4500kg（控制其料温在 33～34℃），打入酒精发酵罐内。同时加水 1250～1500kg，搅拌均匀。1200kg 玉米出 7.5°Bé 的糖液 6000～6500kg。

③ 接种　酒精发酵罐糖液温度降至 28～30℃时，将已培养好

的酒精酵母菌 750kg，打入酒精发酵罐内，开动空压机，进行充分调和，使酒母均匀地散布在糖液中。接菌后的糖液浓度为 7～8°Bé，总质量为 6500～7500kg。根据不同季节气温的高低，应控制罐内料温在 27～30℃。

④ 发酵　酒精发酵罐内的糖液接入大酒母 8h 后，料温逐渐上升。待料温达 35℃ 时，应开动酒精发酵罐内的冷却管进行降温，维持发酵温度在 30～32℃。待酒精发酵 48h 以后，每天取样 2 次化验，测定酒精度及浓度下降值。

（2）酒精发酵的整个过程可分三阶段

① 前期发酵阶段（酵母适应期）　时间为 10～15h，温度为 28～30℃。这个阶段中，糖液中含有少量的溶解氧和充足的营养物质，同时糖液中糊精继续被糖化酶作用生成糖分。醪液中酵母数不多，酒精发酵作用不强，生成的酒精与二氧化碳很少，所以发酵液表面显得平静，糖化消耗也比较慢。由于此阶段酵母细胞数量少，易被杂菌抑制，应十分注意防止杂菌污染。

② 中期发酵阶段（主发酵期）　时间 30～33h。这个阶段中，酵母细胞大量形成，醪液中可达 10^9 个/mL 以上。发酵醪中的氧气已消耗完毕，酵母菌基本停止繁殖而进行酒精发酵。由于发酵作用增强，醪液中的糖分迅速下降。酒精成分逐渐增加，并产生大量的 CO_2，同时产生很强的 CO_2 泡沫响声。发酵温度要严格控制在 30～34℃ 之间，如果温度过高，容易使酵母早期衰老，降低酵母活力。

③ 后期发酵阶段（稳定期）　时间为 10～13h。这个阶段中，大部分糖被酵母消耗。酒精发酵作用十分缓慢；发酵醪中的酒精与 CO_2 产生很少。热量也不多，料温逐渐下降。但一定要控制在 30～32℃，如果温度偏低，酒精发酵期就会延长，同时会影响出酒率。

上述三个发酵阶段不能截然分开。整个发酵过程的时间长短及酒度的高低，除受糖化剂的种类、酵母菌的性能、酒母接种量等因素影响外，还与接菌、发酵方法和发酵温度的控制有关。

（3）酒精发酵的质量要求　酒精发酵总计用 60～70h。发酵好的酒精发酵液质量情况如下：酒精体积分数为 6%～7.5%；残糖为 0.2%～0.3%；总酸为 0.3%～0.5%。

3. 醋酸发酵

在醋酸发酵过程中，利用醋酸菌分泌的氧化酶，将酒精氧化成醋酸。

（1）操作要求

① 消毒　将醋酸发酵罐清洗干净，铺好竹箅、苇席，封好罐门和各个阀门备用。

② 拌料　将 1200kg 麸皮、1500kg 稻壳及 200kg 固体醋酸种子移至发酵罐边，接着一边把这些原料用拌料机均匀地向罐内提升，一边将发酵成熟的酒液注入干料中，经过拌料机混合，一起送入醋酸发酵罐内。入发酵罐的料要松散，面层要加大酒液和醋酸种子量。拌料可分"上、中、下"3 层，所用的酒液和菌种量，应是"多、中、少"。料全进罐后应将表面耙平，余下的酒液浇在料层上面，盖上塑料布，开始醋酸发酵。在发酵罐门上分别插入 3 支 60cm 长的 100℃温度计，以掌握上中下层的温度。

③ 松醅　醋醅上层醋酸菌生长繁殖较快，升温快，24h 左右即可升到 40℃左右，但中间温度较低，要及时进行一次松醅操作。使用铁耙将上层和中层醋醅尽可能疏松均匀，使上、中、下层醋醅尽可能达到一致。松醅深度为 60cm 左右，松醅后将醋醅摊平，并盖好塑料布。

④ 回流淋浇　松醅后醋醅发酵升温达 40℃时，要及时回流，即由缸底放出汁液淋浇在醅面上，使品温降至 36～38℃。前期（约 7 天）醋酸发酵醅温度要求控制在 36～38℃。醋酸菌在生长过程中伴随着热量的产生，醋酸菌处于生长旺盛期必定带来大量热量使品温不断上升，这时回流量就需要加大，必要时还可以增加回流次数。中期（约 7 天）要求控制在 38～39℃，使品温不超过 40℃。发酵后期（约 7 天）醋酸菌开始衰退，代谢能力大大减弱，温度有所下降，为了充分利用原料中的营养物质，给微生物一个适宜的代

谢条件，发酵品温可以控制在 35～37℃。回流淋浇应根据季节变化和料温升降情况而定，每天淋浇 6～7 次。每罐醋醅回流 150～170 次即可成熟，时间在 25 天左右。

（2）注意事项　为使醋酸发酵顺利进行，需要注意以下问题。

① 醋酸发酵 24h 后，为使醋酸菌繁殖快而且均匀，松醅必须认真操作。

② 经过一段时间醋酸发酵，醋醅温度并不上升，这时也应回流淋浇 3～5min，以调节温度，增加新鲜氧气；如果天气冷，可先预热醋液再行淋浇。

③ 醋醅始终保持疏松，上下空气流畅。

④ 如果温度生得过快，料温过高，可将发酵罐下部通风孔部分或全都堵塞，发酵罐上部用塑料布封紧封严，不致通风通气，以进行料温的控制和调节。

4. 淋醋

（1）加盐　醋酸发酵完成后，成熟醋醅的醋汁酸度已达 60～70g/L，酒精含量甚微，并不再转酸，按产醋量的 1%～1.5% 及时加入食盐，以抑制醋酸菌氧化和改善风味。将食盐均匀地撒在发酵罐内醋醅表面，再用醋汁回流浇淋使其全部溶解在醋醅中。加盐后的醋醅不宜久存在发酵罐内，因久存会使醋醅生热，影响质量和产量。在夏季，为防二醋水变质，也可将盐加入二醋水内并使其完全溶化。

（2）加色　如果醋液色泽太浅，可在加盐的同时，加入炒米色，其用量按醋液色泽情况确定。

（3）淋醋　在醋酸发酵罐内进行淋醋，浸泡回流浇淋出醋。分为淋头醋、淋二醋、淋三醋。

淋头醋：用上批所放二醋水，按本批所出醋数量分 3 次浇在醋醅表面，进行浸泡淋浇醋醅。当醋汁酸度含量达 50g/L 时，停止淋浇，放入头醋池内。如果醋量不够要求数量，然后再加浇二醋水，直至出醋率达到为止。每个发酵罐可出二级醋 10t 左右，平均每 1kg 主料（玉米）可出二级醋 8kg 左右。

淋二醋：分 3 次在醋醅层加浇三醋水，收集起为二醋水，数量约 10t，酸度为 30g/L 左右。

淋三醋：分 3 次在醋醅层加浇清水，收集起为三醋水，数量约为 10t，酸度为 15g/L 左右。

淋出的二醋水和三醋水，可供下批醋醅浸淋循环使用。在夏季，二醋和三醋不能天天使用，为防止变坏，可以加热到 80℃ 灭菌，添加防腐剂和一定数量的食盐。

（4）出渣　醋醅淋过三醋后，对醋渣进行检测。如含醋量还多，可继续淋，待醋渣含水量为 75%～80%，醋酸质量分数为 0.1%～0.2% 后，即开罐门出渣。然后清理冲洗竹箅、苇席、假底，铺好席，上紧罐门螺丝，备用。

5. 检验与消毒

（1）检验　头醋放足数量后，搅拌均匀，取样测定总酸、氨基酸、还原糖、可溶性无盐固形物等。如果质量超过标准，可用二醋水配兑，以提高食醋出品率。

（2）加热灭菌　配兑后的醋，用板式灭菌器加热到 80℃ 进行灭菌消毒。过夏或存放的二级食醋，按照规定添加防腐剂。

（3）沉淀　将灭菌后食醋打入沉淀储存罐内进行沉淀，时间达 7 天以上，即可销售。

6. 酶法液化通风回流制醋特点

（1）与旧工艺相比，酶法液化通风回流制醋新工艺具有降低劳动强度，减少工序，节约能源，改善卫生条件等优点。

（2）用酶量小，省工省时，节约了大量的麸皮，可直接降低生产成本，淀粉利用率明显提高，产品质量稳定。

（3）采用酶法制醋工艺，废除了技术较严的制曲工艺，可避免因成曲的质量不稳造成的损失。

四、 生料法制醋工艺

生料制醋，顾名思义是指原料粉碎之后，不经蒸煮处理，直接

糖化发酵制醋。生料制醋与一般酿醋方法的不同之处是原料不加蒸煮，经粉碎配料加水后进行糖化和发酵。生料制醋配料的一大特点是麸皮用量加大，为主料的140%～150%。其次是使用了较多的麸曲，其数量占主料的50%～60%。

由于不经过高温蒸煮，原料淀粉颗粒不能大量吸水膨胀，变为溶胶状态。生料制醋所用的高粱、碎米等原料和甘薯等作物不同，缺乏淀粉酶，不能自我糖化，因此生料糖化有一定困难。鉴于这一点，生产上加大麸曲用量，以黑曲霉作为糖化剂，黑曲霉对生淀粉有一定的分解能力，可将生淀粉分解成葡萄糖。生料糖化所需时间较熟料为长。

生料制醋法的糖化、酒精发酵和醋酸发酵这三个阶段不能截然分开。其生化反应过程是边糖化，边酒精发酵，边醋酸发酵，多种酶同时起作用。在生料制醋中，麸曲水解淀粉所产生的糖类基本上能满足酵母酒精发酵所需要的碳源。

除取消蒸煮环节外，生料制醋生产其他流程与一般熟料工艺一样。

（一）生料制醋法Ⅰ

1. 工艺流程

图6-5所示为徐州酿造二厂生料制醋工艺流程。

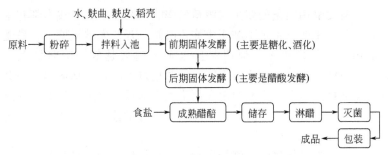

图6-5　徐州酿造二厂生料制醋工艺流程

2. 工艺操作

（1）选料及粉碎　生产使用的原料（高粱、大米、玉米、红薯）必需选好，以确保产品质量。生料的组织结构比较坚硬，需将其粉碎成粉状。在机械力作用下，使淀粉链、蛋白网纤维结构等组织破坏，给微生物的作用提供条件。原料粉碎细度对于生料的发酵非常重要，原料用磨粉机粉碎至 70～80 目，越细越好。如果粒度过大，淀粉不易尽快吸水膨胀，而且生淀粉与水和糖化酶的接触面相对减少，从而降低酶解能力，影响淀粉的利用率。但原料粒度过小，则影响淋醋，降低产量。

（2）拌料入池　按发酵池计，每池投料 2500kg，其中主料 1000kg，麸曲 500kg，麸皮 500kg，稻壳 500kg，按混合料计每 1kg 加水 1～1.1kg，辅料要粗细搭配，不能过粗，也不能过细，要求醋醅既膨松又可容纳一定水分及空气。原料按比例入池后，翻拌混合均匀。生料加水量是否适当，对于提高生料的淀粉利用率，节约麸曲、辅料用量，减少设备占用率也极为重要。加水量少，原料难以全部充分吸水膨胀，造成生淀粉糖化与酶解困难，发酵热与呼吸热同时产生，升温过高，不利于酵母繁殖，会影响酒精发酵，降低淀粉利用率；加水量过大，尤其是在高温季节，会延长发酵周期，酒醅产酒浓度低，将增加辅料用量，同时容易污染杂菌，还会使发酵上下不匀，操作困难，影响出醋率和产品风味。

生料发酵用曲量的多少与酒精发酵、产品质量以及成本都有密切的关系。用曲量不足不利于生淀粉酶解，延长发酵周期，容易受杂菌污染，降低得率。但用曲量也不是越大越好，用曲量大于 25％，酒精生成量反而逐渐下降。用曲量过大不仅增加成本，还会造成发酵料温猛升，生酸幅度大而不利于酵母菌繁殖，从而降低淀粉利用率。一般认为，20％的用曲量效果为最佳。同时要注意曲的质量，最好采用鲜曲。

（3）前期固体发酵（酒精发酵）　将粉碎后的原料与麸皮加淀粉酶、糖化酶、醋用发酵剂和水拌匀进行淀粉糖化及酒精发酵。原料入池翻拌混合均匀后，上面要拍平压实，用塑料布盖严封好，进行静置发酵。生料发酵与熟料发酵一样也需要选择适宜的入缸温度，入缸温度过高，发酵速度加快，酒精生成量降低，影响淀粉利用率，并易受杂菌污染。原料入缸温度过低，将使发酵缓慢，延长发酵周期。在酒精发酵过程中，要掌握前缓、中挺、后保持的规律，并将增酸幅度严格控制在 $8 \sim 12g/L$ 之间，这样酒精得率为最佳。生料发酵也同样适宜低温入缸。从酒精生成量来看，低温入缸的前期，酒精生成虽然缓慢，但中后期速度会迅速加快。发酵终了时，酒精生成量仍可达 $5.8\% \sim 6.2\%$。同时能有效地控制生酸量，不但抑制了杂菌生长，并有利于保持淀粉酶活力，防止钝化，也有利于酵母菌的持续发酵，对保持酒醅质量也大有裨益。一般认为发酵过程中，室温控制在 $18 \sim 20℃$ 为宜。

在 4～5 天内不要翻动，5 天后翻动 1 次，料温保持 30～37℃。再过 2～3 天时间，料温上升到 40℃ 左右，开始翻醅，每天翻拌 1 次，要求醅子疏松均匀，计约 7 天时间，发酵醪开始澄清，即糖化、酒精发酵基本完成，转入后期发酵，即醋酸发酵。

生料制醋包括固体发酵和液体发酵。所谓固体发酵，即是原料直接配醅进行酒精发酵；液体发酵即是原料在不加辅料的情况下进行酒精发酵。固体、液体发酵酒精生成量对比试验结果表明，生料发酵制醋首先进行液体发酵，可使淀粉颗粒充分吸水膨胀，并与糖化酶及酵母菌接触，酒精生成量比固体发酵高，同时能防止因发酵温度过高而影响酒精得率。

（4）后期固体发酵（醋酸发酵） 将酒精度适宜的酒醅，按 $2\% \sim 5\%$ 的比例接种入生醋液（含醋酸菌），拌入谷壳进入醋酸发酵阶段。此时室温保持在 28～30℃，每天翻料 1～2 次，要求疏松均匀，料温控制在 34～41℃，经 8～10 天氧化转酸，酒醅转为成熟醋醅，醋酸的含量达 $60 \sim 80g/L$，颜色棕红就可加盐密封陈酿后熟。

（5）淋醋 把成熟的或者成熟后经过一段时间储存的醋醅，装入淋醋缸内，根据缸的容积大小决定装醅数量，每缸装醅数量按主料计约为 300kg 左右。按比例加入炒米色，配水量根据出率计算加水，浸泡数小时，时间长可达 12h，短则 3～4h，但需泡透，泡透即可淋醋，醋汁由缸底管子流入地下池或缸内。采用套淋法淋醋，清水套三醋，三醋套二醋，二醋套头醋，循环淋泡，每缸淋醋3 次。出醋率一般每 1kg 主料，可出总酸含量为 3.5g/100mL 的食醋 4.4～5kg。

(6) 灭菌　将所淋生醋在 95～110℃ 条件下煮沸 10min 灭菌成熟醋。当熟醋冷却至 30℃ 以下，根据消费者需要调兑中药香料熬制的醋用增香剂，过虑化验后装瓶。

（二）生料制醋工艺Ⅱ

1. 工艺流程

北京市龙门醋厂生料制醋工艺流程见图 6-6。

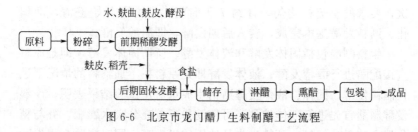

图 6-6　北京市龙门醋厂生料制醋工艺流程

2. 原料配比

按生原料计算，每 100kg 原料加麸曲（AS 3.758）50kg、酵母（AS 2.339）10kg、麸皮 140kg、稻壳 130kg 左右、水 600～650kg，辅料要粗细搭配，不能过粗也不能过细，要求醋醅蓬松且能容纳一定水分及空气。

3. 操作要点

(1) 粉碎　生产使用的原料，高粱或碎大米必须选好，以确保产品的质量。用磨粉机进行粉碎，高粱使用 40 目筛，大米用 50 目筛。原料粉碎得越细越好。

(2) 前期稀醪发酵　生料的糖化与酒精发酵采用稀醪大池发

酵。按主料每 100kg 加麸皮 20％、麸曲 50％、酵母 10％，一并倒入生产池内，翻拌均匀，曲块打碎，然后加水 650kg。根据季节气温，24～36h 后，把发酵醪表层浮起的曲料翻倒 1 次，以防止表层曲料杂菌生长。待酒醪发起后，每日打耙 2～3 次。一般发酵 5～7 天，酒醪开始沉淀。

稀醪发酵感官特征：呈浅棕黄色，酒液澄清无白膜，品尝微涩不苦、不黏、无异味。

理化指标：酒精体积分数在 4％～5％，总酸在 20g/L 以下。

为了缩短发酵周期，应适当加大酵母液的接种量，一般为 10％，酒精发酵的最适温度为 27～33℃，在此范围内温度越高发酵越快。如果超过适当温度，应迅速降温，否则酵母的作用减退，杂菌将随着繁殖起来。但是也有些高温酵母菌能适应较高温度。

（3）后期固态发酵　前期发酵完成后，立即按比例加入辅料，料层一般在 50～80cm，根据季节不同焖 24～48h，然后将料搅拌均匀，即为醋醪。用塑料布盖严，再过 1～2 天，开始翻倒。由于料层厚，水分大，需要每天翻倒 1 次。并用竹竿将塑料布撑起，给以定量的空气。头 4～5 天支竿不宜过高，因为此阶段是醋酸生成期。如塑料布过高，酒精容易挥发，影响醋酸生成量。第 1 周品温控制在 40℃ 左右，使醋醪温度稳定上升，当醋醪温度达 40℃ 以上时，可将塑料布适当支高，使品温继续上升，但不宜超过 46℃，这一阶段为乳酸菌生长最旺盛阶段。据有关资料介绍，醋酸菌繁殖最适温度 39℃，乳酸菌最适温度 45℃，在食醋的风味中乳酸占很重要地位，醋酸发酵掌握适当温度，可提高食醋的色、香、味和澄清程度。醋酸发酵后期，品温开始下降，由于季节不同，一般品温在 34～37℃。此时，竹竿支起塑料布高度要压低，防止高温"跑火"。

固态发酵感官鉴定：成熟醋醪的颜色上下一致，无花色（即生熟不齐现象），棕褐色，醋汁清亮，不混浊，有醋香味，无不良气味。

理化指标：一、二、四季度总酸 65g/L 左右，三季度 60g/L

左右。

当酒精含量降到微量时即可按主料的 10％加盐，以抑制醋酸过度氧化。加盐后再翻 1～2 天后将醋醅移出生产室，存在缸内或池内压实，根据条件储存时间 1 个月或半年均可，不过每隔一段时间要翻倒 1 次，无存放条件，也可随时淋出成品醋。

（4）淋醋　把成熟的醋醅装入淋池内，每池装醅按主料计算为 600kg 左右，放水浸泡，时间长达 12h，短则 3～4h，但需泡透，即可开始淋醋。淋醋采取套淋法，清水套三醋，三醋套二醋，二醋套头醋。

（5）熏醅　部分成熟醋醅可采用以下四种方法生产熏醅。

① 煤火法　将缸连砌在一起，内留火道，把成熟的醋醅放入缸内用煤火熏醅，每天翻 1 次，熏醅温度保持在 80℃以上，熏醅过干时可适当加些二醋，7 天可熏好，颜色乌黑发亮，熏香味浓厚，无焦煳气味。

② 水浴法　将大缸置于水浴池内，水温保持在 90℃以上，两三天翻 1 次。熏醅时间 10 天左右。

③ 蒸汽浴法　其设施与水浴法相似，但必须密封，防止跑汽，工艺条件同水浴法。

④ 旋转高压罐法　由吉林酿造厂开始试用，北京也随后引用。其特点是省汽、时间短，效果与水浴法类似。

从以上几种熏醅方法看，其风味质量特别是熏香味以煤火法为最佳，其次是蒸汽浴法，再次是水浴法和旋转高压罐法。由于水浴法易掌握温度均衡，所以采用者较多，旋转罐法只有少数企业使用。

用成熟醋醅所淋出的醋汁浸泡熏醅，淋出的醋即为熏醋。出品率一般 1kg 粮食（主料）可产总酸含量为 45g/L 的食醋 10kg 左右。多数单位在淋醋时，把熏醅放在底层，未熏的醋醅放在中上层混淋，其效果较好。

五、 浇淋法制醋工艺

浇淋法是液体制醋工艺的一种（也称喷淋塔醋），其特点是醋酸发酵速度快，产量高，存在的问题是风味欠佳。

（一） 工艺流程

浇淋法制醋工艺流程见图 6-7。

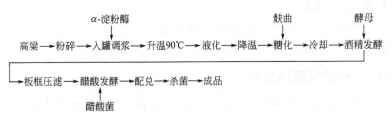

图 6-7　浇淋法制醋工艺流程

（二） 操作方法

1. 糖化、 酒精发酵

糖化、酒精发酵均同酶法液化通风回流制醋，只是酒精醪发酵结束后，须将酒精醪用板框压滤除渣，渣子可蒸馏回收酒精或经过固体发酵制醋醅。

2. 醋酸发酵

（1）设备　包括板框压滤机、耐酸泵、储醋池、醋酸发酵池（也称氧化塔）。

醋酸发酵池由底座、假底、塔体、上盖、旋转喷淋管、地下回流池等组成。底座用砖砌成，表面贴瓷砖或涂环氧树脂，中间有流液管道。四周有 4 个通风孔，在假底上放竹帘子，竹帘子上放置填充物（玉米芯、木炭等）。

（2）技术要点　第一次在 6% 左右的酒液中接入 10% 的优质醋（优质固体醋醅用水浸泡淋出的高酸醋），第二批留 15% 大生产醋液作为醋酸菌种子用，再补充新酒液。继续循环浇淋，如发酵正常，每批醋酸成熟即留取一部分，作为种醅用。发酵液通过水泵浇入醋化塔中，开始醋酸菌还没有大量繁殖，升温极慢，要少浇，随着温度升高浇量也要增多；待温度升至 37℃，不再下降，连续淋浇；待温度超过 39℃就要开冷却装置，每隔 1h 或 0.5h 化验 1 次酸度；若酸度不再增加，即可停止浇淋。一般经过 48h 醋化基本完成。酒精分数为 5.5%～6.5%的酒精可生成总酸 4%～5%的液体食醋。

3. 配兑、杀菌

醋酸发酵完毕后，把醋打入调和池中，加入 2.5%食盐，然后加热杀菌，储存 1 个月，然后调酸度、包装即为成品。

六、 速酿塔醋的生产

该方法属液体制醋工艺，是在醋化塔内，装填附生着大量醋酸菌的木炭、棒木刨花、芦苇梗等填充料，将含有稀酒精的醋液，自上而下喷淋于填充料上，空气则自下而上流通，使酒精很快氧化成醋酸。这种酿醋方法，称速酿法。所用的醋化塔通常叫速酿塔。以辽宁丹东光华牌白醋生产为例，介绍如下。

（一） 工艺流程

速酿法工艺流程见图 6-8。

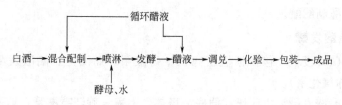

图 6-8　速酿法工艺流程

（二） 速酿塔

速酿塔一般高 2～5m，直径 1～1.3m，塔身由耐酸陶瓷圆形塔吊组成，一般为圆筒式或圆锥式。内设假底，假底至塔底距离约 0.5m，能储放相当数量的醋。在假底上放一竹编垫子，其上放置填充料，如桦木刨花、木炭、玉米芯、浮石等。塔顶上安装喷淋管，可以自动回转，醋汁从木炭流下来聚积在假底下储池中，下面接通不锈钢离心泵，这样就可以循环间歇进行醋化。塔顶上盖上木盖，并将四周全部封闭，在木盖上开排气孔，装上排气管，包扎好

纱布可以调节空气。塔的上、中、下各部分插入温度计，以检查塔内的发酵温度。木炭放入塔中以前，预先用水清洗，再用含醋酸7g/100mL 的食醋浸泡后使用。

（三）操作方法

1. 酵母液制备

按 20mL→400mL→10L→125L 四级扩大培养。100mL 的三角瓶内，加入 20mL 含糖量 12%～14% 的糖化液，塞好棉塞。包好油纸，0.15MPa 灭菌 1h，取出冷却至 30℃，接入酵母菌种，26～28℃ 静置培养 12～14h。然后将此酵母液接入容量为 1000mL 三角瓶中，内装糖化液 400mL，26～28℃ 培养 8～10h，再将此酵母液接到容量为 25L 内盛糖化液 10L 的铝桶内，26～28℃ 培养 6～8h。最后接到容量为 175L 的大缸内，装入含糖 10%～20% 糖化液125L，26～28℃ 保温，培养 6～8h，经过灭菌，放冷过滤备用。

2. 发酵

将储罐中醋液（含酸量 9.0%～9.5%）和一定量的 50% 的白酒酵母液及温水混合均匀，使温度达 32～34℃，醋酸含量 7.0%～7.2%，酒精含量 2.2%～2.5%，酵母液 1%。利用玻璃喷射管，自发酵塔顶向下喷洒，每天进行 16 次，早 3 时 1 次，8 时至 22 时15 次，每次喷洒量为混合液 45kg，其余时间静置发酵。

发酵期间室温保持 28～32℃，塔内温度 31～36℃，成熟后循环醋液从塔底流出。含酸量 9%～9.5%，除一部分泵入储罐供循环使用，其余的抽到成品罐内，加水调到酸度 5% 或 9%，化验合格，装瓶出厂。每 1kg 50% 的白酒，可产酸度为 5% 的醋 8kg。

（四）生产的特点

1. 节约辅料

速酿醋生产取消了固态法的拌糠工序，填充料可以连续使用多年，这样每年可节约大量的麸皮和砻糠。同时，在醋酸发酵完毕后不用出渣，提高了劳动生产率，减轻了劳动强度。

2. 机械化程度高

占用厂房面积小，从原料到成品实现了机械化、管道化操作，丹东光华醋的酿醋工序上只用 5～6 名工人，卫生条件较好。循环发酵液酸度已达 70～72g/L，不易染菌。

3. 原料出醋率较高

每 1kg 50％白酒原料出醋 8kg（含醋酸 5g/100mL），高于一般固态发酵，醋酸发酵速度快，产量高，但风味较为单一。

4. 填充料

选择填充料要求接触面积大和具有适当的硬度、惰性，如无芳香气味的树木、木炭、玉米芯、谷壳、浮石、桦树枝、芦苇梗等都能用作填充料。

应用碎米经液化糖化制成酒精液，由于营养较好，填充料内会生成较厚菌膜，影响出醋率，此时必须将填充料取出清洗灭菌后再用。但使用白酒或酒精稀释液，不产生菌膜。

七、 两次发酵法酿制高浓度醋

利用两次深层发酵法酿制含有高浓度醋酸的醋（醋酸含量高于15％），在发酵的第一阶段，发酵液内酒精和醋酸的总浓度由开始的 12％或 15％达到大于 15％或 17％。但是，醋酸的浓度不允许超过 15％，而酒精的浓度要保持在 1％～5％，从而保证细菌的增加和酸化。在发酵第二阶段，总浓度保持不变，但是，醋酸的浓度允许上升到大于 15％，酒精的浓度几乎是零，这时主要出现酸化，细菌的繁殖开始减少直至停止，当醋酸浓度达到（要求的）15％的时候，第二阶段发酵结束。两次发酵分别在两个发酵罐内进行。在第一发酵罐内，一期发酵的初期在第一发酵罐内进行，而一期发酵的后期在第二发酵罐内进行。

八、 表面静态发酵酿醋法

表面静态发酵亦称浅盘发酵法，是食醋生产工艺之一。将醋酸发酵液置于敞口容器中。国外用木桶，国内用瓦缸，在容器内加入3%～6%的食用酒精溶液及少量的营养物质，接入醋酸菌后混合，盖上缸盖，在自然气温下或在30℃的保温室内自然发酵，此时醋酸菌在溶液面上形成一层薄薄的菌膜。借液面与空气接触，使空气中的氧溶解于发酵液内，醋酸菌利用溶解氧，使酒精氧化为醋酸。

第三节　固定化细胞在食醋生产中的应用

一、　固定化细胞优点

固定化细胞是指用物理方法或化学方法限制或定位在某一特定空间范围内，保留了其固有的催化活性和存活力，可被重复地、连续地使用的细胞。固定化细胞与游离细胞相比，具有许多优点：提高了对热、pH 值的稳定性，对抑制剂的敏感性下降；能较长时间地反复使用，提高了使用效率；能在高稀释率下操作而不产生流失现象；固定化细胞的密度增加，使反应速率加快，从而提高了生产能力；固定化细胞体系适合于连续化、自动化过程，且过程易于控制；反应产物易与底物分离，简化了提取工艺，降低了生产成本。

二、　固定化细胞在发酵制醋中的应用

固定化细胞技术在食品与发酵、化学工业、医药工业、环境保护、能源开发等各个领域具有明显的应用价值和潜力。固定化醋酸菌是包埋在载体海藻酸钠内，并在其中生长增殖，过多的菌体细胞排出固定化颗粒外面，随发酵液流失。从固定化颗粒内部来说，新的醋酸菌细胞在不断地产生，只要外界条件稳定，从总体上看，其寿命似乎是无限的。但由于受到菌体的老化及遗传变异的影响，即在一个长的使用过程中，菌体细胞必然要老化，同时随着菌体细胞增殖代数的增加，菌株变异的概率也会增加，最终造成发酵效率下降，可以认为菌体细胞失去了使用价值，此时应重新更换固定化醋酸菌。由于老化与变异是一个较长的过程，对于有限的发酵使用周期来说，影响还是很小的。

三、 细胞固定化方法

（一） 水合氧化钛固定化

用水合氧化钛或钛纤维素螯合物固定醋酸菌细胞，在发酵塔内，让培养液滞留时间超过 13h，结果最高生产能力为 5.0g/（L·h），酸度为 69g/L，连续醋酸发酵可维持 88 天。反应器中的醋酸菌聚集在水合氧化钛上。因为不溶性钛化合物能与醋酸菌细胞表面菌体纤维素发生反应，所以醋酸菌可稳定地聚集和增殖，从而提高了醋酸生产能力，其醋酸生产能力高于普通深层发酵法。

（二） 瓷料块固定化

用瓷料块作为固定化载体，在反应器中加入半合成培养基，接醋酸菌，让醋酸菌附着在瓷块上。采用脉冲流动方式进行连续发酵，从培养开始起，经 140h 以后，可以达到稳定生产能力为 4.55g/（L·h），最大生产能力（在发酵 11h 时）可以达到 10.48g/（L·h），酸度为 35g/L，这种反应器可以连续使用 9 个月。

（三） 棉絮状纤维固定化

将直径为 40μm 的棉絮状聚丙烯纤维充填在反应器中，在流入培养基的同时空气也自上而下输入反应器中。发酵系统由反应器和培养液储存罐组成。发酵过程中培养液和空气在密闭状态下进行循环，气相中氧含量控制在 12%～20%，由于反应器的体积与培养液储存罐体积相比很小，因此总系统平均生产能力仅为 2.6g/（L·h），酸度为 75g/L。

（四） 卡拉胶固定化

卡拉胶具有良好的渗透性，醋酸菌在卡拉胶内可以增殖，因而卡拉胶作为醋酸菌载体是较理想的固定化材料。实验室试验中，将培养 36h 的纹膜醋酸杆菌 K1006 细胞包埋于胶粒中，胶粒直径为 3mm，每 1mL 胶粒含有 10^7 个活性细胞。在工作容积 150mL 流动床反应器中，细胞培养液体积与胶粒体积之比为 137：13。细胞培养液配方为葡萄糖 10g、蛋白胨 10g、酵母粉 10g、乙醇 40mL、醋酸 10g，加蒸馏水至 1L。

培养温度 30℃，以 230mL/min 流量供氧，灭菌的细胞培养液以 137mL/h 流量输入流动床反应器，培养液在反应器内的滞留时间为 1h，目的是活化并让细胞增殖。为了使进出量维持平衡，反应器中的废液应以同样速率流出反应器。经 70h 培养后，可开始进行醋酸发酵。据报道，卡拉胶固定化细胞醋酸生产速率最高可达到 6.0g/（L·h），反应器稳定运行时间最长达到 460 天。

第四节　各类地方名醋

一、 山西老陈醋的生产

山西老陈醋是我国北方最著名的熏醋，生产工艺独特，具有酸、绵、香、甜的独特风格。

（一）山西老陈醋酿造工艺流程

山西老陈醋酿造工艺流程见图 6-9。

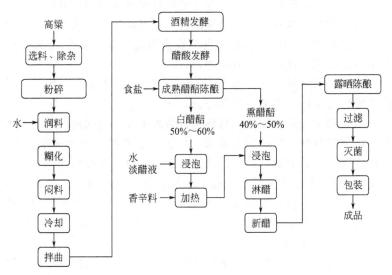

图 6-9　山西老陈醋酿造工艺流程

（二）原料配比

原料配比见表6-4。

表 6-4　原料配比

原料名称	高粱	大曲	麸皮	谷糠	食盐	水			香辛料
						润料	闷料	后水	
数量/kg	100	62.5	70	100	8	60	210	60～65	0.15

注：香辛料包括花椒、八角、桂皮、丁香、生姜等。

（三）山西老陈醋工艺操作要点

1. 原料处理

（1）选料　原料进厂后要进行精选除杂，去除霉坏、变质、有邪杂味的原料，并测定原料的淀粉、水分含量。

（2）粉碎　高粱粉碎成 4～6 瓣，细粉不超过 1/4。

（3）润料　将粉碎好的高粱加高粱重量 50%～60% 的水进行润料。冬天最好用 80℃ 以上的水润料。把原料铺在晾场上，先挖成边沿高、中间凹状，然后把备好的润料水洒入其中，再用木锨从内圈四周把高粱糁和润料水慢慢混合，翻拌均匀，放入木槽内或缸中，静置润料 8～12h。润料期间要勤查料温。做到夏季不要发热，冬季不能受冻，让原料充分润透。

润高粱的质量要求为水分 60%～65%；高粱吸水要均匀，手捻高粱糁为粉状，无硬心和白心。

（4）糊化　蒸料前检查甑桶是否清理干净，甑锅内的水是否加足，把甑箅放好放平，铺上笼布，再铺一层谷糠。开始火要烧旺，待锅沸腾后开始上料。从润料池内或缸内取出高粱糁翻拌均匀（打碎块状物），先在甑底轻轻地撒上一层，待上气后往冒气处轻轻洒料，一层一层上料，要保持甑桶内所上的料要平，上气要均匀。待料上完，盖上麻袋开始计时，蒸 2h，停火再闷 30min。气压保持在 0.15～0.18MPa。

（5）闷料　将蒸好的高粱糁趁热取出，直接放入闷料槽内或缸中，按高粱糁糁∶开水=1∶1.5（质量比）的比例混合搅拌，均匀打碎。静置、闷料 20min，高粱糁充分吸水膨胀后，摊于晾场上进行冷却。

(6) 冷却　把闷好的高粱糁摊到晾场上，越薄越好，在冷却过程中要不停地用木锨翻倒，并随时打碎块状物，要求冷却的速度越快越好，防止细菌感染，影响整个发酵。

2. 拌曲

提前 2h 按大曲：水＝1：1（质量比）的比例闷上，翻拌均匀备用。待高粱糁冷却到 28～30℃时开始拌曲，将曲均匀地撒到冷却好的高粱上，先把曲料收成丘形，再翻拌 2 次打碎块状物，使曲和蒸熟的原料充分混匀。

大曲是由大麦、豌豆为原料经过十多道工序制成的。大曲含有多种菌类，曲霉菌、酵母菌、醋酸菌等，酶系比较全，糖化、液化能力强，代谢产物多，因而在酿造过程中不仅产生出多种有机酸，而且还派生出许多有益风味物质，这是形成老陈醋典型风格的物质基础。

对蒸好原料的质量要求：润料含水分 68%～70%；闷高粱含水分 120%～150%；拌曲后原料含水分 100%～150%。

3. 酒精发酵

将拌好曲的料送到酒精发酵室内的酒精缸中。先在酒精缸中加水 30～32.5kg，再加入主料 50kg。发酵室温度控制在 20～25℃，料温在 28～32℃，原料入缸后第 2 天开始打耙，每天上下午各打耙 1 次，发现有块状物要打碎，开口发酵 3 天后搅拌均匀并擦净缸口和缸边，用塑料布扎紧缸口，再静置发酵 15 天。

成熟酒醪的质量要求：酒精体积分数 9%以上；酸度 1～1.8g/100mL（以醋酸计）。

感官要求：香，有酒香和浓郁的酯香；味，苦涩、辣、微甜、酸、鲜。

4. 醋酸发酵

(1) 拌醋醪　把发酵好的酒精缸打开。先把麸皮和谷糠放于搅拌槽内，翻拌均匀后再把酒精液倒在其上翻拌均匀，不准有块状物

（酒精液∶麸皮∶谷糠＝13∶6∶7）。然后移入醋酸发酵缸内，每缸放 2 批料，把缸里的料收成锅底形备用。

拌好醋醅的质量要求为水分 60%～64%，酒精体积分数 4.5%～5%。

（2）接种　取已发酵的、醅温达到 38～45℃的醅子 10%作为种子接到拌好的醋醅缸内，用手将醋酸菌种子和新拌的醋醅翻拌几下，同时把四周的凉醋醅盖在上边，收成丘形，盖上草盖，保温发酵。待 12～14h 后，料温上升到 38～43℃时进行抽醅。如有的缸料温高，有的缸料温低时要进行调醅，使当天的醋酸发酵缸在 24h 内都能因正常发酵产生热量，而且温度比较均匀，为下批接种打下基础。

（3）移种　接种经 24h 培养后称为火醅，醅温达到 38～42℃就可以移种，取火醅 10%按上法给下批醅子进行接种。移种后的醅子，根据温度高低，进行抽醅，如温度高抽的深一些，温度低抽的浅一些，尽量采取一些措施使缸内的醋醅升温快且均匀。

（4）翻醅　翻醅时要做到有虚有实，虚实并举，注意调醅。争取 3 天内 90%的醋醅都能达到 38～45℃。根据醅温情况，掌握灵活的翻醅方法，料温高的翻重一些，料温低的翻轻一些，醅温高的要和醅温低的互相调整一下，争取所有的发酵醋醅都发酵均匀一致，避免有的成熟快，有的成熟慢，影响成熟醋醅的质量和风味。

接种后第 3～4 天，醋酸发酵进入旺盛期，料温可超过 45℃，而且 80%～90%的醅子发酵正常产生热量，当醋酸发酵 9～10 天时料温自然下降，说明酒精氧化成醋酸已基本完成。

5. 成熟醋醅陈酿

把成熟的醋醅移到大缸内装满踩实，表面少盖些细面盐用塑料布封严，密闭陈酿 10～15 天后再转入下道工序。

成熟醋醅的质量要求为水分 62%～64%、酸度 4.5～5g/100g（以醋酸计）、残糖 0.2%以下，基本上无酒精残留。

6. 熏醅

把陈酿好的醋醅 40%～50%入熏缸熏制，每天按顺序翻 1 次，熏

火要均匀，所熏的醋子无焦煳味，而且色泽又黑又亮。熏醅可以增加醋的色泽和醋的熏香味，这是山西老陈醋色、香、味的主要来源。

熏醅的质量要求为水分 55%～60%、酸度 5～5.5g/100g（以醋酸计）。

7. 淋醋

把成熟陈酿后的白醋醅和熏醋醅按规定的比例分别装入白淋池和熏淋池。淋醋要做到浸到、闷到、煮到、细淋、淋净，醋淅量要达到当天淋醋量的 4 倍，头淅、二淅、三淅要分清，还要做到出品率高。

对醋糟含酸的要求：白醋糟 0.1g/100g（以醋酸计），熏醋糟 0.2g/100g（以醋酸计）。

老陈醋半成品的要求：总酸 5g/100mL（以醋酸计），浓度 7～8°Bé，色泽红棕色、清亮、不发乌、不混浊，味道酸、香、绵、微甜、微鲜、不涩不苦，出品率为每 100kg 高粱出 600kg 醋（醋酸浓度 50g/L）。

8. 露晒陈酿

把淋出的半成品老陈醋，打入陈酿缸内，经夏日伏晒、冬季抽冰及半年以上陈酿时间，使半成品醋的挥发酸挥发、水分蒸发，即为成品醋，其浓度、酸度、香气等方面都会有大幅度提高。

（四）山西老陈醋的酿造工艺特点

1. 大曲作为糖化剂

大曲以大麦、豌豆为原料经过十多道工序制成，其中以曲霉菌、酵母菌、醋酸菌为主。山西老陈醋用曲量大，达到主要原料高粱的 62.5%。由于大曲含有多种菌类，酶系比较全，糖化、液化能力强，代谢产物多，因而在酿造过程中不仅产生出多种有机酸，而且还派生出许多有益的风味物质，这是形成老陈醋典型风格的物质基础。

2. 低温酒精发酵，糖化酒精发酵时间长

由于作为糖化剂的大曲中含有多种微生物，使整个发酵过程的

变化极为复杂。糖化酒精发酵期长达 18 天。在这个过程中，曲霉菌所分泌的淀粉酶将原料中的淀粉转化为糖，酵母菌所分泌的酒化酶将糖变为酒精，还有蛋白质的分解和各种酯化反应。除形成酒精外，还有氨基酸、乳酸、琥珀酸等有机酸和脂肪酸及酯类与醛类等，发酵终了，缸的表面会有一层褐色澄清液，闻之酒味极浓，尝之有浓郁的酒香、味醇厚，苦涩味大，微酸、甜、鲜。

3. 高温醋酸发酵

醋酸发酵阶段要先用谷糠和麸皮将酒醪（也称拌醋醅）拌匀，使醋醅疏松，以扩大与空气接触面积，满足醋酸菌在发酵过程中对空气（氧气）的需要，加速发酵进程。醋酸发酵实际上是一种氧化反应，在这个过程中，料温一般要在 40℃ 左右，这样可加快酒精氧化成醋酸的速度，同时又可抑制杂菌的生长。一旦醋酸发酵结束，要及时添加食盐抑制醋酸菌继续繁殖代谢和防止醋醅二次发酵，以保证醋酸发酵顺利进行。

4. 别具一格的熏醅工艺

醋酸发酵完成以后，制作老陈醋的一个特殊工艺就是"熏醅"，即取经醋酸发酵的醋醅 1/2，用温火熏烤，使醋醅的颜色逐渐由黄变褐直至成深褐色。醋醅的熏烤，是在一定温度作用下缓慢发生美拉德反应等的过程。这可以增加成品的有效成分，改善色泽，使之具有焦香味。

5. 夏日伏晒，冬季抽冰，储陈老熟

陈酿质量取决于色、香、味三要素，而色、香、味的形成，除发酵工艺及原料外，还与陈酿后熟有关。老陈醋的陈酿就是将淋好的新醋，经过经夏日伏晒，冬季抽冰，经过 10 个月到 1 年的时间，使醋液浓缩到 1/2 或更少容量时，方可装瓶出售，才称得上老陈醋。由于经过夏季烈日暴晒会蒸发大量水分，从而提高了醋的浓度，叫作"伏晒"；冬季里醋中的水分结成冰块浮出液面要随时将冰块捞出，叫"抽冰"。

如此经约 1 年的陈酿，再经"伏晒"与"抽冰"的特殊工艺处

理，醋中的水分和挥发酸大量散失，故醋浓度和固定酸含量大大提高。特别是经长时间的阳光照射，各种成分不断进行化学反应，主要是酸类和醇类的酯化反应，使成品具有了浓郁的芳香。个别厂夏季采用冷冻法捞冰成本偏高。

经过 1 年陈酿的醋与新醋的理化成分比较见表 6-5。

表 6-5　1 年陈酿醋与新醋的理化成分比较

单位：g/100mL

分析项目	新醋	老陈醋	分析项目	新醋	老陈醋
密度/(g/mL)	1.064～1.067	1.15～1.18	总酯	1.9～2.1	3.7～3.9
固形物	9.0～11	29～32	糖分	1.6～2.4	4.5～5.2
总酸	5～7	10～13	灰分	3～3.5	7.5～12
挥发酸	3～4	4～5	食盐	1.2～2	3.5～4.5
不挥发酸	2～3	5～6			

二、镇江香醋的生产

镇江香醋是产自镇江地区的一种风味独特的酿造米醋，以糯米、麸皮、大糠为原料，采用传统的复式糖化、酒精发酵和醋酸固态分层发酵工艺，经陈酿酿制成香气浓郁、酸而不涩的食醋。传统方法是以黄酒为主要原料，由于酒糟含酒度低，且来源有一定限制，现在改为以优质糯米为主要原料。镇江香醋经酿酒、制醅及淋醋三个过程，大小 40 多道工序，历时 60 天左右。镇江陈醋的陈酿期为 1 年以上，其原产地域范围、原料、生产工艺等与镇江香醋相同。下面介绍一下镇江香醋生产的传统工艺。

（一）原料配方

糯米 500kg，酒药 1.5～2kg，麦曲 30kg，麸皮 750kg，大糠（稻壳）400kg。此外，生产 1000kg 一级香醋耗用辅助材料为炒米色 135kg（折成大米 40kg 左右）、食盐 20kg、糖 6kg。

（二）传统工艺流程

镇江香醋传统工艺流程见图 6-10。

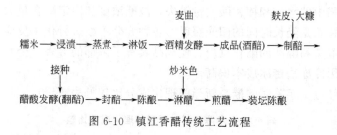

图 6-10 镇江香醋传统工艺流程

（三）操作要点

1. 镇江香醋原料要求

（1）糯米　技术指标应符合 GB 1350—2009 的规定，主要采自镇江市及镇江市附近金坛、溧水，少数采自江苏省其他地区。

（2）工艺用水　水源取自长江镇江段，水质应符合 GB 5749—2006 的规定。

（3）镇江香（陈）醋大曲　以优质小麦、大麦及豌豆为原料，按镇江香（陈）醋传统工艺在夏季自然发酵制成的大曲，其储存期不少于 8 个月。

（4）酿造环境　气候终年温暖湿润，属典型暖温带向亚热带过渡的季风性湿润气候，年平均最高温度 20.3℃，平均最低温度12.3℃，平均相对湿度 77％。

2. 酒精发酵

选用优质糯米，淀粉含量在 72％左右，无霉变。投料时每次将 500kg 糯米置于浸泡池中，加入 2 倍清水浸泡。一般冬季浸泡24h，夏季 15h，要求米粒浸透无白心。然后捞起放入米箩内，以清水冲去白浆，淋到出现清水为止，再适当沥干。将已沥干的糯米蒸至熟透，取出用凉水淋饭冷却，冬季冷至 30℃，夏季 25℃。均匀拌入酒药 1.5～2kg，置于缸内。低温糖化 72h 后，再加水150kg，麦曲 30kg，28℃下保温 7 天，即得成熟酒醅。每 100kg 糯米可产酒醅 300kg 左右，酒醅酒度 13°，酸度 0.8mg/100mL 左右。

3. 制醅、醋酸发酵

先在池内投入麸皮 750kg，摊平于池内，将发酵成熟的酒醅 1500kg 用水泵打入池内与麸皮拌均匀，即成酒麸混合物（半固体）。取大糠（稻壳）25kg 均匀地摊于池内上层，与池内酒麸混合物拌和。再取在另一处发酵 6~7 天的醋醅（称为老种）25kg，均匀地接入到酒麸糠混合物中，在池中作成馒头形，上面覆盖大糠 25kg 即成。

翌日（24h 后）进行翻醅，以扩大醋酸菌的繁殖。具体的操作是，将上面覆盖的大糠和接种后的醋醅与下面 1/10 层酒麸翻拌均匀，随即上层覆盖大糠 50kg。第 3 天按照第 2 天的操作方法，把上层盖糠和中间的醋醅再与下面 1/10 层酒麸翻拌均匀，上面仍旧覆盖大糠 50kg。第 4 天至第 10 天，每天均照上述方法操作，10 天后共加大糠 400~500kg，池内的酒麸全部与大糠拌和完毕。在这 10 天中，由于逐步加入大糠，使醋醅内水分含量降低，中途需适当补充水分（分 2~3 次加入），保持醋醅内含水分在 60% 左右。

从第 11 天起，每天不加任何辅料，在池内进行翻醅，将上面的翻到池下，池下的翻到池上面，每天翻 1 次，使品温逐步下降，翻醅到 18~20 天即可，但从第 15 天起，每天要化验醋酸上升情况，如酸度不继续上升，应立即加盐 20kg，用塑料布密封。经过 30~45 天密封，即可转入淋醋工序。

4. 淋醋、煎醋

可用容量 250~350kg 的淋醋缸或用水泥池，缸的数量和水泥池大小应根据生产量而定。如果日产香醋 1t，需淋醋缸 5 套，每套 3 只，计 15 只缸。若用水泥池代替，需水泥池 3 个，每个容量相当于 5 只缸的总量。取陈酿结束的醋醅，按比例加入炒米色（优质大米经适当炒制后溶于热水即为炒米色，用于增加镇江香醋色泽和香气）和水，浸泡数小时，然后淋醋。采用套淋法，循环泡淋，每缸淋醋 3 次。通常醋醅与水的比例为 1.5：1，应按照容器大小投入一定量的醋醅，再正确计算加入的数量。

醋汁加入食糖进行调配，澄清后，加热煮沸。生醋煮沸时，要蒸发水分5%～6%，所以在加水时，要考虑这个因素，适当多加5%～6%水。煮沸后的香醋，基本达到无菌状态，降温到80℃左右即可密封包装。

（四）镇江香醋现代化工艺流程

镇江香醋现代化工艺流程见图6-11。

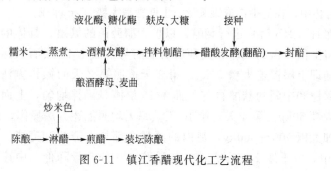

图6-11　镇江香醋现代化工艺流程

传统工艺制醋受环境、气候、天气等因素的影响，生产周期长，产率低，而且受操作人员经验的影响。随着现代技术的发展，食醋的生产工艺相应进行了改进提高。

1. 酒精发酵阶段的改进

制醋采用的是酒精转化工艺。传统制酒工艺往往采用添加麦曲等，进行开放式发酵，现代制醋工艺借鉴现代酒精生产工艺，采用原料粉碎后加入耐高温淀粉酶进行连续蒸煮，醪液中加入糖化酶糖化，再加入纯化的酿酒酵母进行酒精发酵。新工艺制酒醪具有如下特点。

（1）大罐发酵　打破传统的陶缸中发酵的落后面貌，如恒顺醋业采用80t大罐发酵，相当于传统252个陶缸。

（2）机械化　对糯米进行粉碎蒸煮，实现机械化和连续化生产。而传统浸米和蒸饭时间过长。

（3）酶制剂的使用　中、小型食醋厂以糖化酶代替制曲后，提高了原料利用率，降低了成本，提高了产品质量，改变了传统制醋生产陈旧落后的面貌。酶制剂的使用和纯种培养相结合，使用淀粉酶和糖化酶使蒸煮料液化和糖化，再加入纯种培养酵母菌，保证菌种质量，提高了淀粉利用率。

（4）自动控制时间和温度　对蒸煮、液化、糖化、冷却、发酵各个环节的温度时间实施自动控制，改变了传统酒醪生产随季节变化易产生的不稳定性，用冷却设备调节室温和发酵温度，实现了酒醪常年生产，质量稳定。

（5）系统的工艺流程　应用微机集散控制系统新工艺制酒醪，逐步实现传统镇江香醋生产的规模化和自动化。

2. 酸性蛋白酶的应用

氨基酸态氮是镇江香醋的一个重要理化指标，通过在固态分层醋酸发酵阶段添加 0.01% 的酸性蛋白酶（GC106），一般可使香醋氨基酸态氮含量比原来提高 50% 以上，彻底解决在夏季生产时氨基酸态氮不易达标的难题。酸性蛋白酶（GC106）最适 pH 值为 3.0～5.0，作用温度 40～50℃，与固态分层醋酸发酵工艺要求相一致。

3. HACCP 的应用

近年来 HACCP 在食品加工企业的应用研究不断深入，恒顺醋业将 HACCP 安全控制体系运用于镇江香醋的安全卫生管理，建立了镇江香醋生产全过程的 GMP 和 SSOP 以及 HACCP 计划，把原辅料、蒸料、醋酸发酵、煎醋灭菌、瓶子灭菌、灌装 6 个工序作为关键控制点。

三、 麸醋的生产

保宁醋产于我国四川阆中，是我国麸醋的代表。它以麸皮为主要原料，以药曲为糖化发酵剂，采用糖化、酒化、醋化同池发酵，9 次粆糟的独特工艺酿制而成。产品色黑褐，味幽香，酸柔和，体澄清，久储而不腐。

（一） 四川麸醋生产工艺流程

四川麸醋生产工艺流程见图 6-12。

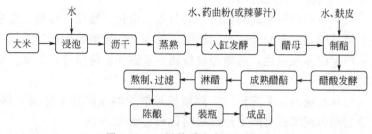

图 6-12　四川麸醋生产工艺流程

（二） 操作要点

1. 药曲制备

阆中保宁醋的药曲制备原料是麦片、麸皮、中草药，对原料总的要求是新鲜无霉变、无异味、无农药污染。其中中草药有砂仁、川芎、苍术、杜仲、五味子、牙皂、草乌、桂皮、薄荷、马鞭草等60 多种中草药。

将一部分中草药晒干磨细成粉，与麦片、麸皮或菱粉混合，加水调湿，制成 0.4m×0.2m×0.1m 的长方体曲坯，移入曲室自然制曲。8 天后出曲，置于通风干燥处，干燥 1 个月，磨成粉末即成药曲粉。

制辣蓼汁，采取野生辣蓼，晒干储于罐或坛中，加水浸泡，放置于露天，1 个月后即可使用。

保宁醋的原料配比为麸皮 750kg、糯米 30kg、药曲粉 0.3kg、井水 1500kg。

保宁醋的制醋操作可分为制醋母、制醅、发酵和淋醋等过程。

2. 制醋母

将糯米 30kg　浸泡至无硬心，指捏米粒能成粉状，滤干，入甑蒸熟至无白心。出甑盛于缸中，加温凉水 100kg 拌和成粥。调

节品温 38～43℃，撒入 0.3kg 药曲粉拌匀，盖上草帘保温发酵 2～3 天。中途时加搅拌，待饭粒完全崩解，醪呈烂浆状，有淡淡的酒味即告成熟。

3. 制醅、醋酸发酵

保宁醋发酵池为半坑式，以石条或火砖砌成，内衬瓷砖，长约 5m、宽 3m、高 1m，成双排列于发酵车间。将 750kg 麸皮卸入发酵池，醋母液逐渐流至麸皮中，充分翻拌均匀，无结块、无干麸，含水量约 50%。制醅结束盖上草帘发酵。当醅成为油光锃亮的黑褐色时，表示醅成熟，即可淋醅。

由于采用生料固态自然发酵工艺，物料不经高温，醋醅全部采用人工分层翻造，因此整个发酵过程是一个温和、多种微生物协同作用、边糖化边发酵过程。发酵温度随季节变化而自然变化，冬季入池温度最低 5℃ 左右，高温控制不超过 40℃，平均发酵温度在 33℃ 左右，入池发酵时间 35～40 天。长时间低温发酵，醋醅多次分层翻造，有利于多数微生物的生长代谢以产生丰富的代谢产物，也有利于各种物质间的融合和反应，最终生成醇、有机酸、酯、醛、酚、酮以及它们的复合物等各种各样的风味物质，从而赋予保宁醋独特的风味和上乘的品质。

4. 淋醋

将发酵成熟的醋醅放入浸淋池，以 3 套淋循环法淋出醋液。将一个发酵池的醋醅 3 等分，分别入 3 个淋醋池，采用高漂、低漂和白水 3 道漂水，3 池套淋。所有漂水均先入第 1 池浸泡，所取醋液（漂水）入第 2 池浸泡，第 2 池所取醋液（漂水）入第 3 池浸泡，最后从第 3 池取醋和下次所用之高漂水、低漂水。3 池套淋法可使各淋醋池醋醅中的有效成分被充分浸取，同时有利于有效成分的积累，提高产品的收得率、优等品率。

5. 熬制和过滤

保宁醋后处理主要为熬制和过滤两道工序。淋出的醋称为生醋，按级别分类收集，打入锅中加热熬制，一般冷醋加热至沸腾。

沸腾保持时间依据食醋级别而定，一般控制在0.5～1.0h。通过熬制可将食醋浓缩至规定浓度；熬制过程中会发生各种物理化学反应，生成焦糖、类黑精等呈香、呈味、呈色物质，增加保宁醋的香味和色泽；熬制还有利于生醋中的不稳定成分形成沉淀，具有灭菌、延长保质期的作用。将经过热处理的保宁醋趁热过滤，除去醋液中的沉淀，使醋液澄清、色泽光亮。

6. 陈酿

经过熬制、过滤的保宁醋，必须经过3～12个月的密闭陈酿方可包装。在陈酿期间，醋液中的酸、醇、醛、酯、酚、酮类等物质进一步发生各种物理化学反应并相互融合以增加和协调其色、香、味，最终形成四川保宁醋色泽红棕、醇香回甜、酸味柔和、久陈不腐等独特风格。

（三）工艺特点

1. 生料麸皮制醋

在保宁醋生产工艺中，麸皮集主料、辅料、填充料的功能于一身，具有节约粮食、简化原料配比、简化工艺操作的特点。麸皮还含有蛋白质、戊糖、半纤维素等成分，有利于产品色、香、味的形成，在发酵过程中有利于食醋色素的形成。麸皮未经蒸煮直接用于制曲，可节省蒸煮设备、燃料和劳动力。但采用生麸皮，易夹带较多数量杂菌，在制曲开始不利于有益微生物的快速生长，如管理不善易造成杂菌污染。所以操作时要规范、加强管理、注意环境卫生。

2. 药曲配方独特

制曲过程中，采用60多种中草药为微生物提供营养，调节代谢，从而形成麸醋药曲特有的微生物菌系，并向产品引入特殊成分，这也是其久储不腐的原因之一。但有一部分中草药在抑制有害菌的同时也抑制有益菌，使麸醋药曲的出曲率低，糖化发酵力低，而且整个生产劳动强度大，受外界环境影响大，难以保证药曲品质的稳定性，尤其是冬夏两季差异大。

3. 固态多菌扩大培养方式培养醋母

醋母制备主要是淀粉的糖化和霉菌、酵母、醋酸菌等多种微生物的繁殖，进一步协调醋酸菌系的作用。

4. 糖化、酒化、醋化同池进行

保宁醋是糖化、酒化、醋化同池发酵进行，生成的糖随即转化成酒精，生成的酒精随即氧化成醋酸，不存在糖、酒精浓度过大阻碍发酵的弊端。同时，发酵过程中通过 9 次秒糟，即翻醅来实施发酵时的管理，实现菌体与料混匀、疏松透气、调节品温的作用。9次秒糟使发酵过程中氧气含量九起九落，发酵温度九升九降，糖化、酒化、醋化轮番消涨。菌系中的微生物各有其生长繁殖的最适时期，酶各有其发挥作用的最好机会，糖、酒、醋呈现脉冲连锁而交替地生成，巧妙地使糖化、酒化、醋化三者同时兼顾，使保宁醋香气、味感、营养成分大量而又协调地产生，给保宁醋带来了柔和、圆润、浓厚、幽香的特色。但整个过程劳动强度大占用设备多，对工人的经验性依赖性较大，易导致产品质量的不稳定。

（四）麸醋质量指标

1. 感官指标

色泽—棕红色到棕褐色，有光泽；香气—具有麸醋的醇香和酯香；滋味—酸味柔和、味鲜回甜，具有麸醋特有的滋味；体态—浓度适宜、澄清、无沉淀、无浮膜。

2. 理化指标

麸醋理化指标见表 6-6。

表 6-6 麸醋理化指标　　　单位：g/100mL

项目	特级	一级	二级
总酸(以醋酸计)	6.0	5.0	3.5
氨基酸态氮(以氮计)	0.4	0.3	0.2
还原糖(以葡萄糖计)	2.5	2.0	1.4

四、 红曲老醋的生产

红曲老醋是选用糯米、红曲、芝麻为原料，采用分次添加，进行液体发酵，并经多年陈酿精制而成。它是一种色泽棕黑、酸而不涩、香中有甜、风味独特的酸性调味品。

（一） 福建红曲老醋工艺流程

福建红曲老醋工艺流程见图 6-13。

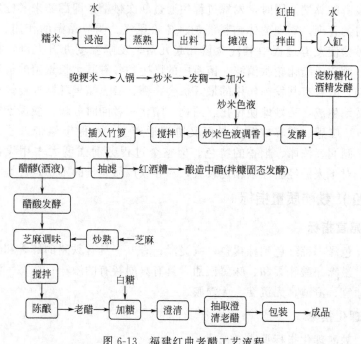

图 6-13 福建红曲老醋工艺流程

（二） 操作要点

1. 浸泡

将每次投料 285kg 糯米置于浸泡池中，加入清水，水层比米粒高出 20cm 左右，冬春浸泡时间控制在 10～12h，夏秋一般控制

在 6～8h，要求米粒浸透又不生酸。浸泡后，捞出放入米笋内，以清水洗去白浆，淋到清水出现为止，适当沥干。

2. 蒸熟

将沥干的糯米分批蒸料，每次约 75kg，放入蒸桶内铺平，开少量蒸汽。若局部已冒蒸汽，用铁铲将米摊在冒汽的地方，力求出汽均匀。然后逐层加入糯米，铺平，盖上水盖，开大蒸汽，待冒汽后，继续蒸 20～30min，使糯米充分熟透。

3. 拌曲

趁热将糯米饭用铁铲取出，放置于饭盘上。待冷却到 35℃（夏秋）或 38℃（冬春），拌入米量 25％的古田红曲，迅速翻匀，及时入缸。

4. 淀粉糖化及酒精发酵

依自然气候条件，掌握好入缸的初温、加水次数、加水温度以及保温降温等措施，控制糖化的品温在 38℃。加水量一般控制在每 50kg 糯米饭加 100kg 左右的冷开水。

将拌曲的糯米饭 50kg 放入缸，第 1 次加入约 60kg 冷开水，迅速翻匀。搅碎饭团，让饭、曲、水充分混合，铺平后加盖，进入以糖化为主的发酵。注意保温和降温等措施，控制主发酵品温为 38℃。隔 24h 左右，饭粒糊化，发酵醪清甜，可第 2 次加入冷开水 40kg，进入以酒精发酵为主的发酵，品温可达 38℃左右。以后每天搅拌 1 次，第 5 天左右，每缸加入约 10kg 的炒米色液（由 4kg 晚粳米制成），每隔 1 天搅拌 1 次，直至红酒糟沉淀为止。糟沉淀后，及时插入竹笋，以便抽取澄清的红酒液（醋醪）。生产周期 70 天左右，酒精体积分数 10％左右。

5. 醋酸发酵

采用分次添加液体发酵法酿醋，分期分批地将红酒液用泵抽取放入半成品醋液中，每缸抽出和添加 50％左右，即将第 1 年醋液抽取 50％于第 2 年的醋缸中，将第 2 年醋液抽取 50％于第 3 年的醋缸中，将第 3 年已成熟的老醋抽取 50％于成品缸中，依次抽取和添加进行醋酸发酵和陈酿。

在第 1 年醋缸进行液体发酵时，加入醋液 4％的炒熟芝麻作为调味料用。

醋酸发酵期间，要加强管理，每周搅拌 1 次。如能控制品温在 25℃左右，则醋酸菌繁殖良好，液体表面具有菌膜，色灰有光泽。

红酒糟也可拌糠固态发酵酿造，用于生产中等品质的食醋。

6. 配制成品

将第 3 年已陈酿成熟、酸度在 80g/L 以上的老醋抽出，过滤于成品缸中。加入 2％的白糖（白糖经醋液煮沸溶化），搅匀，让其自然沉淀，吸取澄清的老醋包装，即得成品。

每 100kg 糯米生产福建红曲老醋 100kg。

（三） 福建红曲老醋质量指标

1. 感官指标

色泽——棕色，液清；香气——特有的浓郁香气；口味——酸中带甜，味醇厚。

2. 理化指标

浓度≥5°Bé；酸度≥8.0g/100mL；糖分≥2.18g/100mL；总酯≥1.0g/100mL；氨基酸态氮≥0.22g/100mL。

五、 江浙玫瑰米醋的生产

传统玫瑰米醋生产已有上百年的历史，最早酿制采用的原料以糯米为主，随着历史的发展，逐步转为粳米到至今以籼代粳为原料。玫瑰醋的生产在浙江杭嘉湖一带相当普遍，该产品色泽呈鲜艳而透明的玫瑰红色。在全国几大类的名醋中，唯有玫瑰米醋与福建红曲老醋采用液体表面发酵工艺，但玫瑰米醋在色、香、味的形成上又和福建红曲老醋有不同点。玫瑰米醋以籼米为原料，不加糖色和芝麻等调料，在酿制工艺上，是以米饭的自然培菌发花，多菌种混合发酵。充分利用环境中的野生霉菌、酵母、细菌，经过糖化、酒化、醋化，使这些野生菌所生的代谢物质形成玫瑰米醋特有的色、香、味、体的特征。

（一）玫瑰米醋工艺流程

玫瑰米醋工艺流程见图 6-14。

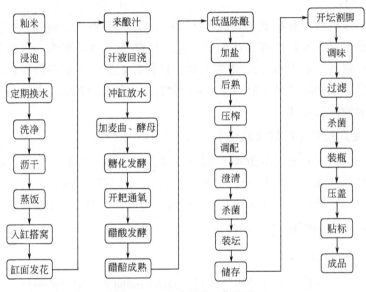

图 6-14　玫瑰米醋工艺流程

（二）原、辅料及配比

1. 籼米

呈细长形，黏性弱，在品种上分早籼和晚籼。其主要成分质量分数为水分 11%、蛋白质 8.2%、脂肪 2.3%、碳水化合物 74.5%、粗纤维 1.1%、灰分 1.33%。

2. 麦曲

麦曲中微生物主要含有米曲霉、根霉、毛霉及微量的黑曲霉和野生酵母。生产玫瑰米醋的糖化剂通常采用两种曲，即生麦曲与熟麦曲。麦曲用量前者 5%，后者 2.5% 左右，加生麦曲制成的米醋风味好，但淀粉利用率低，加熟麦曲具有酶活力高、液化力强、用曲量少的特点，但不足之处在于不能像生麦曲那样赋予米醋较多的风味代谢产物，但出醋率略高。

3. 酒母

采用菌种有 K 氏酵母或 1300 等，这两种菌种属于同一个种属中的不同品系，各有自己的特点。K 氏酵母前期发酵快，酒精得率比较高，但 1300 适合浓醪发酵。目前各地生产企业都根据自身的特点和实际情况选用不同的酵母菌种，进行自培扩大培养，用于米醋的酒精发酵。

4. 生产配料（以缸为单位）

籼米 100kg（出饭率控制在 200% 左右），麦曲（生）5kg、（熟）2.5kg，酒母 10kg，食盐 2.25kg，总控制量 450kg。

加水量＝总控制量－（出饭后的平均饭量＋用曲量＋酵母量）。

（三）操作要点

1. 浸泡及洗净

籼米与糯米和粳米相比较硬，浸渍的时间要根据米质硬度、水温适度掌握。先将籼米冲洗，倒入缸内，加水高出米粒 12～20cm，浸泡，缸的中央插入空心竹箩，高出水面。浸米要求米粒浸透，每隔 3 天在竹箩中定时换水，注入清水要求不混浊为止。一般浸泡 10～12 天，捞出放在米箩内，用清水淋冲，洗净黏附在米粒上的黏性浆液，使蒸汽能均匀通过饭层，否则这种黏性浆液易使蒸汽局部不畅产生没有蒸熟的饭粒。

2. 蒸饭

采用串联立式连续蒸饭机，台时产量要严格控制熟饭流量和流速为 1.8～2t/h。开蒸汽，从加米到放出熟饭以前要闷 10～20min，

达到熟透前暂停放饭，同时前道落饭，加入 65℃热水，隔 5min 放出余水，进后道蒸饭机，蒸后要求饭粒完整，以手捻无白心，控制出饭率在 200% 左右。如果出饭率较低，在入缸窝发花期间，混合霉分泌酶系缺少水分，酶活力下降，产生的醪液少，不利于米饭的糖化和分解。

3. 入缸搭窝

将蒸熟的米饭倒入清洁的大缸中，视大缸容量大小而定，一般为 500L 大缸装入米饭 200kg，然后用木锨打饭降温，中间放入酒坛 1 只搭成圆形窝，四周稍压紧，最后半盖草缸盖。到第 2 天温度下降到 45℃以下，去掉酒坛，全盖草缸盖，做好室内保温。打窝中要注意防止去掉酒坛时饭面塌窝。如发现及时补好，否则会造成米饭中间发花不好，而且温度达不到要求，形成馊酸味。

4. 缸面发花

发花是培养各种微生物。利用草盖中的自然菌落和落到饭面上的外界微生物，混合发花，发花期一般掌握在 10～12 天，米饭面上和四周缸壁上长满红、黄、黑、绿、灰、白等微生物，即为发花完成。发花期间，品温逐渐升高，但以不超过 40℃为宜。如超过40℃以上，要及时开盖降温。

5. 汁液回浇

缸里培养发花 10～12 天后，窝里已有 40% 汁液。缸面表层温度上升，水分挥发，菌丝逐渐萎缩，内部渗透压增大，发酵基质与酶的扩散速度逐渐减慢，此时要及时将汁液回淋在缸面，使汁液均匀渗透到酿醋的各个部位，提高酶的活性，同时有利于调节酿醋上、中、下温度，保证液化、糖化正常进行。

6. 冲缸放水

通过回淋醪液，缸内醋的温度逐渐下降到 37～38℃，同时凹孔内汁液含糖分 27%～30%，酸度 25～28g/L，氨基酸态氮 1.5～

2.2g/L，尝之甜里带酸，并有正常的醋酸香味，此时从饭粒入缸发花培菌到自然酶系分解变为半固态半液态已结束，然后打散醋醅，冲缸放水。放水后加入酵母和麦曲，盖上草缸盖进行发酵。

7. 醋酸发酵

冲缸放水到醋酸发酵成熟前后 3 个多月时间中可分为两个过程。醋醅沉淀前 16～25 天和沉淀后 70 天。从整个过程来看，这两个过程不能截然分开。淀粉分解、酒精发酵是连续发生而又相互交叉进行，但首先进行的是淀粉糖化，继而才是酒精发酵，同时由于空气和工具中带入到醅缸中的醋酸菌繁殖，逐步将醋醅中的酒精氧化成醋酸。因此在酒精和醋酸发酵阶段要严格控制品温以及适时开耙。

加水后 1～2 天，温度上升到 32℃以上，开头耙降温。以后每天开 1 次耙，捏碎浮于缸面上的醋醅，增加氧气溶入机会，以利于醋酸生成，同时有利于原料分解和排除 CO_2。经 16～20 天，醋醅自然下沉，缸液表面醋酸菌大量繁殖，闻之酸味较强，隔天将缸面轻轻搅动；盖好草缸盖，并经常轮换日晒草缸盖，以保持其发酵温度。在发酵期间如发现部分缸面受到杂菌污染，液面生长产膜性酵母菌（俗称生白花），可在酒精发酵结束转入发酵时，在生白花的大缸中加入溶解的苯甲酸钠 0.07％左右，搅拌数次，几天后，产膜性酵母菌便自动消失，菌体会下沉，液面恢复正常。持续发酵 30 天醋醅中菌膜逐渐消失，醋液呈玫瑰红色，醋汁清亮，有醋香味，不浑、不黄汤，醋酸含量达 45g/L 左右，发酵醅中残余酒精含量为 0.2％～0.5％，酸度不再上升，酒精氧化将完成时，即为醋酸发酵结束。

8. 加盐及后熟

醋酸发酵完毕后，立即加盐，用量为成熟醅的 2％～5％。加盐主要是抑制醋酸菌等不耐盐菌的生理作用，及时阻止醋酸菌对醋酸的分解，同时在产品味觉上起增加风味的作用，加盐后，再延长一段时间，即为后熟期。

9. 压榨、调配

传统生产的压榨是用杠杆式木榨进行压滤，滤袋用绢袋，将醋醪装入滤袋扎紧，利用木榨进行压榨，清液流入缸中。第 1 次压滤完毕，取出头渣放入缸内，捏碎加清水浸泡 24h，再进行压滤，得第 2 次滤液。2 次滤液分别装入缸内沉淀后，每缸取样化验。根据理化指标、缸与缸之间的香气、口味、体态含量，将各不相同的醋按照比例混合调配，使其取长补短，达到平衡。

10. 杀菌、装坛

调配完成后将沉淀的醋液去脚，然后进行灭菌（温度 82℃ 以上）。将经灭菌后的醋装入到干净干燥的醋坛内，坛口封泥，移入库内，储存 6 个月，以进一步提高食醋的陈香味。

11. 灌装、成品

通过 6 个月储存，醋的稳定性进一步提高，然后调味、过滤，再消毒杀菌（温度 65℃ 以上），装入清洁干净 250～500mL 的玻璃瓶中。压盖、贴标、装箱、检验、成品、出厂。

（四）玫瑰香醋的质量规格

1. 玫瑰香醋的感官标准

色泽——具有透明鲜艳的玫瑰红色；香气——有促进食欲的特殊清香；口味——柔和不刺激，味感醇和，略带鲜甜味。

2. 玫瑰香醋的理化指标

总酸（以醋酸汁）40～45g/L，糖分 25g/L，氨基酸态氮 1.8g/L。

六、喀左陈醋的生产

辽宁喀左陈醋，也称大城子陈醋，产于辽宁省喀喇沁左翼蒙古族自治县大城子镇。大城子陈醋采用高粱为原料，麸曲、酒母为辅料，长期低温酒精发酵，醋酸发酵接种引火等一系列独特工艺，产品具有色泽鲜艳、气味清香、入口甜酸不涩、味长醇厚、久放不变质的特点，在东北地区享有盛誉。

（一）工艺流程

喀左陈醋工艺流程见图 6-15。

高粱→粉碎→润料→蒸料→冷却→拌匀→糖化与酒化→分醋→看醋→
醋熟→下盐→倒缸→看醋→醋熟→下盐→淋醋→灭菌→沉淀→成品

图 6-15　喀左陈醋工艺流程

（二）操作要点

1. 原料配比

高粱 100kg，麸曲 40kg，酒母 40kg，高粱壳 140kg，麸皮
60kg，水 300kg。

2. 起窖子（润料、蒸料、冷却、拌匀）

将高粱粉碎成粒状（通过 18 目筛），按每 100kg 加水 45kg，
润料 2h，装锅。常压蒸料 2h，闷 1h 出锅，用扬渣机打匀冷却，冬
季凉至 40℃，夏季越凉越好。加麸曲 40kg、酒母 40kg，拌匀入发
酵池，再补水 255kg。

3. 糖化与酒化

原料入池后，温度上升，每日打耙数次，约经 3 天发酵结束。
以塑料薄膜封池，进入主发酵及后发酵，至第 14～15 天，酒精发
酵结束。品温降至 20～25℃，酒精浓度达 7%～8%，酸度 1.5%，
即转入醋化。

4. 醋化

工艺操作分两步进行。

（1）分醋　将高粱壳、麸皮按比例拌匀于槽中，放入酒醪，拌
匀。入缸，堆成凸形加盖。

（2）看醋　也称看缸。先看上半缸，入缸后每日翻拌 1 次，分
醋后第 2～3 天开始升温，一般 32～35℃。如接入发酵旺盛醋醪

（接种引火），温度可达 35～40℃，此时每日早晚各翻拌 1 次。经"大火期" 3～4 天，温度高达 43～45℃。至入缸 8～9 天后，品温下降到 25℃左右，醋醅成熟，酸味扑鼻，应及时下盐（每缸 50kg 主料，下盐 3kg，半缸下盐 1.5kg），并将醋醅挖成凹形，散冷后上半缸倒入另一缸内砸实，下半缸倒入上半缸，如前进行看醋，这样共 16～18 天，将全缸醋醅压实。上部做凸形，于室外进行陈酿后熟。淋醋的方法与一般工艺同。每 100kg 主料可出成品 500kg。

（三）工艺特点

尽量采用纯种培养，对稳定质量，提高出品率起到保证作用。酒精发酵在低温下进行，周期较长，对酯类的生成有利，改进了产品风味。采用固体醋酸发酵接种引火，系生产中自然驯养醋酸菌，适应性强，也保证产品的特有风味。

（四）理化指标

总酸≥5.0g/100mL，还原糖≥4.5g/100mL，氨基酸态氮≥0.22g/100mL，固形物≥12.1g/100mL，相对密度≥1.065，食盐≥2.0g/100mL。

七、 南六堡大曲醋的生产

南六堡大曲醋是山西省的优质产品，曾被原农牧渔业部评为优质产品。

（一） 制作大曲

制曲要经原料粉碎、加水拌和、踩曲、入室、上霉、晾霉、起潮火、干火、后火、养曲、出曲和成曲等工艺步骤。

1. 原料粉碎、 加水拌和

制曲的原料是大麦和豌豆。配料中大麦占 70％，豌豆占 30％。混合后粗面与细面的比例，冬季粗面 40％，细面为 60％；夏季粗面 45％，细面 55％；加水量一般为原料的 50％。制 100kg 大曲，需要原料为 125kg。

2. 踩曲

将曲面装入曲模，踩实。踩好的曲块叫"曲坯"。曲坯厚薄均匀，外形平整，四角要踩结实，每块约 3.5kg，外形为 28cm×18cm×5.5cm。

3. 入室

入室前，曲室内应先进行彻底消毒灭菌。曲坯入室后，依次排列，摆成 2 层。地上铺谷糠，层间用苇秆隔开，上面撒粗谷糠。曲坯间的距离为 3cm，行距 1.5cm，要将曲室摆满为好，小开窗户 5～6h，让曲坯表面水分蒸发。当蒸发到不粘手时，用预先喷过水的芦苇席（湿度以不滴水为准）盖在曲坯上面，关闭门窗，冬季用席 2 层，夏季 1 层。室温保持在 25～30℃。

4. 上霉

上霉期要保持室温暖和，冬季需 4～5 天，夏季需 1～2 天。当曲坯稍有发白，曲温升到 40～41℃时，表示上霉良好，应揭去席子。揭席后，小开窗户放潮，停止上霉。等曲坯表面不粘手时，进行第 1 次翻曲，将曲坯由 2 层翻至 3 层，上层翻到下层，下层翻到上层，可根据曲坯表面长霉情况进行。如下层的曲坯还未上霉，要关闭门窗继续上霉。

5. 晾霉

曲坯翻过之后，窗户逐渐开大，使曲表面水分逐渐蒸发。晾霉温度为 24～28℃。晾霉时通风不宜过大，否则曲坯表面易出现裂纹。2 天后，曲坯表面已不粘手，苇秆逐渐干燥，即可关窗保温。

6. 起潮火

起潮火是指大曲开始发酵后曲坯升温，开始 1～3 天为前期阶段，当曲温达 43～44℃时，开窗放潮，使之降至 40～41℃，然后关窗升温。此后，每当曲温升到 44～46℃时，就开窗放潮（需 2～3 天）。每隔 1 天翻曲坯 1 次，由 3 层翻至 4 层，曲坯间的距离也加大到 6～7cm，潮火后的第 4～6 天为后期阶段，当曲温升至 46～

47℃时，再翻 1 次曲坯，把曲坯翻为 6 层，要拉掉苇秆，每层都排成 "人"字形，曲坯间的距离增加到 9～10cm。这时，曲坯内心夹杂黄色，酸味显著减少，微微出现干火味。

7. 干火

曲坯入曲室 10～11 天进入干火期。将曲坯由 6 层翻为 7 层，上下、内外互换位置，曲坯间的距离增到 13cm，曲温升至 47～48℃，再冷却到 37～38℃。此后每隔 2 天翻 1 次。干火期需 8 天左右。

8. 后火

曲坯在干火期尚有余火，曲心内还有生面，宜用火攻 2～3 天，使之全部成熟。当曲温升至 42～43℃时，应晾至 36～37℃。翻曲仍维持 7 层，曲坯之间的距离上面缩小为 5cm，下面仍为 13cm，上下、内外互相换位置。

9. 养曲

大曲成熟后，进入养曲期，即用微火养曲 2～3 天，翻曲仍为 7 层，曲坯间的距离全部缩小至 3.5cm，曲温保持在 34～35℃。

10. 出曲

成曲需在曲室内大晾数日，然后移出曲室，储存于阴凉透风处，码放仍保持 "人"字形，保留空隙，以防发热。

（二） 曲醋生产

曲醋要经过原料粉碎、加水润糁、蒸料、出料、泼水、冷却、加曲搅拌、入缸、酒精发酵、拌醋坯、翻坯、醋化发酵、熏坯、淋醋、陈酿、杀菌化验，才能成品出厂。

1. 原料粉碎

用高粱作原料，磨细磨匀。

2. 加水润糁

把高粱面摊放在晾场上，洒入重量为高粱重 55％的清水，堆积润糁 12h，使原料充分吸足水分，以利糖化发酵。

3. 蒸料

将润好的高粱面搅拌，入甑蒸料。装料时不得一次装入，要上1层汽，撒1层料。用大火猛蒸2h，把料蒸熟。要求熟而不黏，内无生面，越熟越好。

4. 出料、冷却、加曲搅拌

熟料出甑后，用100℃的沸水浸闷（水量为高粱重量的22%），同时用风扇降温（没有电风扇则靠自然降温）。降至25～26℃时，加入料重50%的大曲，拌匀后入缸，再加水（为高粱重量的65%），总用水量为高粱的335%。

5. 酒精发酵

入缸发酵时原料的温度，冬季应控制在20℃左右，夏季控制在25～26℃。入缸第3天，发酵料温达30℃，第4天发酵达最高峰，此时可用塑料布封口盖草席，发酵13～15天开盖。正常发酵的坯应为黄色，酒精体积分数达7%～8%，酸度质量分数0.5%～1%。如温度过高，坯变成黑色，含酸度大，则为不正常。

6. 拌醋坯

用发酵好的酒精坯与辅料（谷糠、麸皮）拌均匀，严格掌握水分（拌好的醋坯，用手握紧后，五指缝能压出水滴最合适），使酒精浓度在4%左右，不得过高或过低。

7. 醋化发酵

将拌好的醋坯装入醋缸，醋坯入缸前，应呈凹形。入缸后把前一天已起火的醋坯3～4kg加入缸中，用新坯轻轻包成凸形，使新醋坯逐渐起火。从第2天开始轻轻翻坯，3天内使90%的醋坯达到39℃左右。第4～6天，将醋坯搓1遍，使坯子内部的醋酸菌充分氧化。

8. 熏坯

将50%经醋化发酵的醋坯装入熏缸，用煤火熏。每日按顺序翻缸1～2次，熏5～6天即成。熏坯时火力要均匀，上面用煤泥糊

住，使火苗全部进入熏火道。这样熏成的醋坯不焦，呈黑红色，发亮。

9. 淋醋

将白坯（未熏醋坯）和黑坯（熏坯）分别装入各自的淋缸，将前次淋醋时剩下的"醋潲"（即不够标准的醋）倒入白坯缸内，加2倍于醋坯的水，浸泡12h即成白醋。将白醋倒入大锅中煮沸，加入茴香、八角、陈皮等作料，以增加醋的芳香味。倒入黑坯缸，浸泡4～6h便成大曲醋。每100kg高粱可酿制酸度为5％以上的大曲醋500kg。

10. 陈酿

大曲醋制成后即可食用。但制老陈醋还必须再经"夏暴晒，冬捞冰"的陈酿过程，一般要经10个月后方可食用。

（三）几点说明

① 曲坯在曲室里因发酵而温度升高，术语称为"火"。这里的"潮火""干火""后火""余火"和"微火"，都是指发酵阶段或控制发酵温度而言，不是指另外的加温，从"潮火"开始到"养曲"期间，调节好温度是制曲的关键，一定要按工艺要求进行操作。

② 在酿醋期间，总用水量为高粱重的335％，另外还有5％的水根据季节调节使用，天冷时要加，天热时可不加。

③ 拌醋坯时，酒精坯与辅料的配比为1∶1。

八、静观醋的生产

静观醋始创于清朝末年，原产于重庆江北县静观镇。静观醋采用四川传统方法低温陈酿后熟工艺，以麸皮、大米为主要原料，采用铁马鞭、黄金子、蓼子草及乌梅4种中药制成专用药曲，用米粥和药曲制成醋母液，再均匀拌上麸皮上池装桶，陈醅发酵酿制而成。产品为红褐色，不发乌，醋香宜人，味醇厚而回甜，浓度适当，精装2年不变质。

（一）工艺流程

静观醋工艺流程见图 6-16。

中草药、麸皮、水 → 培养 → 药曲、麸皮

大米 → 清洗 → 煮粥 → 入池冷却 → 发酵 → 拌和 → 醋醅 → 翻醅 → 发酵

入库 ← 装瓶 ← 澄清 ← 配制 ← 检验 ← 灭菌 ← 淋醋 ← 浸泡 ← 陈酿

图 6-16　静观醋工艺流程

（二）制作方法

1. 制药曲

取铁马鞭 1kg、乌梅 2.5kg、黄金子 6kg、蓼子草 5.5kg，切成 7~10cm 长或磨成粉末，加入 50kg 麸皮、30kg 水，混合均匀，压成砖块形，每块重约 2kg。放置于 28℃左右的温室进行培养，使发热。6~7 天后热退转凉，翻倒，置于通风场所，干燥，1 月后即成药曲。

2. 制醋母液

将大米清洗沥干，加水数倍煮成米粥（米粥的总量为大米的 10~11 倍）。倒入池内冷却至 37~38℃加入药曲，每 100kg 大米加 5~6kg 药曲，将药曲粉碎与米粥搅拌均匀，次日起即发酵。室内温度在 25℃左右，空气中的微生物自然落入醋母液里，与药曲中的微生物共同发酵，7 天左右产生醋酸的清香味。夏天每天搅拌 1 次，冬天隔天搅拌 1 次，10 天左右发酵停止（视其季节不同时间有所差异），待醋母液澄清，即可与麸皮拌和制成醋醅。

3. 制醋醅、翻醅、发酵

先将醋母液搅匀。将 750kg 麸皮装入发酵槽中，然后加入醋母液，充分拌和均匀（麸皮与醋母液为 1:1），堆积成丘形，高约 1m，加盖草帘使其发酵。待醋醅温度升至 40℃左右，开始翻醅。

翻醅时将上层醋醅翻至下层，达到调节温度，散发热量，并供给微生物以新鲜空气的作用。每天定时翻醅1次。醋醅先由酒香转为醋香，翻10余天后，醋醅温度下降。当温度为20℃左右，醋酸味较浓时，即可移入池（桶）中陈酿。

4. 陈酿

将发酵好的醋醅装入池（桶）中，踩紧。盛满后加上1层盖面盐，厚约3cm。醋醅陈酿期一般为11个月左右，陈酿期越长，醋的风味越好。

5. 淋醋

将成熟的醋醅松散地倒入淋醋池（缸）中，用前次淋得的头道尾醋浸泡。一般头天浸泡第2天淋醋，头道尾醋淋完后即得成品生醋。

6. 灭菌、检验、配制、澄清

将生醋加热至85℃，维持30min灭菌。经检验、配制后，使其澄清，即得成品静观醋。

（三）质量标准

1. 感官指标

色泽，红褐色；香气，具有食醋特有的醋香气，无其他不良气味；口味，酸味醇厚而回甜，无其他异味；体态，浓度适当，澄清，无沉淀物。

2. 理化指标

总酸含量（以醋酸计）$\geqslant 7g/100mL$，氨基酸态氮含量（以氮计）$\geqslant 0.6g/100mL$，还原糖含量（以葡萄糖计）$\geqslant 2g/100mL$。

（四）注意事项

制药曲的药材必须是新鲜的，各种药材的配比要严格掌握；米粥一定要煮熟无夹生；母液培养时，注意不要过老；醋醅装入陈酿池（桶）时，要踩紧，否则会引起倒烧。

第五节　果醋

一、　果醋的加工方法

果醋的加工方法可归纳为鲜果制醋、果汁制醋、鲜果浸泡制醋、果酒制醋四种方法。

鲜果制醋是将果实先破碎榨汁，再进行酒精发酵和醋酸发酵。其特点是产地制造，成本低，季节性强，酸度高，适合作调味果醋。果汁制醋是直接用果汁进行酒精发酵和醋酸发酵，其特点是非产地也能生产，无季节性，酸度高，适合作调味果醋。鲜果浸泡制醋是将鲜果浸泡在一定浓度的酒精溶液或食醋溶液中，待鲜果的果香、果酸及部分营养物质进入酒精溶液或食醋溶液后，再进行醋酸发酵。其特点是工艺简洁，果香好，酸度高，适合作调味果醋和饮用果醋。果酒制醋是以各种酿造好的果酒为原料进行醋酸发酵。不论以鲜果为原料还是以果汁、果酒为原料制醋，都要进行醋酸发酵这一重要工序。

果醋发酵的方法目前有固态发酵法、液态发酵和固液发酵法。这三种方法因水果的种类和品种不同而确定，一般以梨、葡萄、桃以及沙棘等含水多、易榨汁的果实种类为原料时，宜选用液态发酵法。以山楂、猕猴桃、枣等不易榨汁的果实为原料时，宜选用固态发酵法。固液发酵法选择的果实介于两者之间。目前开发各种果醋和果醋饮料有山楂醋、中华猕猴桃醋、柿子醋、葡萄醋、菠萝醋、苹果醋、梨醋、黑糖醋、沙棘醋等。

（一）　液态酿造法

果醋液态发酵工艺流程见图 6-17。

1. 表面静态发酵法

表面静态发酵法的主要操作要点如下。

（1）清洗　将水果投入池中用清洁水冲洗干净，拣去腐烂水

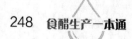

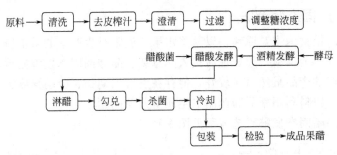

图 6-17　果醋液态发酵工艺流程

果，取出放入竹篓沥干。

（2）去皮榨汁　将水果用机械或人工去皮去核，然后榨取其汁，一般果汁得率在 65%～80% 之间。

（3）澄清　将果汁放入桶内用蒸汽加热至 95～98℃，然后冷却到 50℃，加入用黑曲霉制成的麸曲 2% 或果胶酶 0.01%，保持温度 40～50℃，时间为 1～2h。

（4）过滤　将经处理后的果汁再过滤 1 次，使之澄清。

（5）酒精发酵　果汁降温至 30℃，接入酒母 10%，维持品温 30～34℃ 之间，进行酒精发酵 4～5 天。

（6）醋酸发酵　将果酒加水稀释至 5%～6%。接入醋酸种子液 5%～10%，搅匀，保持发酵液品温在 28～30℃，进行静置发酵。经 2～3 天后，液面有薄膜出现，证明醋酸菌膜形成，醋酸发酵开始，连续发酵至 30 天左右即可成熟，此时以发酵醪含酒精体积分数 0.3%～0.5% 之间为度。一般要求 1% 酒产 1% 的醋酸，有条件的工厂可采用液体深层发酵法（即全面发酵法），发酵效率可提高 10～20 倍。

2. 液体深层发酵法

利用发酵罐通过液体深层发酵获得产品，具有机械化程度高、操作卫生条件好、原料利用率高、生产周期短、质量稳定易控制等优点，但产品风味较差。为此，常采用在发酵过程中添加产酯酵母或采用后熟的方法以增加产品的风味和质地。

（二）固态酿造法

以粮食为主要原料，以某些水果（通常是生产中的果皮渣、残次果等）为辅料，经处理后接入酵母菌、醋酸菌固态发酵制得。该法生产的产品虽然风味较好，但存在发酵周期长、劳动强度大、废渣多、原料利用率低和产品卫生质量差等问题。

果醋固态发酵工艺流程见图 6-18。

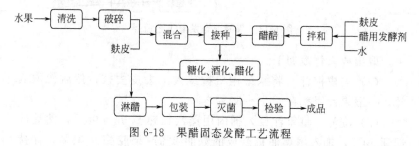

图 6-18　果醋固态发酵工艺流程

（三）固态-液态发酵工艺流程

果醋固态-液态发酵工艺流程见图 6-19。

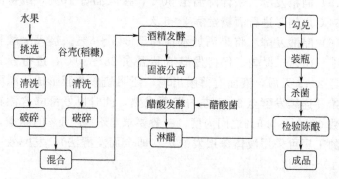

图 6-19　果醋固态-液态发酵工艺流程

该工艺可分为前液后固发酵和前固后液发酵两种，即酒精发酵和醋酸发酵阶段分别采用固态或液态的两种不同形式的工艺。如广西南宁酱料厂以皮渣为醋酸菌的载体，采用液态酒精发酵、固态醋酸发酵、利用液体浇淋工艺生产菠萝果醋。该法与传统的固态发酵法相比，缩短了发酵周期，降低了劳动强度，而且原料的利用率也大大提高，但仍存在风味不足的问题。通常采用后熟的方法加以解决。

二、 葡萄醋的生产方法

（一） 葡萄醋的生产工艺

葡萄醋生产工艺流程 I 和葡萄醋生产工艺流程 II 分别见图 6-20 和图 6-21。前者以葡萄为原料，后者以葡萄皮渣为原料。

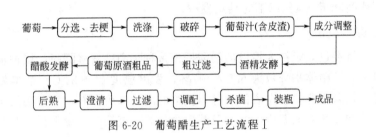

图 6-20　葡萄醋生产工艺流程 I

图 6-21　葡萄醋生产工艺流程 II

（二） 工艺操作

以工艺流程 I 为例。

1. 分选、 去梗

选择成熟度高、果实丰满的葡萄，剔除病虫害和腐烂的果实等，以免影响果醋最终的色、香、味，减少微生物污染的可能。

2. 洗涤、 破碎

流动水漂洗，将附着在葡萄上的泥土、微生物和农药洗净。洗果温度控制在 40℃ 以下，将洗涤后的葡萄用打浆机破碎。

3. 成分调整

为使酿成的酒液成分接近且质量好，并促使发酵安全进行，根据葡萄浆的成分及成品所要求达到的酒精度进行调整。主要是根据检测的结果，计算需补加的糖、酸、亚硫酸钠量。

4. 酒精发酵

将经过活化的酵母液接种入葡萄浆中，接种量为0.9‰，发酵温度28～30℃，初始糖度140g/L，pH4.0。发酵过程中应经常检查发酵液的品温以及糖、酸、酒精含量等。发酵时间为4天左右，至残糖降至0.4%以下时结束发酵。

5. 醋酸发酵

将经过3级扩大培养的醋酸杆菌接种于酒精发酵醪中，接种量11%，酒精体积分数为6.5%～7%，发酵温度32～34℃。醋酸发酵工艺采用叠式动态表面发酵，发酵时间为3天左右，发酵期间每天检查发酵液的温度、酒精及醋酸含量等，至醋酸含量不再上升时为止。

6. 后熟

将发酵成熟醋液泵入后酵罐中陈酿1～3个月。

7. 澄清

为提高葡萄醋的稳定性和透明度，采用壳聚糖澄清，添加量为0.3g/L，澄清后用过滤机过滤。

8. 调配

根据产品要求进行风味调配。

9. 杀菌

将葡萄醋于93～95℃杀菌，杀菌后迅速冷却。

三、 苹果醋的生产方法

我国苹果资源非常丰富，但加工能力远远落后于种植业的发

展，造成资源的浪费。用苹果酿醋，既可充分利用苹果资源，又可使苹果增值。

（一）生产工艺

1. 工艺流程Ⅰ（采用传统的固态发酵法）

苹果醋生产工艺流程Ⅰ见图 6-22。

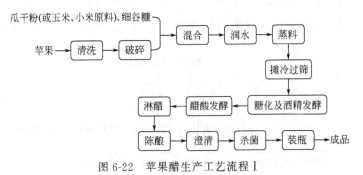

图 6-22　苹果醋生产工艺流程Ⅰ

2. 工艺流程Ⅱ（采用液态发酵法）

苹果醋生产工艺流程Ⅱ见图 6-23。

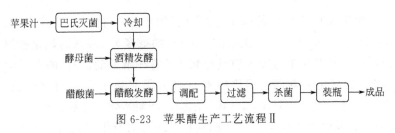

图 6-23　苹果醋生产工艺流程Ⅱ

（二）操作要点

以生产工艺流程Ⅱ为例。

将果汁糖度调整为 $11 \sim 12°Bé$，其中还原糖（以葡萄糖计）28%。添加 1% 葡萄酒干酵母，在 30～33℃下发酵 3 天左右，使酒精体积分数达到 5% 左右。接种醋酸菌，在 30℃左右发酵 3 天，至酸度不再上升为止。

也可不添加酵母，而将苹果汁直接与醋酸菌液按比例混合，在30℃下发酵 2～3 个月，然后调配、过滤、杀菌、装瓶，即得成品。

四、柿子醋的生产方法

（一）工艺流程

柿子醋生产工艺流程见图 6-24。

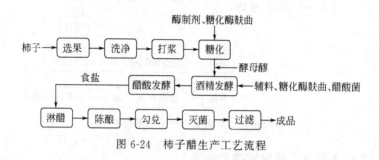

图 6-24　柿子醋生产工艺流程

（二）操作要点

挑选无霉坏变质的柿子，洗净后加水 50％打浆，制得柿汁。调 pH 值至 6.2～6.4，加入果浆量 3％的浓度为 0.2％的氯化钠溶液，再分别按果浆量加入质量分数 1％的纤维素酶、3％的果胶酶和 3％的糖化酶麸曲，糖化约 4h。加入果浆量 10％的酵母醪液，进行发酵，温度控制在 15～40℃之间。当酒精体积分数达到 6％～8％时，及时拌入果浆量 30％的辅料、10％的糖化酶麸曲、10％的醋酸菌种子液和 15％～20％的填充料，进行堆积发酵。发酵过程中应注意翻醅，品温不要超过 41℃，待醋醅的醋酸质量分数达到 6％～8％时，加入果浆量约 2％的食盐，再发酵 2 天后淋醋，原醋液的酸度不低于 55g/L。陈酿，2 个月后倒缸，抽取上清液，清除沉淀，再封缸发酵 1 个月。抽取上清液进行勾兑，然后进行灭菌、过滤，即得柿子醋。

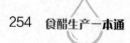

五、 蔬菜醋的酿造生产

（一） 工艺流程

蔬菜醋生产工艺流程见图 6-25。

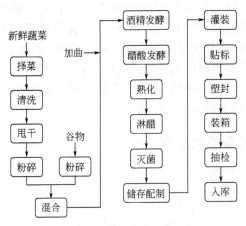

图 6-25　蔬菜醋生产工艺流程

（二） 原料配比

以蔬菜和谷物为主料，将其质量设定为 100%（其中蔬菜 45%～60%，谷物 40%～55%），麦麸 150%～190%，稻壳 130%～150%，大曲 60%～80%。

（三） 操作要点

1. 原料处理

将新鲜蔬菜清除黄枯菜叶，进入浸泡池，浸泡后清洗 2 遍，进而甩干。按比例称重，用专用蔬菜粉碎机粉碎成糊；将谷物如高粱或荞麦等粉碎，过 30 目筛。按比例将上述两者通过搅拌机混合均匀。

2. 酒精发酵

加入大曲，装入发酵罐封口。保持室温 15～23℃，酒精发酵

15～25 天，酒精体积分数应达到 7%～12%。

3. 醋酸发酵

完成发酵之后的物料中，加入麦麸、稻壳，混拌均匀，装入发酵罐。在其表面接入 10% 醋酸菌，在醋酸发酵室发酵，室温 25～39℃。入缸后温度在第 1～3 天升温至 40～43℃，翻缸，要求膨松起尖以保证供应足够的氧气，第 4～6 天保持恒温，第 7 天开始降温，第 10 天调整醋发酵罐为满罐，并压实封口存放，到第 19 天开始淋醋。在淋醋罐内加入前 1 天的白坯水，温度为 80℃，浸泡 8～12h，淋醋。淋出成品醋后，在淋醋罐内加入无菌清水，浸泡 20～48h，收集二淋水供下一次使用。

六、 再制蔬菜醋的生产

（一） 生产工艺

再制蔬菜醋生产工艺流程见图 6-26。

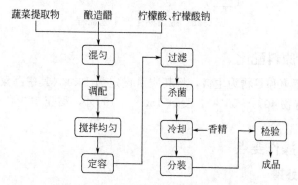

图 6-26 再制蔬菜醋生产工艺流程

（二） 操作要点

1. 原料选择

主料为米醋或其他酿造醋，各类蔬菜如新鲜芹菜，干制品如香菇、木耳等。

  食醋生产一本通

将新鲜蔬菜去掉根和黄叶，用流动水洗净沥干，放入含有0.5%的 ZnSO$_4$ 溶液中烫漂 0.5～1min，注意时间不宜太长，以免破坏其营养成分，色泽变差。打浆，取上清液备用。对于干制品类如木耳、蘑菇等，选择无霉变、质地良好的原料，先浸泡变软，再破碎细磨后过滤取汁液备用。滤渣可再次浸提，过滤，合并滤液，备用。调味配料：蜂蜜、白砂糖、柠檬酸、柠檬酸钠、甜蜜素、香精均为食品级。

2. 调配

按配方的量加入，依工艺流程顺序操作。先将米醋、白糖、柠檬酸、苯甲酸钠加入适量的凉开水，充分溶解，然后加入蔬菜汁，搅拌均匀，捞去溶液表面的泡沫及杂物，再加入甜蜜素、蜂蜜等，调 pH 值使其达到要求指标，如不够要求指标，必须进行调配至达到要求为止。

3. 过滤

将混合均匀的饮料液体通过板框式过滤机滤去细小微粒。

4. 杀菌

将调配制好的新醋饮料，置于 100℃ 恒温杀菌 30min。

5. 冷却、分装、检验

杀菌后的饮料冷却后加入少许香精，充分搅匀后放置约30min。然后滤入灭过菌的容器中，封口。倒置检验是否漏气、漏液。

第六节　其他食醋的生产

一、熏醋的制作

熏醋是食醋品种之一，主要产地为山西、河北、北京，以山西最为著名。选用高粱为主料，麸皮、谷糠为辅料，采用固态发酵工艺生产。熏醋的主要特点是将成熟醋醅放在陶瓷缸中，缸外围涂抹一层厚 1cm 左右加盐的黄土，利用烟道余热或蒸汽保温熏醅，要求品温为 60～110℃，每隔 12h 翻醅 1 次，一般翻 5～6 次。熏后醋醅呈黑褐色，微带红，有光泽，稍有点焦苦味。将此熏醅加入淋醋缸中作为增色剂。熏醋色泽黑褐，挥发性酸味少，上口酸而柔和。

二、 传统工艺糟醋的生产

糟醋是一种以香糟为原料的食醋，以镇江产的最为著名。

制法：将压榨黄酒后的酒糟压碎、过筛，灌入坛内（或缸内）压实，上面用泥密封，隔年取出即成香糟。香糟加水加谷糠拌匀制成醋醅，置于缸内，不必加盖，任其发酵。经 2～5 天后，上部醋醅发热，达 42～45℃再添加谷糠，并把上部热醅和下部未发热的部分冷醅拌和，隔 24h 再添加谷糠及翻拌 1 次，13～14 天后分层发酵全部完成。以后每天将全部醋醅移至另一个缸内，经 7～8 天醋醅成熟，再加盐陈酿 30 天，最后加炒米色，淋醋。生醋经消毒、配制后即为成品。

三、 麦芽醋的酿制

麦芽醋是利用麦芽为原料而酿造出来的一种特殊食醋。麦芽醋酿造工艺中，有一道工艺和啤酒相同，即大麦发芽，借助于其糖化酶，将大麦、小麦、玉米等谷物糖化。

该醋在英国、德国较流行，而美国等国消费者却不太习惯食用该醋。麦芽醋具有较浓的柠檬味，多用于腌制蔬菜，在烹饪中，常用作柠檬的代用品。

麦芽醋主要原料经 55～60℃糖化后，过滤得糖液，在 25℃左右加入酵母进行酒精发酵。为了增加香气，也有混入葡萄粒或葡萄渣的。最后接种醋曲，进行表面醋酸发酵，周期约数月之久。

四、 保健醋的生产

保健醋主要指以药食同源的材料为原料或配料，经证实确实有某种功效的食醋。自从 20 世纪 90 年代以来，美国、日本、中国等国家都推出了保健醋。保健型醋的酸度较低，一般为 30g/L（以醋酸计）左右，口感较好，具有一定的保健作用。

（一）调配法生产保健醋

1. 工艺流程

调配法生产保健醋工艺流程见图 6-27。

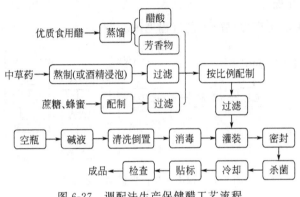

图 6-27　调配法生产保健醋工艺流程

2. 技术要点

① 蒸馏食醋时，温度控制在 100℃左右，不可过分蒸馏，否则有焦糖味，影响醋酸质量。

② 药食同源植物的浸出及使用　中草药的熬制时间要充分，使其有效成分完全浸出，最好采用 2 次熬制。第 1 次药液过滤后，再浸提 1 次。水溶性成分多的药食同源植物，可将其直接加入醋液中浸提，也可加温水浸泡榨汁，然后沉淀，过滤备用。对于脂溶性成分多的药食同源植物，如陈皮类，先蒸馏出易挥发的芳香油后再以醋液浸提蒸馏后的陈皮，经沉淀、过滤后备用。另外，也可采用酒精（食用级）浸泡。

③ 浸出后的中草药，用双层过滤器进行过滤。

④ 蔗糖、蜂蜜按一定比例（1：1）配制，糖度以糖度计读数

为准。

⑤ 将沉淀好的基础醋，药食同源植物提取液按需要进行配兑调配比例，可通过正交试验设计，感官评价确定合适的调配比例，如醋酸含量 1.4%，中草药含量 20%，糖 15%。

⑥ 采用 80℃、10min 或 95℃、5min 杀菌。

（二）浸泡法生产保健醋

1. 工艺流程

浸泡法生产保健醋工艺流程见图 6-28。

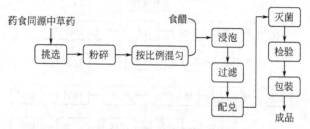

图 6-28　浸泡法生产保健醋工艺流程

2. 原料配比

该保健醋所用中草药中各组分比例（质量分数）大致如下：砂仁 6%～10%，白蔻仁 6%～10%，肉蔻 6%～10%，草果 5%～8%，桂皮 5%～8%，八角 6%～10%，小茴香 6%～10%，花椒 8%～12%，陈皮 8%～12%，香橼 5%～8%，山奈 5%～8%，丁香 5%～8%，白胡椒 5%～8%，甘草 2%～4%，荜拨 5%～8%，荜澄茄 3%～5%，良姜 3%～5%，山楂 3%～5%，槟榔 3%～5%。

3. 工艺操作

① 先将各中草药去除杂质，筛去尘土。粉碎后按比例混匀，浸泡在相当于其重量 12～14 倍量的醋液中，搅拌均匀后加盖封闭放置，每日振摇 1～2 次，放 5 天后过滤，取滤液备用。取同样量

的醋液浸泡药渣，按上述的方法放置 5 天后过滤，弃去药渣。

② 合并 2 次滤得醋液，加入醋液总量 1%～1.5%的糖（可为饴糖、红糖或白糖），充分搅拌，溶解后得成品。

（三） 酿造法生产保健醋

1. 原料配比

糠麸粗杂粮 90%～94%，可食用中草药 6%～10%，适量糖化酶及醋酸菌。

选用的糠麸粗杂粮可为玉米、小米、麸皮、米糠、薯类等，可选比例（质量分数）分别为：玉米 40%，小米 35%，红薯、面粉 9%，米糠、麸皮 16%。

2. 工艺操作

取 90%的糠麸粗杂粮原料，粉碎、混料、蒸汽加热 1h，冷却至 25℃后，加入 10%的天然可食用植物药（粉碎）、微量糖化酶及醋酸菌种，搅拌均匀，发酵。在自然发酵食醋的过程中生成的醋酸就可充分萃取出糠麸粗杂粮及植物药中的有效成分，再按传统工艺淋醋、灭菌制成食醋。

五、 糖醋的生产

（一） 红糖醋

酿制红糖醋是以红糖中所含的糖质为碳源，各有机和无机物为氮源。在培养基上接种酵母菌后，糖质不断地转化为酒精，在醋酸发酵菌的作用下再使酒精转化为醋酸。

1. 原料配比

红糖 3.8kg，水 32L，纯培养酒精酵母、纯培养醋酸菌各适量。

2. 操作要点

将红糖、水放入陶制瓶内，搅拌溶解，成为糖度为 10%的红糖水溶液。向上述溶液中添加适量纯培养酒精酵母，静置 5 天。再添加适量纯培养醋酸菌进行发酵，约经过 90 天，酸度达到 6% 以上，残留乙醇达到 1% 以内，将瓶密封。熟化 70 天左右。过滤，滤掉残渣，得红糖醋 3L。有红糖香气，可作为调味料和保健饮料，其总酸为 6.12%，灰分为 0.29%，钙为 34.7mg，乙醇为 0.45%。

（二）蔗糖醋

1. 原料配比

蔗糖 100kg，浓盐酸 140g，小苏打 140g，硫酸铵 300～400g，酒母、醋酸菌各适量。

2. 工艺流程

蔗糖→浓盐酸水解→小苏打中和→加硫酸铵和水调整浓度→杀菌→冷却→酒精发酵→过滤→醋酸发酵→醋液→淋醋→包装→成品

3. 操作要点

在蔗糖中加入 600%（以蔗糖量计）的 70℃ 温水，添加 0.14%（以蔗糖量计）的浓盐酸水解 1h，使蔗糖分解成单糖。然后降温到 50℃，并加入 0.14% 的小苏打中和糖液。调整 pH 值在 5.4 左右，以利于酒精酵母的作用。加水调整糖液浓度为 7%～8%，并添加 0.3%～0.4%（以蔗糖量计）的硫酸铵作为酵母的营养盐，然后煮沸杀菌。待冷却到 30℃ 左右，即可转入酒精发酵。加入酒母进行酒精发酵，加入醋酸菌进行醋酸发酵。当酸度达到 60g/L 以上，酒精体积分数下降到 1% 以下时，发酵完成。停止发酵后，陈酿一定时间，即可淋醋，包装即为成品。

（三）糖蜜醋

糖蜜醋与蔗糖醋的生产工艺除原料处理过程不同外，其余基本上相同。

1. 原料配方

糖蜜 100kg，浓硫酸 200～300g，硫酸铵 300～400g，酒母、醋酸菌各适量。

2. 工艺流程

糖蜜→加水→加浓硫酸→通入压缩空气→澄清→调整 pH 值→
稀释→加硫酸铵→杀菌→冷却→酒精发酵→醋酸发酵→醋液→淋醋
→包装→成品

3. 操作要点

糖蜜先加入少量水调整浓度在 50%左右，加入 0.2%～0.3%
的浓硫酸。并通入 1h 的压缩空气，静置澄清 8h，使蔗糖水解为单
糖。同时，除去对酵母代谢影响较大的胶体物质和其他悬浮物质，
然后调整 pH 值为 4.5～5.0。抽取上清液，稀释成 12%～14%的
糖液，添加 0.3%～0.4%的硫酸铵。糖液经煮沸杀菌，冷却到
30℃左右。冷却后加入酒母进行酒精发酵，完成后加入醋酸菌进行
醋酸发酵。当醋酸质量分数达 6%以上，残留乙醇体积分数下降到
1%以下时，即可终止发酵。陈酿一定时间，即可淋醋，包装即为
成品。

六、 粉末醋的生产

从液体酿造醋制成粉末醋的方法有很多，但都有不同程度的缺
点。例如，在液体酿造醋粉末化前，进行冷冻浓缩，将所含水分以
冰晶状态除去，能保持酿造醋的原有风味，但设备费用高，操作麻
烦，总成本也高；将酿造醋与糊精或糊化的酸化淀粉等为主成分的
水溶性物质混合，防止酿造醋中挥发性的醋酸等逸散挥发，制成粉
末醋。制造也方便，但由于混合的糊精等混合量多，易吸湿结块。
另外，也可通过用碱中和有机酸为有机酸盐后，再进行调配及喷雾
干燥。具体步骤可分为 2 个阶段。

（一） 调制酿造醋钠盐

在酿造醋中加入氢氧化钠使 pH 值在 7.1～8.4，使醋中的醋
酸、丙酸、丁酸等挥发性有机酸固定。pH＜7.1 时，醋酸及其他
挥发性有机酸残存有未反应的，在浓缩时会挥发，且制品收率低，
风味不好。pH＞8.4，浓缩使部分呈味成分发生分解或聚合反应，

使酿造醋钠盐液着色，制品风味很差。

将调制后的酿造醋钠盐液减压至 53.33～86.66kPa 浓缩到最初液量的 30%～50%，浓缩温度 40～65℃。浓缩过程中，pH 值会上升，终 pH 值有时会超过 8.4，此时可通过添加少量酿造醋调节 pH 值至适宜范围。

浓缩后的酿造醋钠盐液（液温 50～60℃），加活性炭搅拌、过滤，脱色精制后，热风（进口温度 120～150℃、出口温度 80～100℃）喷雾干燥到含水质量分数 6% 以下得酿造醋钠盐粉末。

（二）酿造醋粉末制造

在上述酿造醋钠盐粉末中，配合所需的无水有机酸粉末，边搅拌边加温，保持 60～70℃，用喷雾法慢慢加入酿造醋钠盐粉末质量分数 6%～18% 的酿造醋，使酿造醋钠盐粉末和无水有机酸粉末间进行置换反应，醋酸游离出来，反应结束后，粉碎制得酿造醋粉末。这种置换反应是放热反应，必要时添加酿造醋，控制温度在不使呈味成分变化的范围内，置换反应产生的热量蒸发，使产物含水降低。

使用的有机酸有柠檬酸、酒石酸、苹果酸等，可以混合用或单一使用。有机酸单用一种时的用量如下：以酿造醋钠盐粉末为 1，则柠檬酸采用 0.78、酒石酸 0.91，苹果酸 0.82、富马酸 0.73。实际上以 2 种以上的酸混合应用的为多。

置换反应时酿造醋的添加量对稳定酿造醋粉末、避免长期保存中产生固结、防止主成分（挥发性有机酸）挥发逸散起很大作用。

置换反应的含液量（质量分数）最好是 6%～18%。酿造醋添加量少，含液量≤3% 时，水分不能满足置换反应需要，置换反应率低，制品保存时有机酸等不易挥发逸散，但都产生结块现象。含液量 6%～9% 时，制品中固结物少，仅有小粒状。含液量 15%～18%，挥发性有机酸有若干逸散但量较少。含液量 9%～12% 时无什么改变，反应含液量≥21% 时，水分多，置换反应充分进行，不发生结块现象，但挥发性有机酸挥发逸散激烈，质量随保藏时间增

长而变差。

（三）生产实例

酿造米醋 1000L 中，加 NaOH 30kg，搅拌均匀，中和后 pH7.2，再减压至 66.661kPa、液温 50℃，浓缩到初液量的 2/5，得浓缩米醋钠盐液。然后加入 1kg 活性炭，搅拌，过滤除去活性炭，于热空气中（进口 150℃、出口 95℃ 的热风）喷雾干燥过滤液，得到含水质量分数 4％ 的米醋钠盐粉末 62kg。

在 62kg 米醋钠盐粉末中加 20～30 目粉末柠檬酸 110kg、酒石酸 20kg、苹果酸 10kg、富马酸一钠 25kg，边搅拌边加温，使混合物保持 65℃，同时将 7.5L 米醋慢慢地喷到混合物中，使进行置换反应，得到含水质量分数 2.5％ 的反应生成物，粉碎到所需粒度，制成粉末醋。

一般酿造醋的乙酸质量浓度 40～60g/L，乙醇为原料的醋酸质量浓度为 60～200g/L，各类食醋如米醋、麦芽醋、果醋、酒醋等都可用该法生产粉末醋。中和时可用 NaOH，或者将 Na_2CO_3、$NaHCO_3$ 中的一种或两种与 NaOH 混合。如果选用的原料醋中色素等杂质少，也可省去活性炭脱色工序。添加于米醋钠盐粉末中的有机酸一般在 20～30 目。

七、 白醋的生产

食醋按颜色分为浓色醋、淡色醋和白醋。浓色醋颜色较深，颜色来源主要有两类，一是在食醋酿造、陈放过程中美拉德反应产物形成的结果，二是在产品中添加了色素如炒米色、焦糖色。如熏醋和老陈醋颜色呈黑褐色或棕褐色，可称为浓色醋。淡色醋没有添加色素或不经过熏醋处理，颜色为浅棕黄色，称淡色醋。如果用酒精为原料生产的氧化醋或用冰醋酸兑制的醋呈无色透明状态，称为白醋。白醋有两种，一种是用食用冰醋酸、水、食盐和少量的糖勾兑而成，其特点是无色透明，酸味浓烈单薄，口味不柔和。一种是以大米或糯米等为原料，用传统工艺酿成的酿造白醋，其特点是无色透明，酸味柔和，清香酸甜。白醋适合于西式菜肴和淡色菜肴的调味，很受消费者的喜爱。

（一） 我国传统酿造白醋生产技术

我国酿造白醋生产工艺较多，质量也参差不齐，传统酿造白醋中有两个品种比较著名。一个是以白酒为主要原料，添加营养液，以喷淋法塔醋工艺生产的白醋；另一个是以白酒、米酒醪为原料，采用分次添加，表面静态发酵生产的白米醋。此外多数酿造厂用酒醪经其他醋酸工艺发酵成醋酸后，再用活性炭脱色，经过滤后配兑成不同规格的白醋，这些白醋多少存在着酸度低，色泽不稳，易返黄、沉淀的缺陷。

下面主要介绍喷淋法塔醋工艺酿造白醋的生产工艺。

1. 工艺流程

喷淋法塔醋工艺流程见图 6-29。

白酒、营养液、热水

生醋液 → 混合配制 → 分散滴下 → 发酵 → 醋液成熟 → 调配 → 化验 → 包装 → 成品

图 6-29 喷淋法塔醋工艺流程

2. 操作方法

将储罐中生醋液（含醋酸量 $9\sim9.5g/100mL$）抽提一定量，转入原料罐中，再加入一定量白酒和营养液，放入热水充分混合均匀。配好的原料要求温度维持在 $32\sim34℃$，醋酸含量为 $7.0\sim7.2g/100mL$，酒精体积分数 $2.2\%\sim2.5\%$，加营养液 1%，每小时利用玻璃喷射管，自发酵塔顶部向下喷洒（分散）1 次，每天进行 16 次。每次回流分散量为 45kg，夜间停止 8h，使醋酸菌进行繁殖。生产过程中室温保持 $28\sim32℃$，塔内温度 $34\sim36℃$，循环醋液从塔底流出，含醋酸 $9.0\sim9.5g/100mL$，除供循环使用泵入储罐外，其余抽到成品罐内，加水调至酸度 $3.5g/100mL$、$5g/100mL$、$9g/100mL$，待化验合格，装瓶即为白醋成品。每

1kg50％白酒可产醋酸含量 5g/100mL 的白醋 8kg 左右。

（二） 酿造白醋生产过程中的关键技术

1. 原料选择

在以粮食为原料酿造食醋生产中，原料成分会产生色素，如高粱、甘薯、大米等经处理后会产生一部分水溶性黄色素，这类黄色素对酿造白醋后处理带来难度，而影响白醋色泽，因此酿造白醋生产选择原料要考虑到这一因素，目前各类工艺生产均越来越考虑使用更多量酒精原料，有些已全采用酒精原料。

2. 采用液体发酵工艺

白醋酿造一般不使用麸曲。麸曲是由麸皮为原料，接入曲霉培养而成的糖化剂，含有戊糖和各种蛋白酶酶系，蛋白酶会使原料中蛋白质降解，增加氨基酸含量，使白醋容易生色。因此白醋酿造糖化时尽量采用酶制剂，酶制剂建议使用液体酶或酒精沉淀制成的粉剂。

3. 后处理技术的改进

目前酿造白醋生产后处理技术一般采用活性炭脱色，为了提高脱色效果，对脱色技术进行改进。

活性炭脱色是物理吸附作用，是将有色物质吸附在活性炭表面，从白醋中除去。这种吸附作用除了与被吸附物质浓度有关外，吸附表面积也极大影响吸附效果。工业用活性炭种类很多，制造原料有木材、烟煤、椰壳，其形态有粉末和颗粒两种。活性炭因原料制造方法和形态不同，其吸附作用大不一样，有些活性炭吸附羟甲基糠醛能力强，有些则吸附蛋白质、氨基酸能力强，有些吸附高分子色素能力强。白醋酿造是复杂生化反应，每批白醋氨基酸、羟甲基糠醛、色素等含量都不一样，为了制取高质量酿造白醋，有必要随发酵情况调整活性炭种类。选用合适活性炭脱色，保证白醋色泽。

4. 克服其他因素造成白醋色素

（1）微生物菌株 有些微生物菌株带有色素，如曲霉菌本身就带色素，有些菌株代谢产物色素成分较多，这些菌株需在酿造白醋生产中加以选择。

（2）酿造容器污染　白醋酿造过程中接触铁或质量较差的不锈钢容器及管道，对白醋会造成色素污染。白醋中含有二价铁，一般呈黄色，其中白醋中铁含量对色素有相当大的影响。

第七节　食醋生产中醋渣、醋脚及回收利用

一、食醋醋渣综合利用

食醋是日常生活不可缺少的大宗调味品。食醋，尤其是固态发酵法食醋生产过程中往往会用到大量的富含纤维素、半纤维素和果胶质的原料如麸皮、大糠等为主料或填充辅料。这些成分在食醋酿造过程中难于被分解利用，结果导致食醋酿造后产生大量醋渣。醋渣如直接被当成垃圾处理掉，既污染环境，又造成一定程度的浪费。醋渣（糟）最早的利用是直接添加作为饲料用，或者经干燥后作为饲料用，但是随着各方面技术的发展，粮食原料的紧缺，人们对醋渣综合利用进行了进一步的研究。

醋渣是一种很好的填充物，一方面可以循环利用再次作为食醋酿造中的辅料，另一方面可以作为某些特殊的栽培基质；除此之外，还可以对酿造食醋醋渣中的蛋白质及醋渣中纤维素、半纤维素等成分进行进一步的降解后，作为发酵制品的原料进行利用，也可产生可观的经济效益和社会效益。

纵观醋渣（糟）的综合利用现状，醋渣（糟）有以下几方面的综合利用方法。

（一）以醋渣（糟）为原料生产饲料蛋白

1. 以醋渣为原料生产饲料蛋白

醋渣作为酿醋企业的规模化下脚料，目前除少量新鲜醋渣直接出售外，大部分醋渣经干燥、粉碎制成醋渣粉干饲料。此法能耗

大，产品中粗纤维质量分数高达36%，粗蛋白质质量分数仅9%，其饲用价值低。目前生物蛋白质需求量大、附加值高，在饲料工业、养殖业和发酵工业中应用广泛。通过以醋渣为主要原料，与麸皮、米糠以一定量配比后，添加适当的菌株进行发酵，可使醋渣的蛋白质含量得以显著提高。如以醋渣为主要原料，与麸皮按照8：2的配比，经AS2.617酵母种子在36℃下固态发酵40h，干燥得成品蛋白饲料。经过发酵后，醋渣的蛋白质质量分数从7.9%提高到22.6%，而醋渣的粗纤维质量分数下降了约10%。与原醋渣相比，经发酵后所得的蛋白饲料色、香、味和适口性方面有了很大程度的改善。如果适当改变培养基的配比，或者改变发酵条件，或者改变发酵用的菌株，如以酵母菌和黑曲霉混合发酵等，通过固态发酵后，发酵产物中的蛋白质含量以及菌体数目会有所改变。经发酵后的醋渣基质中的蛋白质含量较发酵前的醋渣基质中蛋白质含量均会有相应的提高。

2. 以醋渣为原料生产赖氨酸强化型蛋白饲料

赖氨酸是一种动物自身不能合成的限制性必需氨基酸。在粮食与饲料中添加赖氨酸不仅能促进禽畜生长，而且能提高禽畜品质，缩短育龄期，降低料肉比，增加瘦肉率、产蛋率和产奶率。采用酵母菌、赖氨酸生产菌混种固态发酵酱醋渣原料，可提高赖氨酸的含量。在普通醋渣中添加糖蜜和石灰水，以增加可发酵性糖并有利于醋渣纤维的降解，然后添加产赖氨酸细菌进行固态发酵。发酵产物中的各种必需氨基酸配比合理，除蛋氨酸的比例稍低于联合国粮农组织（FAO）规定的标准外，胱氨酸、缬氨酸、异亮氨酸、亮氨酸、酪氨酸、苯丙氨酸、赖氨酸和苏氨酸都高于FAO标准值，是一种氨基酸平衡较好的优质饲料蛋白添加剂。

3. 醋渣配合其他下脚料生产蛋白饲料

醋渣也可配合其他下脚料生产蛋白饲料，如利用醋渣及麸皮，添加畜血等下脚料，经微生物发酵处理，生产蛋白饲料。物料在水解酶的催化作用下，由生物大分子逐步降解为小分子，游离氨基酸迅速增加，可溶性物质增多。同时由于发酵过程中复杂的生物化学变化使血腥味消失，物料的适口性大为改善。经发酵后，禽畜对物料的吸收率及利用率均有相应提高。

（二） 醋渣（糟） 部分替代酱油原料酿造酱油

食醋酿造利用的主要是大米、玉米等原料中的淀粉，故醋渣中含有一定量的蛋白质。同时夹杂着酵母菌体蛋白，如若加以综合利用，则是一种很好的蛋白质原料。调味品企业一般都生产酱油和食醋两大类产品，制作酱油的主要原料是蛋白质原料，如豆粕。随着豆粕应用领域的不断扩宽，价格不断上涨，企业酿造酱油的成本增加。合理利用醋渣（糟）中的蛋白质，或者通过生物技术方法提高醋渣（糟）中的蛋白质含量，可以替代酱油生产中的部分蛋白质原料，做到就地取材，物尽其用。

1. 利用液态发酵醋米渣生产酱油

液态发酵醋在酿造过程中会残余大量的米渣。酵母菌、醋酸菌参与的代谢过程是碳代谢过程，两者均不能利用蛋白质，故残余米渣干物质中含有大量的蛋白质成分。据测定米渣中水分69%，粗蛋白21.0%，粗淀粉0.8%，粗脂肪3.8%，粗纤维4.2%。经酒精发酵后的米渣中可发酵性糖的含量已经很低，而蛋白质含量却很高。这些蛋白质部分来自食醋原料大米，部分来自酒精发酵阶段残留的酵母菌菌体蛋白。米渣直接与豆粕混合润水并共同蒸煮后制曲可以达到较高的蛋白酶活力水平，而且由于米渣蛋白更易水解，所以酱醅发酵时酶解速度比较快，略微提高酱醅发酵的盐分含量（由原来的8%提高至10%），可延长发酵时间，提高成品酱油中总酯含量。发酵到第10天，酱醅中的氨基酸态氮能达到1.30g/100mL。液态发酵醋生产残留米渣部分代替豆粕，不仅能制造出符合要求的酱油曲，同时米渣酱油可以和以豆粕为单一蛋白质原料的酱油媲美。合理地开发利用液态发酵醋酿造过程中的残余米渣，用于酱油生产，不仅可以减少"三废"治理压力，而且对降低酱油生产成本具有积极意义。

2. 利用酿醋酒糟生产酱油

食醋生产过程中，原料在进行液化、糖化及酒精发酵后即进行过滤，酒糟往往不再利用。但酒糟中蛋白质含量仍然较高，且夹杂着酵母菌体，经烘干后蛋白质（干基）含量可高达 60%，是一种很好的蛋白质原料。以食醋酒糟中的蛋白质部分替代豆粕用于酱油生产，不仅能保证酱油原有的风味，也是降低酱油生产成本有效途径。当然，规模化地利用酿醋酒糟来部分代替酱油生产原料中的豆粕仍需进一步研究。

（三）醋渣制取高还原糖含量原料

麸曲食醋的醋渣中主要成分为纤维素、半纤维素，能作为微生物碳源的还原糖含量很低。利用麸曲法食醋的醋渣为主料，经过多菌种发酵糖化后，糖化醋渣的还原糖含量大大提高，质地变细腻，这使食醋醋渣用作多种发酵产品的原料成为可能。以纤维素酶、半纤维素酶、果胶酶和淀粉酶活力均较高的黑曲霉（A. niger）菌株，纤维素酶、半纤维素酶活力较高的产黄青霉（Penicillium）菌株和纤维素酶活力较高的康氏木霉（Trichoderma）菌株为生产菌，利用醋渣为原料，经过多菌种厚层通风固体发酵糖化后，糖化醋渣的还原糖生成率达到 27.2%，使其可用作多种发酵产品可直接利用的碳源，为生物技术大规模综合利用醋渣提供了新途径。

二、醋脚以及其中有机酸成分的回收利用

（一）醋脚的形成原因

酿造食醋在发酵、陈酿、淋醋及煎醋过程中，随着温度的升高和时间的延长，醋液中的蛋白质、多糖类物质等会逐渐变性，产生凝结物而使食醋变混浊。混浊的食醋需放置于醋池中，静置一段时间使凝结物及其杂质集聚于容器的底部，上清醋液经过滤、灭菌后再静置一段时间，将上清醋液输入成品罐。把集聚于容器底部的混浊醋液称为醋脚。醋脚的产生和醋脚物质的特性给食醋生产及其产

率造成很大的不利影响。

食醋的混浊会导致醋脚的增多。酿造食醋产生混浊的原因很多，而且多为非生物性因素，如原料的粉碎、液化及糖化程度、酶制剂的质量、发酵情况的优劣、加热灭菌温度和时间等。首先，如果原料粉碎不彻底，酶制剂活性差，那么原料的液化、糖化程度就差，这样，原料中大量的未被糖化彻底的多糖类物质如淀粉、糊精等在酒精发酵过程中得不到充分利用，而进入醋液中，使加热灭菌后的成品醋的醋脚增多，且难于沉降；其次，发酵过程中由于菌体的大量繁殖，在陈酿和灭菌后，造成这些菌体蛋白和酶蛋白的变性而沉淀，使醋脚生成量增多；再者，在淋醋过程中，由于操作不当和加入炒米色也会使醋醅中的一些其他较小的微粒如纤维素、半纤维素、矿物质等进入醋液，而使醋脚的生成量增加。

（二）醋脚的处理方法

留于容器底部的醋脚，由于多为有机物，在提取上清醋液的过程中极易漂浮起来，而融入醋液中无法彻底除去。同时，醋脚中仍然含有大量的酿造食醋，丢弃非常可惜，同时还会对环境造成很大程度上的污染，因此必须加以处理。如果继续用压滤机过滤，短时间内就会将滤布封堵而无法过滤，造成过滤成本大量增加；返回淋醋做淋醋液用又会造成恶性循环，使后续的醋液更易混浊，使醋脚大量增加。经生产测算，醋脚的生成量约为毛醋的 10%。可见，从醋脚中提取有机酸进行回收利用，对降低成本是必要的。

采用 0.1% 的硅藻土对醋脚进行处理，每次静置时间在 72h 以上，其总酸提取率可达 90% 左右，以上清液中总酸含量≤1.5g/100mL 作为浸提终点。提取率的高低主要由醋脚的质量来决定。存放池池底的醋脚质量较差，相对提取率较低，在 78% 左右；而存放池上部分的醋脚质量较好，沉淀物较少，相对提取率较高，在 99% 左右。

取上清液时利用虹吸原理，用塑料管将其吸入存放池中，单独

存放。待 3 遍浸提结束以后，将其退回淋醋车间做淋醋用。把这部分退回淋醋车间的上清液称为回收醋。最后的沉淀物称为醋泥。醋泥的主要成分为不溶蛋白质、微生物菌体、酶以及纤维素等多糖类物质，跟醋糟（渣）一起作为饲料出售。

参考文献

［1］徐清萍 . 食醋生产技术 . 北京：化学工业出版社，2008.

［2］冯静，施庆珊，欧阳友生等 . 醋酸菌多相分类研究进展 . 微生物学通报，2009，32（9）：1390～1396.

［3］刘毅宇，郑安乔 . 一种生物酒精发酵罐 . CN 104962463 A，2015.10.07.

［4］陈天洪，钟娅玲，曾启明等 . 一种密闭式进料的酒精发酵罐 . CN 201704326 U，2011.01.12.

［5］陈宪笙，唐兆兴 . 卧式隔板酒精发酵罐 . CN 2839293，2006.11.22.

［6］黄巧海 . 全自动圆盘醋酸发酵设备 . CN 204939446 U，2016.01.06.